PHP 7+MySQL 8

动态网站开发从入门到精通 视频教学版

张工厂 编著

清华大学出版社

北 京

内 容 简 介

本书循序渐进地介绍 PHP 7+MySQL 8 开发动态网站的主要知识和技能，提供大量的 PHP 和 MySQL 开发实例供读者实践。每一章都清晰地讲述代码作用及其编写思路，使读者能在短时间内迅速掌握 PHP 的应用开发技能。

全书共 22 章，讲解 PHP 7 的基本概念、PHP 7 服务器环境配置、PHP 的基本语法、PHP 的语言结构、字符串和正则表达式、数组、时间和日期、面向对象编程、错误和异常处理、PHP 与 Web 页面交互、文件与目录操作、图形图像处理、Cookie 与会话管理、MySQL 8 数据库基础、数据表和数据库的基本操作、数据的基本操作、PHP 操作 MySQL 数据库、PDO 数据库抽象类库、网站安全加密技术、ThinkPHP 框架等内容，并通过两个综合项目实训使读者进一步巩固所学的知识、提高综合实战能力。

本书既适合 PHP+MySQL 动态网站开发的初学者以及广大网站开发人员阅读，也可供高等院校和培训学校相关专业的师生参考。

本书封面贴有清华大学出版社防伪标签，无标签者不得销售

版权所有，侵权必究。侵权举报电话：010-62782989 13701121933

图书在版编目（CIP）数据

PHP 7+MySQL 8 动态网站开发从入门到精通：视频教学版/张工厂编著.—北京：清华大学出版社，2020.7
ISBN 978-7-302-55735-7

Ⅰ．①P… Ⅱ．①张… Ⅲ．①PHP 语言—程序设计②SQL 语言—程序设计 Ⅳ．①TP312.8②TP311.132.3

中国版本图书馆 CIP 数据核字（2020）第 104792 号

责任编辑：夏毓彦
封面设计：王 翔
责任校对：闫秀华
责任印制：沈 露

出版发行：清华大学出版社
　　　　网　　　　址：http://www.tup.com.cn，http://www.wqbook.com
　　　　地　　　　址：北京清华大学学研大厦 A 座　　　　邮　　编：100084
　　　　社 总 机：010-62770175　　　　邮　　购：010-62786544
　　　　投稿与读者服务：010-62776969，c-service@tup.tsinghua.edu.cn
　　　　质量反馈：010-62772015，zhiliang@tup.tsinghua.edu.cn

印 装 者：三河市铭诚印务有限公司
经　　销：全国新华书店
开　　本：190mm×260mm　　　　印　张：26.25　　　字　　数：672 千字
版　　次：2020 年 8 月第 1 版　　　　印　　次：2020 年 8 月第 1 次印刷
定　　价：79.00 元

产品编号：086326-01

前 言

PHP+MySQL 的组合是目前世界上流行的 Web 开发工具，被大型互联网站广泛使用。目前学习和关注 PHP+MySQL 的人越来越多。本书从通俗易懂、容易入门和案例实用的目标出发，由丰富经验的开发人员编写而成。

本书内容

全书共 22 章，讲解 PHP 7 的基本概念、PHP 7 服务器环境配置、PHP 的基本语法、PHP 的语言结构、字符串和正则表达式、数组、时间和日期、面向对象编程、错误和异常处理、PHP 与 Web 页面交互、文件与目录操作、图形图像处理、Cookie 与会话管理、MySQL 8 数据库基础、数据表和数据库的基本操作、数据的基本操作、PHP 操作 MySQL 数据库、PDO 数据库抽象类库、网站安全加密技术、ThinkPHP 框架等内容，并通过两个综合项目实训使读者进一步巩固所学的知识、提高综合实战能力。

本书特色

- 知识全面：涵盖所有 PHP+MySQL 开发的知识点，可以让读者由浅入深地掌握 PHP+MySQL 动态网站开发技术。
- 图文并茂：注重操作，在介绍案例的过程中，每一个操作均有对应的插图。这种图文结合的方式使读者在学习过程中能够直观、清晰地看到操作的过程以及效果，便于更快地理解和掌握。
- 易学易用：颠覆传统"看"书的观念，变成一本能"操作"的图书。
- 案例丰富：把知识点融汇于系统的案例实训当中，并且结合经典案例进行讲解和拓展，进而达到"知其然，并知其所以然"的效果。
- 提示技巧：本书对读者在学习过程中可能会遇到的疑难问题以"提示"和"技巧"的形式进行说明，以免读者在学习的过程中走弯路。
- 技术实用：本书所有案例都是模仿现实网站开发而设计，通过最后两个综合案例让读者可以快速创建动态的 PHP+MySQL 企业网站。

读者对象

本书是一本完整介绍 PHP+MySQL 动态网站开发技术的教程，内容丰富，条理清晰，实用性强，适合以下读者学习使用：

- 对 PHP+MySQL 动态网站制作有兴趣的初学者，可以快速入门。
- 对 PHP 语言感兴趣的初学者，可以快速掌握 PHP 语言开发基本技巧。
- MySQL 数据库的初学者，可以快速掌握 MySQL 的基本操作方法。
- PHP+MySQL 架构的 Web 系统开发人员。

源码、课件和教学视频下载

本书配套源码、课件和教学视频下载地址请扫描下边二维码获得。

如果下载有问题，请电子邮件联系 booksaga@163.com，邮件主题为"PHP 7+MySQL 8 动态网站开发从入门到精通"。

致谢

本书由张工厂编著，另外李小威、刘增产等人也参与了部分编写工作。虽然本书倾注了编者的努力，但由于水平有限，难免有疏漏之处。如果遇到问题或有意见和建议，敬请与我们联系，我们将全力提供帮助（技术支持 QQ 群请查下载资源文件）。

编　者
2020 年 5 月

目　录

第 1 章　初识 PHP

📖 **学习目标**｜Objective

在学习 PHP 之前，读者需要了解 PHP 的基本概念、PHP 的特点、PHP 开发常用工具等知识，通过本章的学习，读者可对 PHP 有一个初步的了解。本章将主要讲述 PHP 的基础知识。

📖 **内容导航**｜Navigation

- 了解 PHP 的来龙去脉
- 熟悉 PHP 的应用领域
- 熟悉 PHP 7 的新特点
- 掌握 PHP 常用开发工具

1.1　PHP 的来龙去脉

1.1.1　PHP 的概念

PHP 的初始全称为 Personal Home Page，现已正式更名为 Hypertext Preprocessor（超文本预处理器）。PHP 是一种 HTML 内嵌式的语言，是在服务器端执行的嵌入 HTML 文档的脚本语言，语言风格类似于 C 语言，被广泛用于动态网站的制作。PHP 语言借鉴了 C 和 Java 等语言的部分语法，并有自己独特的特性，使 Web 开发者能够快速地编写动态生成页面的脚本。对于初学者而言，PHP 的优势是可以快速入门。

与其他的编程语言相比，PHP 是将程序嵌入 HTML 文档中去执行，执行效率比完全生成 HTML 标记的方式要高许多。PHP 还可以执行编译后的代码，编译可以起到加密和优化代码运行的作用，使代码运行得更快。另外，PHP 具有非常强大的功能，所有的 CGI 功能 PHP 都能实现，而且几乎支持所有流行的数据库和操作系统。最重要的是，PHP 还可以用 C、C++进行程序的扩展。

1.1.2　PHP 的发展历程

目前，市面上有很多 Web 开发语言，其中 PHP 是比较出众的一种 Web 开发语言。与其他脚本语言不同，PHP 是通过全世界免费代码开发者共同的努力才发展到今天的规模。要想了解 PHP，首先要从它的发展历程开始。

在 1994 年，Rasmus Lerdorf 首次设计出 PHP 程序设计语言。1995 年 6 月，Rasmus Lerdorf 在 Usenet 新闻组 comp.infosystems.www.authoring.cgi 上发布了 PHP 1.0 声明。这个早期版本提供了访

客留言本、访客计数器等简单的功能。

1995 年，第二版 PHP 问市，定名为 PHP/FI（Form Interpreter）。在这一版本中加入了可以处理更复杂的嵌入式标签语言的解析程序，同时加入了对数据库 MySQL 的支持。自此奠定了 PHP 在动态网页开发上的影响力。自从 PHP 加入了这些强大的功能，它的使用量猛增。据初步统计，在 1996 年底，有 15 000 个 Web 网站使用了 PHP/FI；而在 1997 年中，这一数字超过了 50 000。

前两个版本的成功让 PHP 的设计者和使用者对 PHP 的未来充满了信心。在 1997 年，PHP 开发小组又加入了 Zeev Suraski 及 Andi Gutmans，他们自愿重新编写了底层的解析引擎，另外还有很多人员也自愿加入 PHP 其他部分的工作，从此 PHP 成为真正意义上的开源项目。

1998 年 6 月发布了 PHP 3.0。在这一版本中，PHP 可以跟 Apache 服务器紧密结合。PHP 不断更新并及时加入新的功能，几乎支持所有主流与非主流数据库，而且拥有非常高的执行效率，这些优势使得 1999 年使用 PHP 的网站超过了 150 000 个。

经过 3 个版本的演化，PHP 已经变成一个非常强大的 Web 开发语言。这种语言非常易用，而且拥有一个强大的类库，类库的命名规则也十分规范，使用者即使对一些函数的功能不了解，也可以通过函数名猜出来。PHP 程序可以直接使用 HTML 编辑器来处理，因此 PHP 变得非常流行，很多大的门户网站都使用 PHP 作为自己的 Web 开发语言，例如新浪网等。

在 2000 年 5 月推出了划时代的版本 PHP 4。PHP 4 使用了一种"编译-执行"的模式，其核心引擎更加优越，提供了更高的性能，还包含一些其他关键功能，比如支持更多的 Web 服务器、HTTP Sessions 支持、输出缓存、更安全地处理用户输入的方法以及一些新的语言结构。

2004 年 7 月，PHP 5 发布。该版本以 Zend 引擎 II 为引擎，并且加入了新功能，如 PHP Data Objects（PDO）。PHP 5.0 版本强化了更多的功能。首先完全实现面向对象，提供名为 PHP 兼容模式的功能。其次是 XML 功能，PHP 5.0 版本支持可直观地访问 XML 数据、名为 SimpleXML 的 XML 处理界面。同时还强化了 XMLWeb 服务支持，而且标准支持 SOAP 扩展模块。在数据库方面，PHP 新版本提供旨在访问 MySQL 的新接口——mysql。除此前的接口外，还可以使用面向对象界面和预处理语句（Prepared Statement）等 MySQL 的新功能。另外，PHP 5.0 上还捆绑有小容量 RDBMS-SQLite。

2015 年 6 月，第一版 PHP 7 发布。这是十年来的首次大改版，最大的特色是在性能上的大突破，能比前一版 PHP 5 快上一倍。

PHP 7 在 PHP 5 的基础上做了进一步的改进，功能更强大，执行效率更高，性能更强悍。本书将以 PHP 7 版本来讲解 PHP 的实用技能。

1.1.3 PHP 的优势

PHP 能够迅速发展并得到广大使用者喜爱的主要原因是 PHP 不仅有一般脚本所具有的功能，还有它自身的优势，具体特点如下。

● 源代码完全开放：事实上，所有的 PHP 源代码都可以获得。读者可以通过 Internet 获得需要的源代码，快速修改并利用。

● 完全免费：和其他技术相比，PHP 本身是免费的。读者使用 PHP 进行 Web 开发无须支付任何费用。

● 语法结构简单：PHP 结合了 C 语言和 Perl 语言的特色，编写简单，方便易懂，可以嵌入 HTML 语言中，实用性强，更适合初学者。

- 跨平台性强：由于 PHP 是运行在服务器端的脚本，因此可以运行在 UNIX、Linux 和 Windows 下。
- 效率高：PHP 消耗相当少的系统资源，并且程序开发快、运行快。
- 强大的数据库支持：支持目前所有的主流和非主流数据库，使 PHP 的应用对象非常广泛。
- 面向对象：在 PHP 7 中，面向对象方面有了很大的改进，现在 PHP 完全可以用来开发大型商业程序。

1.2 PHP 能干什么

初学者也许会疑惑，PHP 到底能干什么呢？下面将介绍 PHP 的应用领域。

PHP 在 Web 开发方面的功能非常强大，可以完成一款服务器所能完成的工作。有了 PHP，用户可以轻松地进行 Web 开发。下面具体学习一下 PHP 的应用领域，例如生成动态网页、收集表单数据、发送或接收 Cookies 等。

PHP 主要应用于以下 3 个领域。

1. 服务器端脚本

PHP 最主要的应用领域是服务器端脚本。服务器脚本运行需要具备 3 项配置：PHP 解析器、Web 浏览器和 Web 服务器。在 Web 服务器运行时，安装并配置 PHP，然后用 Web 浏览器访问 PHP 程序输出。在学习的过程中，读者只要在本机上配置 Web 服务器，即可浏览制作的 PHP 页面。

2. 命令行脚本

命令行脚本和服务端脚本不同，编写的命令行脚本并不需要任何服务器或浏览器运行，在命令行脚本模式下，只需要执行 PHP 解析器即可。这些脚本在 Windows 和 Linux 平台下是日常运行脚本，也可以用来处理简单的文本。

3. 编写桌面应用程序

PHP 在桌面应用程序的开发中并不常用，但是如果用户希望在客户端应用程序中使用 PHP 编写图形界面应用程序，就可以通过 PHP-GTK 来编写。PHP-GTK 是 PHP 的扩展，并不包含在标准的开发包中，开发用户需要单独编译它。

1.3 PHP 7 的新特点

PHP 7 是 PHP 编程语言的一个主要版本，是开发 Web 应用程序的一次革命，可开发和交付移动企业和云应用。此版本被认为是 PHP 5 后最重要的变化。

和早期版本相比，PHP 7 有以下新的特点。

1. 标量类型声明

PHP 7 增加了对返回类型声明的支持。返回类型声明指明了函数返回值的类型。可用的类型与参数声明中可用的类型相同。例如：

```php
<?php
function arraysSum(array ...$arrays): array
{
  return array_map(function(array $array): int {
    return array_sum($array);
  }, $arrays);
}
print_r(arraysSum([1,2,3], [4,5,6], [7,8,9]));
?>
```

结果会输出：

```
Array
(
  [0] => 6
  [1] => 15
  [2] => 24
)
```

2. null 合并运算符

新增了 null 合并运算符 "??"，可以替换三元表达式和 isset()。例如：

```php
$a = isset($_GET['a']) ? $_GET['a'] : 1;
```

可以用 null 合并运算符替换如下：

```php
$a = $_GET['a'] ?? 1;
```

这两个语句的含义都是：如果变量 a 存在且值不为 NULL，就会返回自身的值，否则返回第二个操作数。可见，新增的 "??" 运算符可以简化条件判断语句。

3. 组合比较符

组合比较符 "<=>" 用于比较两个表达式。例如，"$a<=>$b" 表示当$a 大于、等于、小于$b 时，分别返回 1、0、-1。

```php
<?php
// 整数类型举例
echo 1 <=> 1;   // 输出 0
echo 1 <=> 2;   // 输出-1
echo 2 <=> 1;   // 输出 1
// 浮点类型举例
echo 5.5 <=> 5.5   // 输出 0
echo 5.5 <=> 7.0;   // 输出-1
echo 7.0 <=> 5.5;   // 输出 1
// 字符串类型举例
echo "a" <=> "a";   // 输出 0
echo "a" <=> "b";   // 输出-1
echo "b" <=> "a";   // 输出 1
?>
```

4. 通过 define() 定义常量数组

对于常量数组，可以使用 define()定义，例如：

```php
<?php
define('PERSON', ['xiaoming', 'xiaoli', 'xiaolan']);
echo PERSON[1]; // 输出 "xiaoli"
?>
```

5. 匿名类

现在支持通过 new class 来实例化一个匿名类，可以用来替代一些"用后即焚"的完整类定义。

6. 支持 Unicode 字符格式

PHP 7 支持任何有效的 codepoint 编码，输出为 UTF-8 编码格式的字符串。例如：

```php
<?php
 echo "\u{6666}";
?>
```

在 PHP 7 环境下输出为"晦"，而在早期版本中输出为"\u{6666}"。

7. 更多的 Error 变为可捕获的 Exception

PHP 7 实现了一个全局的 throwable 接口（interface），原来的 Exception 和部分 Error 都实现了这个接口，以接口的方式定义了异常的继承结构。于是，PHP 7 中更多的 Error 变为可捕获的 Exception 返回给开发者，如果不进行捕获则为 Error，如果捕获就变为一个可在程序内处理的 Exception。这些可被捕获的 Error 通常都是不会对程序造成致命伤害的 Error，例如函数不存在。PHP 7 进一步方便开发者处理，让开发者对程序的掌控能力更强。在默认情况下，Error 会直接导致程序中断，而 PHP 7 则提供了捕获和处理的能力，让程序继续执行下去，为程序员提供更具灵活性的选择。

例如，执行一个不确定是否存在的函数，PHP 5 兼容的做法是在函数被调用之前追加判断 function_exist，而 PHP 7 则支持捕获 Exception 的处理方式。

8. 性能大幅度提升

PHP 7 比 PHP 5 速度快 2 倍多。另外，PHP 7 降低了内存消耗，优化后，PHP 7 使用较少的资源，比 PHP 5.6 低了 50％的内存消耗。同时，PHP 7 也支持 64 位架构的机器，运算速度更快。PHP 7 可以服务于更多的并发用户，无须任何额外的硬件。

1.4　PHP 常用开发工具

可以编写 PHP 代码的工具很多，目前常见的有 Dreamweaver、PHPEdit、gPHPEdit 和 Frontpage 等，甚至用 UltraEdit 和记事本等常用工具也可以编写 PHP 源代码。

1.4.1 PHP 代码开发工具

常见的 PHP 代码开发工具有 PHPEdit、gPHPEdit、phpDesigner 和 Zend Studio。

1. PHPEdit

PHPEdit 是 Windows 下一款优秀的 PHP 脚本 IDE（集成开发环境）。该软件为快速、便捷地开发 PHP 脚本提供了多种工具，包括语法关键词高亮、代码提示和浏览、集成 PHP 调试工具、帮助生成器、自定义快捷方式、150 多个脚本命令、键盘模板、报告生成器、快速标记和插件等。

2. gPHPEdit

gPHPEdit 是 Linux 下十分流行的免费的 PHP 编辑器，虽小巧但功能强大。gPHPEdit 以 Linux 下的 gedit 文本编辑器为基础，是专门用于编辑 PHP 和 HTML 的编辑器。它可以显著表示 PHP、HTML、CSS 以及 SQL 语句。在编写过程中提供函数列表参考、函数参数参考、搜索和检测编程语法等。总之，gPHPEdit 是一款完全免费的优秀 PHP 编辑器。

3. phpDesigner

phpDesigner 是一款功能强大、运行高效的优秀 PHP 编辑平台，集合了 PHP、XHTML、JavaScript、CSS 等基于 Web 开发的综合 Web 应用开发平台。它能够自动捕获代码文件中的 class、function、variables 等编程元素，并加以整理，在编程过程中给予提示。除此以外，还兼容了流行的各种类库和框架，比如，JavaScript 的 jQuery 库、YUI 库、Prototype 库等，又比如 PHP 流行的 Zend Framework 框架、Symfony 框架、CakePHP 框架、Yii 框架等。此外，它还拥有 XDebug、SVN 版本管理等工具。可以说它是独立于 Eclipse 之外并集合了 PHP 开发需求之大成的又一款优秀的平台。

4. Zend Studio

Zend Studio 是由 Zend 科技开发的一个针对 PHP 的全面开发平台。这个 IDE 融合了 Zend Server 和 Zend Framework，并且融合了 Eclipse 开发环境。Eclipse 是最早适用于 Java 的 IDE 环境，凭借其优良的特性和对 PHP 的支持，成为很有影响力的 PHP 开发工具。当前最新的 Eclipse PHP 开发环境为 Eclipse PDT 2.2.0 版本，它拥有支持 Windows、Linux 和 Mac 系统的软件包，可以说是拥有比较完备的体系。它是一款收费的工具。

1.4.2 网页设计工具

下面介绍几种常见的网页设计工具。

1. Dreamweaver

Dreamweaver 是网页制作"三剑客"之一，其功能更多体现在对 Web 页面 HTML 的设计上。随着 Web 语言的发展，Dreamweaver 的功能早已不再局限于网页设计方面，它更多地支持各种 Web 应用流行的前后台技术的综合运用。Dreamweaver 对 PHP 的支持十分到位，不但对 PHP 的不同方面进行清晰的表示，并且给予足够的编程提示，使编程过程相当流畅。

2. FrontPage

　　FrontPage 是微软公司出品的一款网页制作入门级软件。FrontPage 使用简单方便，会用 Word 就能做网页，所见即所得，并结合了设计、拆分、代码和预览 4 种模式。

1.4.3　文本编辑工具

　　常见的文本编辑工具很多，包括 UltraEdit 和记事本等。

1. UltraEdit

　　UltraEdit 是一套功能强大的文本编辑器，可以编辑文本、十六进制、ASCII 码，完全可以取代记事本（如果电脑配置足够强大），内建英文单词检查、C++ 及 VB 指令突显，可同时编辑多个文件，而且即使开启很大的文件速度也不会慢。软件附有 HTML 标签颜色显示、搜寻替换以及无限制的还原功能，一般用来修改 EXE 或 DLL 文件。UltraEdit 是能够满足用户一切编辑需要的编辑器。

2. 记事本

　　记事本是 Windows 系统自带的文本编辑工具，具备最基本的文本编辑功能，体积小巧，启动速度快，占用内存少，容易使用。记事本主窗口如图 1-1 所示。

　　在使用记事本编辑 PHP 文档的过程中，需要注意保存方法和技巧。在【另存为】对话框中输入文件名称，后缀名为.php，另外将【保存类型】设置为【所有文件】，【编码】设置为【UTF-8】即可，如图 1-2 所示。

图 1-1　记事本主窗口　　　　　　　图 1-2　【另存为】对话框

1.5　高手甜点

甜点 1：如何快速了解 PHP 的应用技术？

　　在学习的过程中，用户可以随时查阅 PHP 的应用情况。启动 IE 浏览器，在地址栏中输入 http://www.baidu.com，打开搜索引擎，输入需要搜索的内容即可了解相关技术。

甜点 2：如何选择 PHP 开发软件？

在 PHP 的开发过程中，无论是哪个开发工具，都要有对 PHP 的语法和数据进行分色表示的能力，以方便开发者编写程序。进一步的功能是要有对代码编写提示的能力，对于 PHP 的数据类型、运算符、标识、名称等都有提示功能。

那么多的开发工具，选择一款比较适合自己的即可。对于初学者而言，使用 phpDesigner 比较好，它集合了 PHP、XHTML、JavaScript、CSS 等基于 Web 开发的综合 Web 应用开发技术，随时可以学习相关的 Web 技术。

第2章 PHP 7服务器环境配置

📖 **学习目标** Objective

在编写 PHP 文件之前，读者需要配置 PHP 服务器，包括软硬件环境的检查、获得 PHP 安装资源包等。本章将详细讲解目前常见的主流 PHP 服务器搭配方案：PHP 7+IIS 和 PHP 7+ Apache。另外，本章将讲述在 Windows 下如何使用 WAMP 组合包，最后通过一个实战演练来检查 Web 服务器的构建是否成功。

📖 **内容导航** Navigation

- 了解 PHP 服务器的概念
- 熟悉安装 PHP 7 前的准备工作
- 掌握 PHP 7+IIS 服务器的安装配置方法
- 掌握 PHP 7+Apache 服务器的环境搭建方法

2.1 PHP 服务器概述

在学习 PHP 服务器之前，读者需要了解 HTML 网页的运行原理。网页浏览者在客户端通过浏览器向服务器发出页面请求，服务器接收到请求后将页面返回到客户端的浏览器，这样网页浏览者即可看到页面显示效果。

PHP 语言在 Web 开发中作为嵌入式语言，需要嵌入到 HTML 代码中执行。要想运行 PHP 网站，需要搭建 PHP 服务器。PHP 网站的运行原理如图 2-1 所示。

图 2-1 PHP 网站运行流程图

从图 2-1 可以看出，PHP 程序运行的基本流程如下：

- 网页浏览者首先在浏览器的地址栏中输入要访问的主页地址，按 Enter 键触发这个申请。
- 浏览器将申请发送到 PHP 网站服务器。网站服务器根据申请读取数据库中的页面。
- 通过 Web 服务器向客户端发送处理结果，客户端的浏览器显示最终页面。

提　示

　　由于在客户端显示的只是服务器端处理过的 HTML 代码页面，因此网页浏览者看不到 PHP 代码，这样无形中就提高了代码的安全性。同时，在客户端不需要配置 PHP 环境，只要安装浏览器即可。

2.2　安装 PHP 7 前的准备工作

在安装 PHP 之前，要了解安装所需要的软硬件环境和如何获取 PHP 安装资源包。

2.2.1　软硬件环境

大部分软件在安装过程中都需要软硬件环境的支持，当然 PHP 也不例外。在硬件方面，如果只是为了学习上的需求，PHP 只需要一台普通的电脑即可。在软件方面，需要根据实际工作的需要选择不同的 Web 服务软件。

PHP 具有跨平台特性，所以 PHP 开发用什么样的系统并不太重要，开发出来的程序都能很轻松地移植到其他操作系统中。另外，PHP 开发平台支持目前主流的操作系统，包括 Windows 系列、Linux、UNIX 和 Mac OS X 等。下面以 Windows 7 平台为例进行讲解。

另外，用户还需要安装 Web 服务软件。目前，PHP 支持大多数 Web 服务软件，常见的有 IIS、Apache、PWS 和 Netscape 等。比较流行的是 IIS 和 Apache，下面将详细讲述这两种 Web 服务器的安装和配置方法。

2.2.2　获取 PHP 7 安装资源包

PHP 安装资源包中包括安装和配置 PHP 服务器所需的文件和 PHP 扩展函数库。获取 PHP 安装资源包的方法比较多，很多网站都提供 PHP 安装包，建议读者从官方网站下载，具体操作步骤如下。

步骤 01　打开 IE 浏览器，在地址栏中输入下载地址（http://windows.php.net/download），再按 Enter 键确认，进入 PHP 下载网站，如图 2-2 所示。

步骤 02　在 Binaries and sources Releases 表中选择适合的版本，这里选择 PHP 7.3 版本中的 VC15 x86 Non Thread Safe，如图 2-3 所示。

图 2-2　PHP 网站下载页面

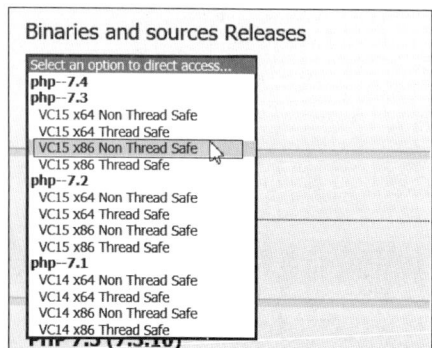

图 2-3　选择需要的版本

> **提 示**
>
> 在图 2-3 的下拉列表中，VC15 代表的是 Visual Studio 2017 Compiler 编译，通常使用在 IIS+PHP 服务器下，要求用户安装 Visual C++ Redistributable for Visual Studio 2017；x86 和 x64 分别对应 32 位和 64 位的操作系统，这里需要根据实际的操作系统进行选择。

步骤 03 选择所选版本号中 PHP 安装包的格式，这里选择 Zip 压缩格式，单击 Zip 链接，如图 2-4 所示。

步骤 04 打开【另存为】对话框，选择保存路径，然后保存文件即可，如图 2-5 所示。

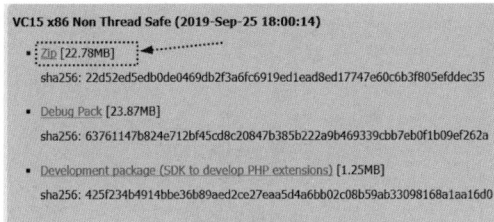

图 2-4 选择需要版本的格式   图 2-5 【另存为】对话框

2.3 PHP 7+IIS 服务器安装配置

下面介绍 PHP 7+IIS 服务器架构的配置方法和技巧。

2.3.1 IIS 简介及其安装

IIS（Internet Information Services，互联网信息服务），是由微软公司提供的基于运行 Microsoft Windows 的互联网基本服务。IIS 功能强大、操作简单并且使用方便，是目前较为流行的 Web 服务器。

目前 IIS 只能运行在 Windows 系列的操作系统上，针对不同的操作系统，IIS 也有不同的版本。下面以 Windows 10 为例进行讲解，默认情况下此操作系统没有安装 IIS。

安装 IIS 组件的具体步骤如下。

步骤 01 右击【开始】按钮，在弹出的【开始】菜单中选择【控制面板】菜单命令，如图 2-6 所示。

步骤 02 打开【控制面板】窗口，双击【程序】选项，如图 2-7 所示。

图 2-6　选择【控制面板】菜单命令

图 2-7　【控制面板】窗口

步骤 03　打开【程序】窗口，从中选择【启用或关闭 Windows 功能】选项，如图 2-8 所示。

步骤 04　在【Windows 功能】窗口中，选中【Internet Information Services】（Internet 信息服务）复选框，单击【确定】按钮，如图 2-9 所示。

图 2-8　【程序】窗口

图 2-9　【Windows 功能】窗口

步骤 05　安装完成后即可测试是否成功。在 IE 浏览器的地址栏中输入"http://localhost/"，打开 IIS 的欢迎页面，如图 2-10 所示。

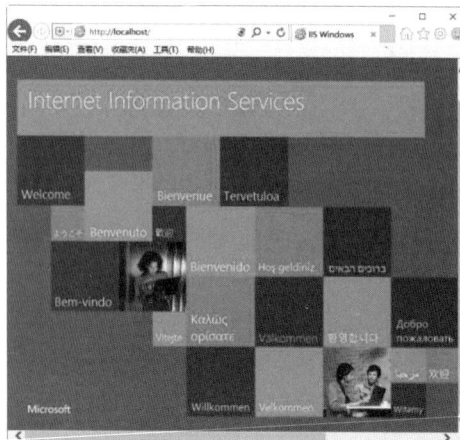

图 2-10　IIS 的欢迎页面

2.3.2　PHP 的安装

IIS 安装完成后即可开始安装 PHP。PHP 的安装过程大致分成 3 个步骤。

1. 解压和设置安装路径

首先将第 2.2.2 小节中获取的安装资源包解压缩。在解压缩后得到的文件夹中放着 PHP 所需要的文件。将文件夹复制到 PHP 的安装目录中。PHP 的安装路径可以根据需要进行设置，例如这里设置为 D:\PHP7\，复制文件夹后的效果如图 2-11 所示。

图 2-11　PHP 的安装目录

2. 配置 PHP

在安装目录中找到 php.ini-development 文件（配置文件）。将这个文件的扩展名.ini-development 修改为.ini，然后用 Windows 10 自带的"记事本"程序打开。文件中的参数很多，所以建议读者使用"记事本"的查找功能快速查找需要的参数。

查找并修改相应的参数值，即 extension_dir="D:\PHP7\ext"，此参数是 PHP 扩展函数的查找路径，其中 D:\PHP7\为 PHP 的安装路径，读者可以根据自己的安装路径进行修改。采用同样的方法修改参数 cgi.force_redirect =0。

另外，去除参数值扩展前的引号。去除后的效果如图 2-12 所示。

```
;extension=bz2
;extension=curl
;extension=fileinfo
;extension=gd2
;extension=gettext
;extension=gmp
;extension=intl
;extension=imap
;extension=interbase
;extension=ldap
;extension=mbstring
;extension=exif      ; Must be after mbstring as it depends on it
```

```
;extension=mysqli
;extension=oci8_12c  ; Use with Oracle Database 12c Instant Client
;extension=odbc
;extension=openssl
;extension=pdo_firebird
;extension=pdo_mysql
;extension=pdo_oci
;extension=pdo_odbc
;extension=pdo_pgsql
;extension=pdo_sqlite
;extension=pgsql
;extension=shmop
```

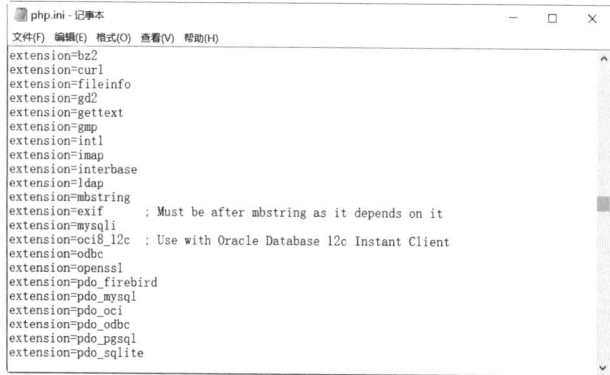

图 2-12　去除引号后的效果

3. 添加系统变量

要想让系统运行 PHP 时找到上面的安装路径，就需要将 PHP 的安装目录添加到系统变量中，具体操作步骤如下。

步骤 01　右击桌面上的【计算机】图标，在弹出的快捷菜单中选择【属性】菜单命令，打开【系统】窗口，如图 2-13 所示。

图 2-13　【系统】窗口

步骤 **02**　单击【高级系统设置】选项，打开【系统属性】对话框，如图 2-14 所示。

步骤 **03**　单击【环境变量】按钮，打开【环境变量】对话框。在【系统变量】列表中选择变量【Path】，单击【编辑】按钮，如图 2-15 所示。

图 2-14　【系统属性】对话框　　　　　　　图 2-15　【环境变量】对话框

步骤 **04**　打开【编辑环境变量】对话框，单击【新建】按钮，然后在文本框中输入"D:\PHP7"，如图 2-16 所示。

步骤 **05**　单击【确定】按钮，返回到【环境变量】对话框，依次单击【确定】按钮即可关闭窗口，然后重新启动计算机，可以使设置的环境变量生效，如图 2-17 所示。

图 2-16　【编辑环境变量】对话框　　　　　图 2-17　【环境变量】对话框

2.3.3　虚拟目录的设置

如果用户是按照前述方式来启动 IIS 网站服务器的，那么目前整个网站服务器的根目录就位

15

于<系统盘符:\Inetpub\wwwroot>中，也就是如果要添加网页到网站中显示，就必须放置在这个目录下，但是这个路径很长，也不好记，使用起来相当不方便。

这些问题都可以通过修改虚拟目录来解决，具体操作步骤如下。

步骤01 在桌面上右击【计算机】图标，在弹出的快捷菜单中选择【管理】菜单命令，打开【计算机管理】窗口，在左侧的列表中展开【服务和应用程序】选项，选择【Internet Information Service（IIS）管理器】选项，选中【Default Web Site】，右击之，并在弹出的快捷菜单中选择【添加虚拟目录】菜单命令，如图 2-18 所示。

图 2-18 【计算机管理】窗口

步骤02 打开【添加虚拟目录】对话框，在【别名】文本框中输入虚拟网站的名称，这里输入"php"，然后选择物理路径为 D:\php，单击【确定】按钮，如图 2-19 所示。

图 2-19 【添加虚拟目录】对话框

如此即完成了 IIS 网站服务器设置的更改（网站虚拟目录已经更改为 D:\php）。

2.4 PHP 7+Apache 服务器的环境搭建

Apache 支持大部分操作系统，搭配 PHP 程序的应用就可以开发出功能强大的互动网站。本节主要讲述 PHP 7+Apache 服务器的搭建方法。

2.4.1 Apache 简介

Apache 可以运行在几乎所有广泛使用的计算机平台上，凭借其跨平台特性和安全性被广泛使用，是最流行的 Web 服务器端软件之一。

和一般的 Web 服务器相比，Apache 的主要特点如下：

- 跨平台应用：几乎可以在所有的计算机平台上运行。
- 开发源代码：Apache 服务程序由全世界众多开发者共同维护，并且任何人都可以自由使用，充分体现了开源软件的特性。
- 支持 HTTP/1.1 协议：Apache 是最先使用 HTTP/1.1 协议的 Web 服务器之一，完全兼容 HTTP/1.1 协议并与 HTTP/1.0 协议向后兼容。Apache 已为新协议所提供的全部内容做好了必要的准备。
- 支持通用网关接口（CGI）：Apache 遵守 CGI/1.1 标准并且提供了扩充的特征，如定制环境变量以及很难在其他 Web 服务器中找到的调试支持功能。
- 支持常见的网页编程语言：可支持的网页编程语言包括 Perl、PHP、Python 和 Java 等，支持各种常用的 Web 编程语言，使 Apache 具有更广泛的应用领域。
- 模块化设计：通过标准的模块实现专有的功能，提高了项目完成效率。
- 运行非常稳定，同时具备效率高、成本低的特点，而且具有良好的安全性。

2.4.2 关闭原有的网站服务器

在安装 Apache 网站服务器之前，如果所使用的操作系统已经安装了网站服务器，如 IIS 网站服务器等，就必须先停止这些服务器，才能正确安装 Apache 网站服务器。

以 Windows 10 操作系统为例，在桌面上右击【计算机】图标，在弹出的快捷菜单中选择【管理】菜单命令，打开【计算机管理】窗口，在左侧的列表中展开【服务和应用程序】选项，然后选择【Internet Information Service（IIS）管理器】选项，在右侧的列表中单击【停止】按钮即可停止 IIS 服务器，如图 2-20 所示。

图 2-20 【计算机管理】窗口

如此一来，原来的服务器软件即失效，不再工作，也不会与 Apache 网站服务器产生冲突。当然，如果用户的系统原来就没有安装 IIS 等服务器软件，可略过这一节的步骤直接往下执行。

2.4.3 安装 Apache

Apache 是免费软件，用户可以从官方网站（http://www.apache.org）直接下载。下面以下载好的 Apache 2.4 为例讲解如何安装 Apache，具体操作步骤如下。

步骤 01 在浏览器的地址栏中输入"https://www.apachehaus.com/cgi-bin/download.plx"，按 Enter 键，进入 Apache 2.4.33 下载页面，根据操作系统的位数选择 32 位或者 64 位，这里选择 32 位的 Apache 2.4.33，如图 2-21 所示。

图 2-21　Apache 2.4 下载页面

步骤 02 下载完成后，解压到 D 盘中，这里的解压路径为 D:\web\Apache24\，如图 2-22 所示。

图 2-22　解压 Apache 压缩包

2.4.4 将 PHP 与 Apache 建立关联

Apache 解压完成后，还不能运行 PHP 网页，需要将 PHP 与 Apache 建立关联。

Apache 的配置文件名称为 httpd.conf，是纯文本文件，用"记事本"打开即可编辑。此文件存放在 Apache 安装目录的 apache24/conf/下。打开 Apache 的配置文件，首先设置网站的主目录。这里将案例的源文件放在 D 盘的 phpbook 文件夹下，所以设置主目录为 d:/phpbook/。在 http.conf 文件中找到 DocumentRoot 参数，将其值修改为 d:/phpbook/，如图 2-23 所示。

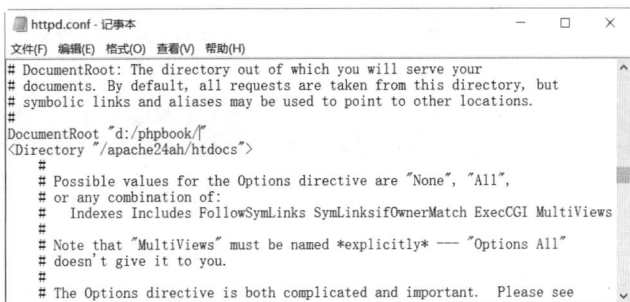

图 2-23 设置网站的主目录

下面指定 php.ini 文件的存放位置。由于 PHP 安装在 d:\php7，因此 php.ini 位置为 d:\php7\php.ini。在 httpd.conf 配置文件中的任意位置加入语句 PHPIniDir "d:\php7\php.ini"，如图 2-24 所示。

接着向 Apache 中加入 PHP 模块。在 httpd.conf 配置文件中的任意位置加入 3 行语句：

```
LoadModule php7_module "d:/php7/php7apache2_4.dll"
AddType application/x-httpd-php .php
AddType application/x-httpd-php .html
```

输入效果如图 2-25 所示。完成上述操作后，保存 httpd.conf 文件。

图 2-24 指定 php.ini 文件的存放位置

图 2-25 向 Apache 中加入 PHP 模板

最后就是把 Apache 加入 Windows 服务，并启动 Apache。以管理员的身份启动命令提示符窗口，首先进入 Apache 24 的目录下，命令如下：

```
C:\Users\Administrator>d:
D:\>cd D:\web\apache24\bin
```

启动 Apache 服务，命令如下：

```
httpd -k install
httpd -k start
```

2.5 新手的福音——PHP 环境的集成软件

对于刚开始学习 PHP 的程序员，往往为了配置环境而不知所措。为此，这里介绍一款对新手非常实用的 PHP 集成开发环境。

WampServer 是指在 Windows 服务器上使用 Apache、MySQL、PHP 和 phpMyAdmin 的集成安

装环境，目前 WampServer 3 已经支持 PHP 7 版本。WampServer 安装简单、速度较快、运行稳定，受到广大初学者的青睐。

> **提　示**
>
> 　　在安装 WampServer 组合包之前，需要确保系统中没有安装 Apache、PHP 和 MySQL，否则，需要先将这些软件卸载，然后才能安装 WampServer 组合包。

安装 WampServer 组合包的具体操作步骤如下。

步骤 01 到 WampServer 官方网站（http://www.wampserver.com/en/）下载 WampServer 的安装包 WampServer3.0.6-x32.exe 文件。

步骤 02 直接双击安装文件，打开选择安装语言界面，如图 2-26 所示。

步骤 03 单击 OK 按钮，在弹出的对话框中选中 I accept the agreement 单选按钮，如图 2-27 所示。

图 2-26　选择安装语言

图 2-27　接受许可证协议

步骤 04 单击 Next 按钮，弹出 Information 对话框，在其中可以查看组合包的相关说明信息，如图 2-28 所示。

步骤 05 单击 Next 按钮，在弹出的对话框中设置安装路径，这里采用默认路径 c:\wamp，如图 2-29 所示。

图 2-28　信息界面

图 2-29　设置安装路径

步骤 06 单击 Next 按钮，在弹出的对话框中选择开始菜单文件夹，这里采用默认设置，如图 2-30 所示。

步骤 07 单击 Next 按钮，在弹出的对话框中确认安装的参数后单击 Install 按钮，如图 2-31 所示。

图 2-30　设置开始菜单文件夹

图 2-31　确认安装

步骤 08　程序开始自动安装，并显示安装进度，如图 2-32 所示。

步骤 09　安装完成后，进入安装完成界面，单击 Finish 按钮，完成 WampServer 的安装操作，如图 2-33 所示。

图 2-32　开始安装程序

图 2-33　完成安装界面

步骤 10　默认情况下，集成环境中的 PHP 版本为 5.6.25，这里需要修改为 PHP 7 版本。单击桌面右侧的 WampServer 服务按钮 ，在弹出的下拉菜单中选择 PHP 命令，然后在弹出的子菜单中选择 Version 命令，选择 PHP 的版本为 7.0.10，如图 2-34 所示。

步骤 11　单击桌面右侧的 WampServer 服务按钮，在弹出的下拉菜单中选择 Localhost 命令，如图 2-35 所示。

图 2-34　WampServer 服务列表

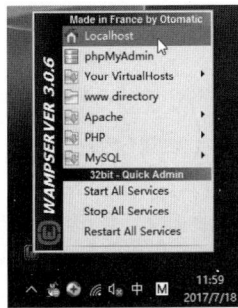

图 2-35　选择 Localhost 命令

21

步骤 12　系统自动打开浏览器，显示 PHP 配置环境的相关信息，如图 2-36 所示。

图 2-36　PHP 配置环境的相关信息

2.6　实战演练——我的第一个 PHP 程序

前面讲述了 3 种服务器环境的搭建方法，读者可以根据自己的需求进行选择。建议新手使用 PHP 的集成开发环境。

下面通过一个实例讲解如何编写 PHP 程序并运行查看效果（以 IIS 服务器环境为例）。读者可以使用任意的文本编辑软件，如"记事本"程序，新建一个名称为 hello world 的文件，并输入以下代码。

```
<HTML>
<HEAD>
</HEAD>
<BODY>
<h2>我的第一个 PHP 程序</h2>
<?php
echo "山中相送罢，日暮掩柴扉。";
echo "春草明年绿，王孙归不归？";
?>
</BODY>
</HTML>
```

将文件保存在主目录或虚拟目录下，保存格式为.php。在浏览器的地址栏中输入"http://localhost/helloworld.php"，并按【Enter】键确认，运行结果如图 2-37 所示。

图 2-37　程序的运行结果

【案例分析】

（1）"我的第一个 PHP 程序"由 HTML 中的"<h2>我的第一个 PHP 程序</h2>"所生成。

（2）"山中相送罢，日暮掩柴扉。春草明年绿，王孙归不归？"由"<?php echo "山中相送罢，日暮掩柴扉。"；　echo "春草明年绿，王孙归不归？"; ?>"所生成。

（3）在 HTML 中嵌入 PHP 代码的方法就是在<?php ?>标识符中间填入 PHP 语句（要以";"结束）。

（4）<?php?>标识符的作用是告诉 Web 服务器 PHP 代码从什么地方开始、到什么地方结束。<?php ?>标识符内的所有文本都要按照 PHP 语言进行解释，以区别于 HTML 代码。

2.7　高手甜点

甜点 1：如何设置网站的主目录？

在 Windows 10 操作系统中，设置网站主目录的方法如下。

利用本章的方法打开【计算机管理】窗口，选择【Default Web Site】选项，在右侧的窗格中单击【基本设置】链接，如图 2-38 所示。

在打开的【编辑网站】对话框中，单击【物理路径】下的 ⬚ 按钮，即可在打开的对话框中重新设置网站的主目录，如图 2-39 所示。

图 2-38　【计算机管理】窗口

甜点 2：如何卸载 IIS？

读者经常会遇到 IIS 不能正常使用的情况，先卸载 IIS，然后再次安装即可。利用本章的方法打开【Windows 功能】窗口，取消选中【Internet Information Services】（Internet 信息服务）复选框，单击【确定】按钮，系统将自动完成 IIS 的卸载，如图 2-40 所示。

图 2-39 【编辑网站】对话框

图 2-40 【Windows 功能】窗口

甜点 3：启动 Apache 2.4.33 时出错，提示缺少 msvcr110.dll 怎么办？

安装 Apache 2.4.33 之前，请用户务必安装 VC2015，同时启动 Windows Modules Installer、Windows Update 和 Window Defender Service 三个服务，否则启动 Apache 2.4.33 一定会失败。

第 3 章　PHP 的基本语法

学习目标|Objective

上一章讲述了 PHP 的环境搭建方法，本章将开始学习 PHP 的基本语法，主要包括 PHP 的标识符、编码规范、常量、变量、数据类型、运算符和表达式等。通过本章的学习，读者可以掌握 PHP 的基本语法知识和相关技能。

内容导航|Navigation

- 了解 PHP 标识符
- 熟悉 PHP 的编码规范
- 掌握常量的使用方法
- 掌握变量的使用方法
- 掌握数据类型
- 掌握运算符的使用方法
- 掌握表达式的使用方法
- 掌握创建多维数组的方法

3.1　PHP 7 的标记风格

目前，PHP 7 是以<?php、?>标识符为开始和结束标记的。也有人把这种默认风格称为 PHP 的 XML 风格。PHP 7 只支持这种标记风格，例如：

```php
<?php
echo "这是 XML 风格的标记";
?>
```

早期版本中还支持短风格、脚本风格和 ASP 风格。

1. 短风格

有时候，读者会看到一些代码中出现用<? ?>标识符表示 PHP 代码的情况。这就是所谓的"短风格"（Short Style）表示法，例如：

```php
<? echo "这是 PHP 短风格的表示方式。"?>
```

在正常情况下并不推荐这种表示方法，并且在 php.ini 文件中 short_open_tags 的默认设置是关闭的。另外，以后提到的一些功能设置会与这种表示方法相冲突，比如与 XML 的默认标识符相冲突。

2. 脚本风格

有的编辑器由于需要与以前程序的定义表示方式区分开，因此对 PHP 代码完全采用另一种表示方式，即<script></script>的表示方式，例如：

```
<script language="php">
 echo "这是 PHP 的 script 表示方式。";
</script>
```

这十分类似 HTML 页面中 JavaScript 的表示方式。

3. ASP 风格

由于 ASP 的影响，为了照顾 ASP 使用者对 PHP 的使用，PHP 还提供了 ASP 的表示风格，例如：

```
<%
echo "这是 PHP 的 ASP 表示方式。";
%>
```

需要特别注意的是，上述三种风格只能在 PHP 5 或者更低的版本中使用，PHP 7 已经不再支持上述三种风格。

3.2　编码规范

由于现在的 Web 开发往往是多人一起合作完成的，因此使用相同的编码规范显得非常重要，特别是新的开发人员参与时，通常需要知道前面开发代码中变量或函数的作用等，这就需要统一的编码规范。

3.2.1　什么是编码规范

编码规范是一套某种编程语言的导引手册，规定了一系列语言的默认编程风格，以增强语言的可读性、规范性和可维护性。一个语言的编码规范主要包括文件组织、缩进、注释、声明、空格处理、命名规则等。

遵守编码规范有以下好处。

● 编码规范是团队开发中对每个成员的基本要求。编码规范的好坏是一个程序员成熟程度的表现。
● 提高程序的可读性，有利于开发人员互相交流。
● 良好一致的编程风格，在团队开发中可以达到事半功倍的效果。
● 有助于程序的维护，降低软件成本。

3.2.2　PHP 中的编码规范

PHP 作为一种高级语言，十分强调编码规范。

1. 表述

在 PHP 的正常表述中，每一条 PHP 语句都是以 ";" 结尾的，这个规范就告诉 PHP 要执行此语句，例如：

```php
<?php
    echo "php 以分号表示语句的结束和执行。";
?>
```

2. 指令分隔符

在 PHP 代码中，每个语句后需要用分号结束命令。一段 PHP 代码中的结束标记隐含表示了一个分号，所以在 PHP 代码段的最后一行可以不用分号结束，例如：

```php
<?php
echo "这是第一个语句";              // 每条语句都加入分号
echo "这是第二个语句";
echo "这是最后一个语句"?>          // 结束标记 "?>" 隐含了分号，这里可以省略分号
```

3. 空白符

PHP 对空格符、回车符造成的新行、制表符（Tab）等留下的空白处理也遵循编码规范。PHP 会忽略它们。这和浏览器对 HTML 语言中的空白处理是一样的。

在程序中合理利用空白可以增强代码的可读性和清晰性。

（1）下列情况应该总是使用两个空白行：

① 两个类的声明之间。
② 一个源文件的两个代码片段之间。

（2）下列情况应该总是使用一个空白行：

① 两个函数声明之间。
② 函数内的局部变量和函数的第一条语句之间。
③ 块注释或单行注释之前。
④ 一个函数内的两个逻辑代码段之间。

（3）合理利用空格缩进可以提高代码的可读性。

① 空格通常用于关键字与括号之间，但是函数名称与左括号之间不能使用空格分开。
② 函数参数列表中的逗号后面通常会插入空格。
③ for 语句的表达式应该用逗号分开，后面添加空格。

4. 注释

为了增强可读性，在很多情况下，程序员都需要在程序语句的后面添加文字说明，而 PHP 要把它们与程序语句区分开，需要让这些文字注释符合编码规范。

这些注释的风格包括 C 语言风格、C++ 风格和 SHELL 风格。

（1）C 语言风格如下：

```
/*这是 C 语言风格的注释内容*/
```

这种方法还可以多行使用：

```
/*这是
  C 语言风格
  的注释内容
*/
```

（2）C++风格如下：

```
//这是 C++风格的注释内容行一
//这是 C++风格的注释内容行二
```

（3）SHELL 风格如下：

```
#这是 SHELL 风格的注释内容
```

C++风格和 SHELL 风格只能一条注释语句占用一行，这类注释既可单独占用一行，也可放在 PHP 语句之后的同一行内。

5. 与 HTML 语言混合搭配

凡是在一对 PHP 开始和结束标记之外的内容都会被 PHP 解析器忽略，这使得 PHP 文件可以具备混合内容，使 PHP 嵌入 HTML 文档中，例如：

```
<HTML>
<HEAD>
<TITLE>PHP 与 HTML 混合</TITLE>
</HEAD>
<BODY>
<?php
echo "嵌入的 PHP 代码";
?>
</BODY>
<HTML>
```

3.3 常 量

在 PHP 中，常量是一旦声明就无法改变的值。本节将讲述如何声明和使用常量。

3.3.1 声明和使用常量

PHP 通过 define()命令来声明常量，格式如下：

```
define("常量名", 常量值);
```

常量名是一个字符串，通常在 PHP 的编码规范指导下使用大写英文字母来表示，比如 CLASS_NAME、MYAGE 等。

常量值可以是很多种 PHP 的数据类型，可以是数组、对象，当然也可以是字符和数字。

常量像变量一样存储数值，与变量不同的是，常量的值只能设定一次，并且无论在代码的任何位置，都不能被改动。常量声明后具有全局性，在函数内外都可以访问。

【例 3.1】（实例文件：源文件\ch03\3.1.php）

```php
<?php
define("HUANY","欢迎学习 PHP 基本语法知识");   // 定义常量 HUANY
echo HUANY;                                // 输出常量值
?>
```

本程序的运行结果如图 3-1 所示。

图 3-1   程序的运行结果

【案例分析】

（1）用 define 函数声明一个常量。常量的全局性体现为可在函数内外进行访问。

（2）常量只能存储布尔值、整型数据、浮点型数据和字符串数据。

3.3.2 内置常量

PHP 的内置常量是指 PHP 在系统建立之初就定义好的一些常量。PHP 中预定义了很多系统内置常量，可以被随时调用。下面列出一些常见的内置常量。

（1）_FILE_：这个默认常量是当前文件的完整路径和文件名。若定义这个常量的当前文件被其他目录的文件通过 include 或 require 引用，则该常量仍然为原定义它的文件的完整路径和文件名，而不是引用它的文件所对应的完整路径和文件名。

（2）_LINE_：这个默认常量是 PHP 程序语句所在的行数。若定义这个常量的当前文件被其他目录的文件通过 include 或 require 引用，则该常量仍然为原定义它的文件中所在的行数，而不是引用它的文件所在的行数。

（3）PHP_VERSION：这个内置常量是 PHP 程序的版本，如 3.0.8-dev。

（4）PHP_OS：这个内置常量是指执行 PHP 解析器的操作系统名称，如 Linux。

（5）TRUE：这个常量是真值（true）。

（6）FALSE：这个常量是伪值（false）。

（7）E_ERROR：这个常量指到最近的错误处。

（8）E_WARNING：这个常量指到最近的警告处。

（9）E_PARSE：这个常量指到解析语法有潜在问题处。

（10）E_NOTICE：这个常量为发生不寻常但不一定是错误处，例如存取一个不存在的变量。

（11）_DIR_：这个常量为文件所在的目录。该常量是在 PHP 5.3.0 版本中新增的。

（12）_ FUNCTION _：这个常量为函数的名称。从 PHP 5 开始，此常量返回该函数被定义时的名字，并且区分字母大小写。

（13）_ CLASS _：这个常量为类的名称。从 PHP 5 开始，此常量返回该类被定义时的名字，并且区分字母大小写。

下面举例说明系统常量的使用方法。

【例 3.2】（实例文件：源文件\ch03\3.2.php）

```php
<?php
echo(__FILE__);            // 输出文件的路径和文件名
echo "<br>";              // 输出换行
echo(__LINE__);            // 输出语句所在的行数
echo "<br>";
echo(PHP_VERSION);         // 输出 PHP 的版本
echo "<br>";
echo(PHP_OS);              // 输出操作系统名称
?>
```

本程序的运行结果如图 3-2 所示。

图 3-2　程序的运行结果

【案例分析】

（1）echo "<br>"语句表示输出换行。

（2）echo(_FILE_)语句输出文件的文件名，包括详细的文件路径。echo(_LINE_)语句输出该语句所在的行数。echo(PHP_VERSION)语句输出 PHP 程序的版本。echo(PHP_OS)语句输出执行 PHP 解析器的操作系统名称。

3.4　变　量

变量像一个贴有名字标签的空盒子。不同的变量类型对应不同种类的数据，就像不同种类的东西要放入不同种类的盒子。

3.4.1　PHP 中的变量声明

PHP 中的变量不同于 C 或 Java 语言，因为 PHP 是弱类型的语言。在 C 或 Java 中，需要对每一个变量声明类型，但是在 PHP 中不需要这样做。

PHP 中的变量一般以 "$" 作为前缀，然后以字母 a~z 的大小写或者 "_"（下画线）开头。这是变量的一般表示方法。

合法的变量名可以是：

```
$hello
$Aform1
$_formhandler (类似我们见过的$_POST 等)
```

非法的变量名如：

```
$168
$!like
```

PHP 中不需要显式地声明变量，但是定义变量前进行声明并带有注释是一个好的程序员应该养成的习惯。PHP 的赋值有两种，即传值和引用，区别如下：

（1）传值赋值：使用 "=" 直接将赋值表达式的值赋给另一个变量。

（2）引用赋值：将赋值表达式内存空间的引用赋给另一个变量。需要在 "=" 左、右的变量前面加上一个 "&" 符号。在使用引用赋值的时候，两个变量将会指向内存中同一个存储空间，所以任意一个变量的变化都会引起另一个变量的变化。

【例 3.3】（实例文件：源文件\ch03\3.3.php）

```php
<?php
echo "使用传值方式赋值: <br/>";            // 输出 使用传值方式赋值:
$a = "风吹草低见牛羊";
$b = $a;                                  // 将变量$a 的值赋值给$b，两个变量指向不同的内存空间
echo "变量 a 的值为".$a."<br/>";          // 输出变量 a 的值
echo "变量 b 的值为".$b."<br/>";          // 输出变量 b 的值
$a = "天似穹庐，笼盖四野";                 // 改变变量 a 的值，变量 b 的值不受影响
echo "变量 a 的值为".$a."<br/>";          // 输出变量 a 的值
echo "变量 b 的值为".$b."<p>";            // 输出变量 b 的值
echo "使用引用方式赋值: <br/>";            // 输出使用引用方式赋值:
$a = "天苍苍，野茫茫";
$b = &$a;                                 // 将变量$a 的引用赋给$b，两个变量指向同一块内存空间
echo "变量 a 的值为".$a."<br/>";          // 输出变量 a 的值
echo "变量 b 的值为".$b."<br/>";          // 输出变量 b 的值
$a = "敕勒川，阴山下";
/*
改变变量 a 在内存空间中存储的内容，变量 b 指向该空间，其值也发生变化
*/
echo "变量 a 的值为".$a."<br/>";          // 输出变量 a 的值
echo "变量 b 的值为".$b."<p>";            // 输出变量 b 的值
?>
```

本程序的运行结果如图 3-3 所示。

图 3-3　程序的运行结果

3.4.2　可变变量与变量的引用

一般的变量很容易理解，但是有两个概念比较容易混淆，就是可变变量和变量的引用。

可变变量是一种特殊的变量，允许动态改变一个变量名称。它的工作原理是该变量的名称由另一个变量的值来确定，实现过程就是在变量的前面再多加一个美元符号"$"。

在一个变量前加上"&"，然后赋值给另一个变量，这就是变量的引用赋值。

通过下面的例子对它们进行说明。

【例 3.4】（实例文件：源文件\ch03\3.4.php）

```php
<?php
$aa = "bb";                          // 定义变量$aa 并赋值
$bb = "征蓬出汉塞，归雁入胡天。";       // 定义变量$bb 并赋值
echo $aa;                            // 输出变量$aa
echo "<br>";
echo $$aa;                           // 通过可变变量输出变量$bb 的值
$bb = "大漠孤烟直，长河落日圆。";       // 重新给变量$bb 赋值
echo "<br>";
echo $$aa;
echo "<br>";

$a = 100;
$b = 200;
echo $a;
echo "<br>";
echo $b;
echo "<br>";
$b = &$a;    // 变量的引用
echo $a;
echo "<br>";
echo $b;
$b = 300;
echo "<br>";
echo $a;
echo "<br>";
echo $b;
```

```
?>
```

本程序的运行结果如图 3-4 所示。

```
bb
征蓬出汉塞，归雁入胡天。
大漠孤烟直，长河落日圆。
100
100
300
300
```

图 3-4 程序的运行结果

【案例分析】

（1）在代码的第一部分，$aa 被赋值 bb。若$aa 相当于 bb，则$$aa 相当于$bb。所以当$$aa 被赋值为"征蓬出汉塞，归雁入胡天。"时，打印$bb 就得到"征蓬出汉塞，归雁入胡天。"。反之，当$bb 变量被赋值为"大漠孤烟直，长河落日圆。"时，打印$$aa 同样得到"大漠孤烟直，长河落日圆。"。这就是可变变量。

（2）在代码的第二部分里，$a 被赋值 100，然后通过"&"引用变量$a 并赋值给$b。这一步的实质是，给变量$a 添加了一个别名$b。所以打印时，$a 和$b 都得出原始的赋值 100。由于$b 是别名，和$a 指的是同一个变量，因此当$b 被赋值 300 后，$a 和$b 都得到新值 300。

（3）可变变量其实是允许改变一个变量的变量名，使用一个变量的值作为另一个变量的名。

（4）变量引用相当于给变量添加了一个别名，使用"&"来引用变量。其实两个变量名指的是同一个变量。就像是给同一个盒子贴了两个名字标签，两个名字标签指的是同一个盒子。

3.4.3 变量作用域

所谓变量作用域（Scope），是指特定变量在代码中可以被访问到的位置。在 PHP 中有 6 种基本的变量作用域法则。

（1）内置超全局变量（Built-in Superglobal Variable），在代码中的任意位置都可以访问到。

（2）常数（Constant），一旦声明，就是全局性的，可以在函数内外使用。

（3）全局变量（Global Variable），在代码间声明，可在代码间访问，但是不能在函数内访问。

（4）在函数中声明为全局变量的变量就是同名的全局变量。

（5）在函数中创建和声明为静态变量的变量在函数外是无法访问的，但是这个静态变量的值可以保留。

（6）在函数中创建和声明的局部变量在函数外是无法访问的，并且在本函数终止时失效。

1. 超全局变量

Superglobal 或 Autoglobal 可以称为"超全局变量"或"自动全局变量"。这种变量的特性是在程序的任何地方都可以访问到，无论是函数内还是函数外。这些"超全局变量"就是由 PHP 预

先定义好以方便使用的。那么这些"超全局变量"都有哪些呢？

- $GLOBALS：包含全局变量的数组。
- $_GET：包含所有通过 GET 方法传递给代码的变量的数组。
- $_POST：包含所有通过 POST 方法传递给代码的变量的数组。
- $_FILES：包含文件上传变量的数组。
- $_COOKIE：包含 cookie 变量的数组。
- $_SERVER：包含服务器环境变量的数组。
- $_ENV：包含环境变量的数组。
- $_REQUEST：包含用户所有输入内容的数组（包括$_GET、$_POST 和$_COOKIE）。
- $_SESSION：包含会话变量的数组。

2. 全局变量

全局变量其实就是在函数外声明的变量，在代码间都可以访问，但是在函数内是不能访问的。这是因为函数默认不能访问在其外部的全局变量。

通过下面的实例介绍全局变量的使用方法和技巧。

【例 3.5】（实例文件：源文件\ch03\3.5.php）

```php
<?php
$a=100;      // 全局变量
// 访问全局变量
function ff()
{
    $b=100; // 局部变量
    echo "变量 a 为: $a";  // 访问全局变量
    echo "<br>";
    echo "变量 b 为: $b";  // 访问局部变量
}

ff();                      // 函数内访问全局变量和局部变量
echo "<br>";
echo "变量 a 为: $a";      // 函数外访问全局变量和局部变量
echo "<br>";
echo "变量 b 为: $y";      // 访问局部变量
?>
```

本程序的运行结果如图 3-5 所示。

图 3-5　程序的运行结果

出现上述结果是因为函数无法访问外部全局变量，但是在代码间可以访问全局变量。

如果想让函数访问某个全局变量，可以在函数中通过 global 关键字来声明，就是要告诉函数，它要调用的变量是一个已经存在或者即将创建的同名全局变量，而不是默认的本地变量。

通过下面的实例介绍 global 关键字的使用方法和技巧。

【例 3.6】（实例文件：源文件\ch03\3.6.php）

```php
<?php
$a=100;      // 全局变量
// 访问全局变量
function ff()
{
    $b=100; // 局部变量
    global $a;                // 函数内调用全局变量
    echo "变量 a 为: $a"; // 访问全局变量
    echo "<br>";
    echo "变量 b 为: $b"; // 访问局部变量
}

ff();                          // 函数内访问全局变量和局部变量
?>
```

本程序的运行结果如图 3-6 所示。

图 3-6　程序的运行结果

注意：在 PHP 7 中，global 关键字现在只能引用简单变量，例如：

```php
global $$foo->bar;       // 这种写法不支持
global ${$foo->bar};     // 需用大括号来达到效果
```

另外，还可以通过"超全局变量"中的$GLOBALS 数组进行访问。

下面通过实例介绍$GLOBALS 数组。

【例 3.7】（实例文件：源文件\ch03\3.7.php）

```php
<?php
$a=200;    // 全局变量
// 访问全局变量
function ff()
{
    $b=100; //局部变量
    $a=$GLOBALS['a'];          // 通过$GLOBALS 数组访问全局变量
    echo "变量 a 为: $a";       // 访问全局变量
    echo "<br>";
```

```
    echo "变量 b 为: $b";      // 访问局部变量
}

ff();                          // 函数内访问全局变量和局部变量
?>
```

本程序的运行结果如图 3-7 所示。

图 3-7　程序的运行结果

从结果可以看出，上述两种方法都可以实现在函数内访问全局变量。

3. 静态变量

静态变量只是在函数内存在，在函数外无法访问，但是执行后其值保留。也就是说，一次执行完毕后，静态变量的值保留，下一次再执行此函数，这个值还可以调用。

通过下面的实例介绍静态变量的使用方法和技巧。

【例 3.8】（实例文件：源文件\ch03\3.8.php）

```php
<?php
$person = 20;
function showpeople(){
    static $person = 5;
    $person++;
    echo '再增加一位客户，将会有 '.$person.' 位客户。<br>';
}
showpeople();
echo $person.'人员。<br>';
showpeople();
?>
```

本程序的运行结果如图 3-8 所示。

图 3-8　程序的运行结果

【案例分析】

（1）函数外的 echo 语句无法调用函数内的 static $person，它调用的是$person = 20。

（2）showpeople()函数被执行两次，这个过程中 static $person 的运算值得以保留，并且通过 $person++进行了累加。

3.4.4　变量的销毁

当用户创建一个变量时，相应地在内存中有一个空间专门用于存储该变量，空间引用计数加 1。当变量与空间的联系被断开时，空间引用计数减 1，直到引用计数为 0，则成为垃圾。

PHP 有自动回收垃圾的机制，用户也可以手动销毁变量，通常调用 unset()函数来手动销毁变量。该函数的语法格式如下：

```
void unset(变量)
```

其中，若变量类型为局部变量，则变量被销毁；若变量类型为全局变量，则变量不会被销毁。

【例 3.9】（实例文件：源文件\ch03\3.9.php）

```php
<?php
$b= "大漠孤烟直，长河落日圆。";        // 函数外声明全局变量
function xiaohui()  {                 // 声明函数
    $a= 10;                           // 函数内声明局部变量
    global $b;                        // 函数内使用global关键字声明全局变量$b
    unset ($a);                       // 使用unset()销毁不再使用的变量$a
     echo  $a;                        // 查看局部变量是否发生变化
}
xiaohui();                            // 调用函数
echo  $b;                             // 查看全局变量是否发生变化
?>
```

本程序的运行结果如图 3-9 所示。

图 3-9　程序的运行结果

3.5　数据类型

从 PHP 4 开始，PHP 中的变量不需要事先声明，赋值时也就同时声明了变量。在使用这些数据类型前，读者需要了解它们的含义和特性。下面介绍整数类型、浮点类型、布尔类型、字符串类型、数组类型、对象类型以及 NULL 和 Resource 两个比较特殊的类型。

3.5.1　什么是类型

不同的数据类型其实就是所存储数据的不同种类。PHP 的不同数据类型主要包括：

● 整数类型（Integer），用来存储整数。

- 浮点类型（Float），用来存储实数。
- 字符串类型（String），用来存储字符串。
- 布尔类型（Boolean），用来存储真（true）或假（false）。
- 数组类型（Array），用来存储一组数据。
- 对象类型（Object），用来存储一个类的实例。

作为弱类型语言，PHP 也被称为动态类型语言。在强类型语言（例如 C 语言）中，一个变量只能存储一种类型的数据，并且这个变量在使用前必须声明变量类型。在 PHP 中，给变量赋什么类型的值，这个变量就是什么类型，例如以下几个变量：

```
$hello = "hello world";
```

由于 hello world 是字符串，因此变量$hello 的数据类型就是字符串类型。

```
$hello = 100;
```

同样，由于 100 为整数类型，因此变量$hello 的数据类型就是整数类型。

```
$wholeprice = 100.0;
```

由于 100.0 为浮点类型，因此变量$wholeprice 的数据类型就是浮点类型。

由此可见，对于变量而言，如果没有定义变量的类型，则它的类型由所赋值的类型决定。

3.5.2　整数类型

整数类型是数据类型中最为基本的类型。在现有的 32 位系统中，常规整数类型的取值是从 -2147483648 到+2147483647。整数类型可以表示为二进制、八进制、十进制和十六进制。

要使用二进制表达，数字前必须加上 0b；要使用八进制表达，数字前必须加上 0；要使用十六进制表达，数字前必须加上 0x。

例如：

```
<?php
$a = 1234;            // 十进制数
$a = -123;            // 负数
$a = 0123;            // 八进制数（等于十进制 83）
$a = 0x1A;            // 十六进制数（等于十进制 26）
$a = 0b11111111;      // 二进制数（等于十进制 255）
?>
```

提　示
在 PHP 7 中，整型值的字长可以用常量 PHP_INT_SIZE 来表示，最大值可以用常量 PHP_INT_MAX 来表示，最小值可以用常量 PHP_INT_MIN 来表示。整型数的字长和平台有关，32 位平台下的最大值是 2147483647，64 位平台下的最大值通常大约是 9223372036854775807。

3.5.3　浮点类型

浮点类型用于表示实数。在大多数计算平台中，这个数据类型的大小为 8 个字节。它的近似取值范围是 2.2E-308~1.8E+308（科学计数法）。

例如：

```
-1.432
1E+07
0.0
```

3.5.4　布尔类型

布尔类型只有两个值，就是 true 和 false。布尔类型是十分有用的数据类型，通过它程序实现了逻辑判断的功能。

其他的数据类型基本都有布尔属性：

- 整数类型：为 0 时，其布尔属性为 false；为非零值时，其布尔属性为 true。
- 浮点类型：为 0.0 时，其布尔属性为 false；为非零值时，其布尔属性为 true。
- 字符串类型：为空字符串""或者零字符串"0"时，其布尔属性为 false；包含除此以外的字符串时，其布尔属性为 true。
- 数组类型：不含任何元素，其布尔属性为 false；只要包含元素，其布尔属性就为 true。
- 对象类型和资源类型：其布尔属性永远为 true。
- NULL 类型：其布尔属性永远为 false。

3.5.5　字符串类型

字符串类型的数据是表示在引号之间的。引号分为双引号“"”和单引号“'”。这两种引号都可以用来表示字符串，但也有一定区别。

双引号几乎可以包含所有的字符，但是包含其中的变量名会显示出变量的值，而不是显示出变量的名字，有些特殊字符加上“\”符号即可（转义字符）；单引号内的字符则都是直接显示出来而不管是否含有变量与否。

下面通过一个案例来讲述整类型、浮点类型、布尔类型和字符串类型数据的使用方法和技巧。

【例 3.10】（实例文件：源文件\ch03\3.10.php）

```php
<?php
$int1= 2019;                    // 十进制整数
$int2= 01223;                   // 八进制整数
$int3=0x1223;                   // 十六进制整数
echo "输出整数类型的值: ";
echo $int1;
echo "\t";                      // 输出一个制表符
echo $int2;                     // 输出 659
echo "\t";
echo $int3;                     // 输出 4643
echo "<br>";
$float1=54.66;
echo $float1;                   // 输出 54.66
echo "<br>";
echo "输出布尔型变量: ";
```

```
echo (Boolean)( $int1);        // 将 int1 整型转化为布尔变量
echo "<br>";
echo "字符串类型的变量:";
$string1="春江潮水连海平，海上明月共潮生。";
echo $string1;
?>
```

本程序的运行结果如图 3-10 所示。

图 3-10   程序的运行结果

3.5.6   数组类型

数组是 PHP 变量的集合，是按照"键值"与"值"的对应关系组织数据的。数组的键值既可以是整数，也可以是字符串。另外，数组不特意表明键值的默认情况下，数组元素的键值为从零开始的整数。

在 PHP 中，一般通过调用 list()函数或 array()函数来创建数组，也可以直接进行赋值。

下面调用 array()函数创建数组。

【例 3.11】（实例文件：源文件\ch03\3.11.php）

```
<?php
$arr=array                        // 定义数组并赋值
(
    0=>15,
    2=>1E+05,
    1=>"开始学习 PHP 基本语法了",
);
for ($i=0;$i<count($arr);$i++)  // 使用 for 循环输出数组内容
{
  $arr1=each($arr);
  echo "$arr1[value]<br>";
}
?>
```

本程序的运行结果如图 3-11 所示。

图 3-11 程序的运行结果

【案例分析】

（1）程序中用 "=>" 为数组赋值，数组的下标只是存储的标识，没有任何意义，数组元素的排列以加入的先后顺序为准。

（2）本程序采用 for 循环语句输出整个数组，其中 count 函数返回数组的个数，echo 函数显示输出当前数组的内容（通过数组指针进行索引），后面的章节将详细讲述 echo 函数的使用方法。

上面实例的程序语句可以简化如下。

【例 3.12】（实例文件：源文件\ch03\3.12.php）

```php
<?php
$arr=array(15,1E+05,"开始学习 PHP 基本语法了");   // 定义数组并赋值
for ($i=0;$i<3;$i++)
{
  echo $arr[$i]."<br>";
}
?>
```

本程序运行结果如图 3-12 所示。从结果可以看出，这两种写法的运行结果相同。

图 3-12 程序运行结果

另外，还可以对数组的元素一个一个地赋值，下面举例说明。上面的程序语句可以简化如下。

【例 3.13】（实例文件：源文件\ch03\3.13.php）

```php
<?php
$arr[0]=15;                          // 对数组元素分别赋值
$arr[2]= 1E+05;
$arr[1]= "开始学习 PHP 基本语法了";
for ($i=0;$i<count($arr);$i++)
{
    $arr1=each($arr);
    echo "$arr1[value]<br>";
```

```
    }
?>
```

本程序的运行结果如图 3-13 所示。从结果可以看出，一个一个赋值的方法和上面两种写法的运行结果一样。

图 3-13　程序的运行结果

3.5.7　对象类型

对象就是类的实例。当一个类被实例化以后，生成的对象就被传递给一个变量，这个变量就是对象类型的变量，简称对象变量。对象类型的变量也属于资源类型的变量。

3.5.8　NULL 类型

NULL 类型是仅拥有 NULL 这个值的数据类型。这个数据类型用来标记一个变量为空。一个空字符串与 NULL 是不同的。在数据库存储时会把空字符串和 NULL 区分开处理。NULL 类型在布尔判断时永远为 false。在很多情况下，声明一个变量的时候可以直接先赋值为 NULL 类型，如 $value = NULL。

3.5.9　资源类型

资源（Resource）类型是十分特殊的数据类型。它表示 PHP 的扩展资源，可以是一个打开的文件，也可以是一个数据库连接，甚至可以是其他的数据类型。在编程过程中，资源类型几乎是永远接触不到的。

3.5.10　数据类型之间的相互转换

将数据从一个类型转换到另一个类型就是数据类型转换。在 PHP 语言中，有两种常见的转换方式：自动数据类型转换和强制数据类型转换。

1. 自动数据类型转换

这种转换方法最为常用，直接输入数据的转换类型即可。

【例 3.14】（实例文件：源文件\ch03\3.14.php）

```php
<?php
$a = "2";        // $a 是字符串
echo $a;
echo "<br>";
```

```
$a*=2;          // $a 现在是一个整数
echo $a;
echo "<br>";
$a*=1.4;        // $a 现在是一个浮点数
echo $a;
?>
```

本程序的运行结果如图 3-14 所示。

图 3-14　自动数据类型转换

2. 强制数据类型转换

在 PHP 语言中，可以调用 settype 函数强制转换数据类型，基本语法如下：

```
Bool settype(var,string type)
```

提　示
type 的可能值不能包含资源类型数据。如果转型成功，就返回 1，否则返回 0。

【例 3.15】（实例文件：源文件\ch03\3.15.php）

```
<?php
$flo1=100.86;                   // 定义浮点类型数据
echo settype($flo1,"int");      // 强制转换数据为整数并输出
echo "<br>";
echo $flo1;
?>
```

本程序的运行结果如图 3-15 所示。这里返回结果为 1，说明浮点数 100.86 转型为整数 100 已经成功。

图 3-15　程序的运行结果

3.6　PHP 7 的新变化 1——整数类型处理机制的修改

PHP 7 以前的版本里，如果向八进制数传递了一个非法数字，例如 8 或 9，则后面其余数字会被忽略。在 PHP 7 中，将会出现编译错误。

例如下面的代码将会报错：

```
$a = 0792;  // 9 是无效的八进制数字
```

在 PHP 7 中，如果位移负的位置，将会产生异常，例如：

```
var_dump(1 >> -1);
 // ArithmeticError: Bit shift by negative number
```

在 PHP 7 中，左位移如果超出位数，就会返回为 0，例如：

```
var_dump(1 << 64);        // int(0)
```

在 PHP 7 之前的版本中，运行结果和 CPU 的架构有关系，比如 x86 会返回 1。

在 PHP 7 中，右位移如果超出位数，就会返回 0 或者-1，例如：

```
var_dump(1 >> 64);        // int(0)
var_dump(-1 >> 64);       // int(-1)
```

3.7　PHP 7 的新变化 2——标量类型的声明

默认情况下，所有的 PHP 文件都处于弱类型校验模式。PHP 7 增加了标量类型声明的特性，标量类型声明有两种模式：强制模式（默认）和严格模式。

标量类型声明的语法格式如下：

```
declare(strict_types=1);
```

通过指定 strict_types 的值（1 或者 0）来表示校验模式：1 表示严格类型校验模式，作用于函数调用和返回语句；0 表示强制类型校验模式。

提　示

可以声明标量类型的参数类型包括 int、float、bool、string、interfaces、array 和 callable。

---

1. 强制模式

下面通过案例来学习强制模式的含义，代码如下：

```php
<?php
// 强制模式
function sum(int $ints)
{
   return array_sum($ints);
}
print(sum(2, '3', 4.1));
?>
```

上面程序的输出结果为 9。代码中的 '3' 转化为 3，而 4.1 先转换为整数 4 再进行相加操作。

2. 严格模式

下面通过案例来学习严格模式的含义，代码如下：

```php
<?php
// 严格模式
declare(strict_types=1);
```

```php
function sum(int  $ints)
{
    return array_sum($ints);
}
print(sum(2, '3', 4.1));
?>
```

以上程序由于采用了严格模式，因此如果参数中出现的不是整数类型，程序执行时就会报错，如图 3-16 所示。

图 3-16　错误提示信息

3.8　运算符

PHP 包含多种类型的运算符，常见的有算术运算符、字符串运算符、赋值运算符、比较运算符和逻辑运算符等。

3.8.1　算术运算符

算术运算符是最简单、最常用的运算符。常见的算术运算符如表 3-1 所示。

表 3-1　常见的算术运算符

运算符	名称	运算符	名称
+	加法运算符	%	取余运算符
-	减法运算符	++	累加运算符
*	乘法运算符	--	累减运算符
/	除法运算符		

算术运算符的用法如下面的实例所示。

【例 3.16】（实例文件：源文件\ch03\3.16.php）

```php
<?php
$a=13;                          // 定义变量
$b=2;
```

```
echo $a."+".$b."=";
echo $a+$b."<br>";              // 使用加法运算符
echo $a."-".$b."=";
echo $a-$b."<br>";              // 使用减法运算符
echo $a."*".$b."=";
echo $a*$b."<br>";              // 使用乘法运算符
echo $a."/".$b."=";
echo $a/$b."<br>";              // 使用除法运算符
echo $a."%".$b."=";
echo $a%$b."<br>";              // 使用取余运算符
echo $a."++"."=";
echo $a++."<br>";               // 使用累加运算符
echo $a."--"."=";
echo $a--."<br>";               // 使用累减运算符
?>
```

本程序的运行结果如图 3-17 所示。

图 3-17　程序的运行结果

提　示
除了数值可以进行自增运算外，字符也可以进行自增运算操作。例如，b++的结果将等于 c。

3.8.2　字符串运算符

字符串运算符是把两个字符串连接起来变成一个字符串的运算符，使用"."来完成。如果变量是整数类型或浮点类型，PHP 也会自动把它们转换为字符串输出，如下面的实例所示。

【例 3.17】（实例文件：源文件\ch03\3.17.php）

```
<?php
$a = "把两个字符串";            // 定义字符串变量
$b = 100;
echo $a."连接起来，".$b."天。";  // 把字符串连接后输出
?>
```

本程序的运行结果如图 3-18 所示。

图 3-18　程序的运行结果

3.8.3　赋值运算符

赋值运算符的作用是把一定的数据值加载给特定变量。

赋值运算符的具体含义如表 3-2 所示。

表 3-2　赋值运算符的含义

赋值运算符	含义
=	将右边的值赋给左边的变量
+=	将左边的值加上右边的值再赋给左边的变量
-=	将左边的值减去右边的值再赋给左边的变量
*=	将左边的值乘以右边的值再赋给左边的变量
/=	将左边的值除以右边的值再赋给左边的变量
.=	将左边的字符串连接到右边
%=	将左边的值对右边的值取余数再赋给左边的变量

例如，$a-=$b 等价于$a=$a-$b，其他赋值运算符与之类似。从表 3-2 可以看出，赋值运算符可以使程序更加简练，从而提高执行效率。

3.8.4　比较运算符

比较运算符用来比较两端数据值的大小。比较运算符的具体含义如表 3-3 所示。

表 3-3　比较运算符的含义

比较运算符	含义	比较运算符	含义
==	相等	>=	大于等于
!=	不相等	<=	小于等于
>	大于	===	精确等于（类型也要相同）
<	小于	!==	不精确等于

其中，"==="和"!=="需要特别注意一下。$b===$c 表示$b 和$c 不只是数值上相等，而且两者的类型也一样；$b!==$c 表示$b 和$c 有可能是数值不等，也可能是类型不同。

【例 3.18】（实例文件：源文件\ch03\3.18.php）

```php
<?php
$value="15";
echo "\$value = \"$value\"";
echo "<br>\$value==15: ";
var_dump($value==15);          // 结果为:bool(true)
echo "<br>\$value==true: ";
var_dump($value==true);        // 结果为:bool(true)
echo "<br>\$value!=null: ";
var_dump($value!=null);        // 结果为:bool(true)
echo "<br>\$value==false: ";
var_dump($value==false);       // 结果为:bool(false)
echo "<br>\$value === 100: ";
var_dump($value===100);        // 结果为:bool(false)
echo "<br>\$value===true: ";
```

```
var_dump($value===true);          // 结果为:bool(false)
echo "<br>(10/2.0 !== 5): ";
var_dump(10/2.0 !==5);            // 结果为:bool(true)
?>
```

本程序的运行结果如图 3-19 所示。

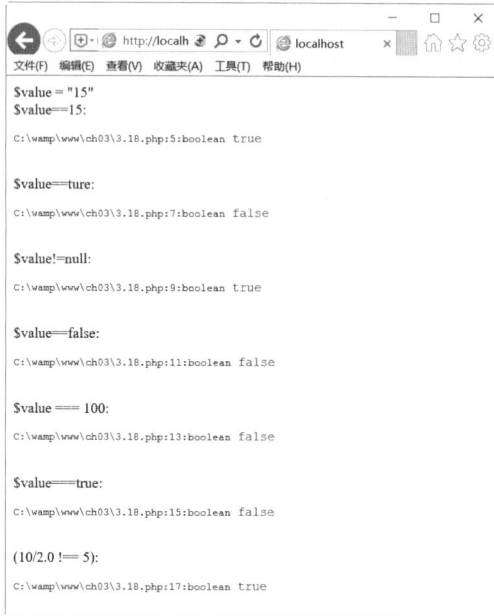

图 3-19　程序的运行结果

3.8.5　逻辑运算符

编程语言最重要的功能之一就是进行逻辑判断和运算。逻辑与、逻辑或、逻辑非都是逻辑运算符。逻辑运算符的含义如表 3-4 所示。

表 3-4　逻辑运算符的含义

逻辑运算符	含义	逻辑运算符	含义
&&	逻辑与	!	逻辑非
AND	逻辑与	NOT	逻辑非
||	逻辑或	XOR	逻辑异或
OR	逻辑或		

【例 3.19】（实例文件：源文件\ch03\3.19.php）

```
<?php
$a = true;
$b = false;
echo '$a && $b: ';
var_dump($a && $b);          // 使用逻辑与运算符，结果为:false
echo '$a || $b: ';
var_dump($a || $b);          // 使用逻辑或运算符，结果为:true
```

```
echo '!$a: ';
var_dump(!$a );                    // 使用逻辑否运算符，结果为:false
?>
```

本程序的运行结果如图 3-20 所示。

图 3-20　程序的运行结果

3.8.6　按位运算符

按位运算符是把整数按照"位"的单位来进行运算。按位运算符的含义如表 3-5 所示。

表 3-5　按位运算符的含义

按位运算符	名称	含义
&	按位与	例如，$a&$b，表示对应位数都为 1，结果该位为 1
|	按位或	例如，$a\|$b，表示对应位数有一个为 1，结果该位为 1
^	按位异或	例如，$a^$b，表示对应位数不同，结果该位为 1
~	按位取反	例如，~$b，表示对应位数为 0 的改为 1，为 1 的改为 0
<<	左移	例如，$a<<$b，表示将$a 在内存中的二进制数据向左移动$b 位数，右边移空补 0
>>	右移	例如，$a>>$b，表示将$a 在内存中的二进制数据向右移动$b 位数，左边移空补 0

【例 3.20】（实例文件：源文件\ch03\3.20.php）

```
<?php
$a = 7;                              // 7 的二进制代码是 111
$b = 4;                              // 4 的二进制代码是 100
echo '$a & $b = ' . ($a & $b) . '<br/>';  // 运算结果为二进制代码 100，即 4
echo '$a | $b = ' . ($a | $b) . '<br/>';  // 运算结果为二进制代码 111，即 7
echo '$a ^ $b = ' . ($a ^ $b) . '<br/>';  // 运算结果为二进制代码 011，即 3
?>
```

本程序的运行结果如图 3-21 所示。

图 3-21　程序的运行结果

3.8.7　否定控制运算符

否定控制运算符分为逻辑非和按位求反运算符，它们的含义如表 3-6 所示。

表 3-6　否定控制运算符的含义

否定控制运算符	含义
!	逻辑非
~	按位求反

3.8.8　错误控制运算符

错误控制运算符用"@"来表示，在一个操作数之前使用，用来屏蔽错误信息的生成。

【例 3.21】（实例文件：源文件\ch03\3.21.php）

```php
<?php
$err = @(20 / 0) ;    // 如果不想显示这个错误，在表达式前加上"@"
?>
```

本程序的运行结果如图 3-22 所示。

图 3-22　程序的运行结果

3.8.9　三元运算符

三元运算符作用在三个操作数之间。这样的操作符在 PHP 中只有一个，即"? :"，语法形式如下：

```
(expr1) ? (expr2) : (expr3)
```

如果 expr1 成立，就执行 expr2，否则执行 expr3。

【例 3.22】（实例文件：源文件\ch03\3.22.php）

```php
<?php
$a = 5;
$b = 6;
echo ($a > $b) ? "大于成立" : "大于不成立"; echo "<br/>";    //大于不成立
echo ($a < $b) ? "小于成立" : "小于不成立"; echo "<br/>";    //小于成立
?>
```

本程序的运行结果如图 3-23 所示。

图 3-23　程序的运行结果

3.8.10　运算符的优先级和结合规则

运算符的优先级和结合其实与正常的数学运算符的规则十分相似。

● 加减乘除的先后顺序与数学运算中的完全一致。
● 对于括号，先括号内再括号外。
● 赋值由右向左运行，即依次从右边向左边的变量进行赋值。

3.9　PHP 7 的新变化 3——合并运算符和组合运算符

PHP 7 新增加的合并运算符 "??" 用于判断变量是否存在且值不为 NULL，如果是，它就会返回自身的值，否则返回它的第二个操作数。

语法格式如下：

```
(expr1) ? ? (expr2)
```

如果表达式 expr1 为真，就返回 expr1 的值；如果表达式 expr1 为假，就返回 expr2。

【例 3.23】（实例文件：源文件\ch03\3.23.php）

```php
<?php
$a = '酒店还有房间';
$b = $a ?? '酒店已经没有房间';
echo $b;
?>
```

本程序的运行结果如图 3-24 所示。

图 3-24　合并运算符

PHP 7 新增加的组合运算符用于比较两个表达式$a 和$b，$a 小于、等于或大于$b 分别返回-1、0 或 1。

```php
<?php
// 整数比较
echo( 5 <=> 5);echo "<br>";
echo( 5 <=> 6);echo "<br>";
echo( 6 <=> 5);echo "<br>";

// 浮点数比较
echo( 5.6 <=> 5.6);echo "<br>";
echo( 5.6 <=> 6.6);echo "<br>";
echo( 6.6 <=> 5.6);echo "<br>";
echo(PHP_EOL);

// 字符串比较
echo( "a" <=> "a");echo "<br>";
echo( "a" <=> "b");echo "<br>";
echo( "b" <=> "a");echo "<br>";
?>
```

本程序运行结果如图 3-25 所示。

图 3-25　组合运算符

3.10　表达式

表达式是在特定语言中表达一个特定的操作或运算的语句。PHP 的表达式也有同样的作用。

一个表达式包含"操作数"和"运算符"（或"操作符"）。操作数可以是变量，也可以是常量。运算符或操作符则体现了要表达的各个运算或操作，如逻辑判断、赋值、运算等。

例如，"$a=5"就是表达式，而"$a=5;"则为语句。另外，表达式也有值，例如"$a=1"表达式的值为 1。

提　示
在 PHP 代码中，使用";"来分隔表达式，即一个表达式和一个分号组成了一条 PHP 语句。在编写程序代码时，应该特别注意表达式后面的";"，不要漏写或写错，否则会提示语法错误。

3.11　实战演练——创建二维数组

前面讲述了如何创建一维数组，本节讲述如何创建多维数组。多维数组和一维数组的区别是多维数组有两个或多个下标，它们的用法基本相似。

下面以创建二维数组为例进行讲解。

【例 3.24】（实例文件：源文件\ch03\3.24.php）

```php
<?php
$arr[0][0]=10;                      // 定义数组元素并赋值
$arr[0][1]=22;
$arr[1] [0]= 1E+05;
$arr[1] [1]= "开始学习 PHP 基本语法了";
for ($i=0;$i<count($arr);$i++)      // 使用 for 语句输出二维数组
{
    for ($k=0;$k<count($arr[$i]);$k++)
{
$arr1=each($arr[$i]);
echo "$arr1[value]<br>";
}
}
?>
```

本程序的运行结果如图 3-26 所示。

图 3-26　程序的运行结果

3.12　高手甜点

甜点 1：如何灵活运用命名空间？

命名空间作为一个比较宽泛的概念，可以理解为用来封装各个项目的方法。有点像是在文件系统中不同文件夹下的文件。两个文件的文件名可以完全相同，但是在不同的文件夹下，就是两个完全不同的文件。

PHP 的命名空间也是这样的一个概念。它主要用于在"类的命名""函数命名"及"常量命名"中避免代码冲突和在命名空间下管理变量名和常量名。

命名空间是使用 namespace 关键字在文件头部进行定义，例如：

```php
<?php
namespace 2ndbuilding\number24;　//命名空间
class room{}
$room = new __NAMESPACE__.room;
?>
```

命名空间还可以拥有子空间，就像文件夹的路径一样。可以通过内置变量_NAMESPACE_来使用命名空间及其子空间。

甜点 2：如何快速区分常量与变量？

常量和变量的明显区别如下：

● 常量前面没有美元符号（$）。
● 常量只能用 define() 函数定义，而不能通过赋值语句定义。
● 常量可以不用理会变量范围的规则而在任何地方定义和访问。
● 常量一旦定义就不能被重新定义或者取消定义。
● 常量的值只能是标量。

第 4 章 PHP 的语言结构

学习目标 Objective

任何一种语言都有程序结构,常见的有顺序结构、分支结构和循环结构。在学习程序结构前,读者还需要对函数的知识进行学习。本章主要介绍 PHP 语言中函数和语言结构的使用方法和技巧。

内容导航 Navigation

- ● 熟悉函数的使用方法
- ● 熟悉流程控制的概述
- ● 掌握条件控制结构
- ● 掌握循环控制结构
- ● 掌握条件分支结构的综合应用
- ● 掌握循环控制结构的综合应用

4.1 内置函数

函数的英文为 function,function 是功能的意思。顾名思义,编写函数就是要在编程过程中实现一定的功能,即通过程序代码块来实现一定的功能。比如记录下酒店客人的个人信息,每到他生日的时候自动给他发送一份祝贺生日的电子邮件,并且这个发信"功能"可以重复调用,也就是可更改为在某个客户的结婚纪念日时给他发送一份祝福的电子邮件。所以函数就是包含实现一定功能的一段特定的程序代码。

PHP 提供了大量的内置函数,方便程序员直接调用,常见的内置函数包括数学函数、字符串函数、时间和日期函数等。

下面以调用数学函数 rand()为例进行讲解。

【例 4.1】(实例文件:源文件\ch04\4.1.php)

```php
<?php
echo rand ();              // 返回随机整数
echo "<br>";
echo rand (1000,9999);     // 产生一个 4 位随机整数
?>
```

本程序的运行结果如图 4-1 所示。

图 4-1　程序的运行结果

4.2　自定义函数

在大多数情况下，程序员需要的是自定义函数。

4.2.1　自定义函数和调用函数

自定义函数的语法结构如下：

```
function name_of_function( param1, param2, … ){
        statement
 }
```

其中，name_of_function 是函数名，param1 和 param2 等是参数，statement 是函数中的具体程序语句。

下面以自定义函数和调用函数为例进行讲解。本实例主要实现酒店欢迎信息。

【例 4.2】（实例文件：源文件\ch04\4.2.php）

```
<?php
function sayhello($customer){             // 自定义函数 sayhello
   return $customer.", 欢迎您来到润慧酒店。";
}
echo sayhello('张先生');                   // 调用函数 sayhello
?>
```

本程序的运行结果如图 4-2 所示。

图 4-2　程序的运行结果

值得一提的是，此函数返回时带有返回值。也就是说，return 语句返回时创建了一个值的副本，并把它返回给调用此函数的程序语句，在这个实例中是 echo 语句。

4.2.2　向函数传递参数值

由于函数是一段封闭的程序代码，因此很多时候程序员都需要向函数内传递一些数据来进行操作。

```
function 函数名称（参数 1，参数 2）{
    算法描述，其中使用参数 1 和参数 2；
}
```

下面以计算酒店房间住宿费总价为例进行讲解。

【例 4.3】（实例文件：源文件\ch04\4.3.php）

```php
<?php
function totalneedtopay($days,$roomprice){      // 声明自定义函数
    $totalcost = $days*$roomprice;              // 计算住宿费总价
      echo "需要支付的总价:$totalcost"."元。";    // 输出住宿费总价
}
$rentdays = 3;                                   // 声明全局变量
$roomprice = 168;
totalneedtopay($rentdays,$roomprice);            // 通过变量传递参数
totalneedtopay(5,198);                           // 直接传递参数值
?>
```

本程序的运行结果如图 4-3 所示。

图 4-3　程序的运行结果

【案例分析】

（1）以这种方式传递参数值的方法就是向函数传递参数值。

（2）其中 function totalneedtopay($days,$roomprice){}定义了函数和参数。

（3）无论是通过变量$rentdays 和$roomprice 向函数内传递参数值，还是像 totalneedtopay (5,198)这样直接传递参数值都是一样的。

4.2.3　向函数传递参数引用

向函数传递参数引用其实就是向函数传递变量引用。参数引用一定是变量引用，静态数值是没有引用一说的。变量引用其实就是对特定变量位置的使用。

下面仍然以计算酒店服务费总价为例进行讲解。

【例 4.4】（实例文件：源文件\ch04\4.4.php）

```php
<?php
$fee = 300;
$serviceprice = 50;
// 声明自定义函数，参数前多了&，表示按引用传递
function totalfee(&$fee,$serviceprice){
        $fee = $fee+$serviceprice;              // 改变形参的值，实参的值也会发生改变
          echo "需要支付的总价:$fee"."元。";
```

57

```
}
totalfee($fee,$serviceprice);        // 函数外部调用 fun()函数前$fee =300
totalfee($fee,$serviceprice);        // 函数外部调用 fun()函数后$fee =350
?>
```

本程序的运行结果如图 4-4 所示。

图 4-4　程序的运行结果

【案例分析】

（1）以这种方式传递参数值的方法就是向函数传递参数引用。使用"&"符号表示参数引用。

（2）其中 function totalfee(&$fee,$serviceprice){}定义了函数、参数和参数引用。变量$fee 是以参数引用的方式进入函数的。当函数的运行结果改变了变量$fee 的引用时，在函数外的变量$fee 的值也发生了改变，也就是函数改变了外部变量的值。

4.2.4　从函数中返回值

在上述例子中，都是把函数运算完成的值直接打印出来。但是，在很多情况下，程序并不需要直接把结果打印出来，而是仅仅给出结果，并且把结果传递给调用这个函数的程序，为其所用。

这里需要用到 return 关键字。下面以综合酒店客房价格和服务价格为例进行讲解。

【例 4.5】（实例文件：源文件\ch04\4.5.php）

```
<?php
function totalneedtopay($days,$roomprice){        // 声明自定义函数
        return $days*$roomprice;                   // 返回酒店消费总价格
}
$rentdays = 3;
$roomprice = 168;
echo totalneedtopay($rentdays,$roomprice);
?>
```

本程序的运行结果如图 4-5 所示。

图 4-5　程序的运行结果

【案例分析】

（1）在函数 function totalneedtopay($days,$roomprice)算法中，直接使用 return 把运算的值返回给调用此函数的程序。

（2）其中，echo totalneedtopay($rentdays,$roomprice);语句调用了此函数，totalneedtopay()把运算值返回给了 echo 语句，才有了上面的显示。当然这里也可以不用 echo 来处理返回值，也可以对它进行其他处理，比如赋值给变量等。

4.2.5 对函数的引用

无论是 PHP 中的内置函数，还是程序员在程序中自定义的函数，都可以简单地通过函数名调用。但是操作过程也有些不同，大致分为以下 3 种情况。

● 如果是 PHP 的内置函数，如 date()，可以直接调用。
● 如果这个函数是 PHP 的某个库文件中的函数，就需要调用 include()或 require()函数把此库文件载入，然后才能调用这个函数。
● 如果是自定义函数，与引用程序在同一个文件中，就可以直接引用。如果此函数不在当前文件内，就需要先调用 include()或 require()函数载入。

对函数的引用实际上是对函数返回值的引用。

【例 4.6】（实例文件：源文件\ch04\4.6.php）

```php
<?php
function &example($aa=1){        // 定义一个函数，别忘了加 "&" 符号
    return $aa;                  // 返回参数$aa
}
$bb= &example("引用函数的实例");   // 声明一个函数的引用$bb
echo $bb. "<br>";
?>
```

本程序的运行结果如图 4-6 所示。

图 4-6　程序的运行结果

【案例分析】

（1）本实例首先定义一个函数，然后用变量$bb 引用函数，最后输出变量$bb，实际上就是$aa的值。

（2）和参数传递不同，在定义函数和引用函数时，都必须使用 "&" 符号，表明返回的是一个引用。

4.2.6 对函数取消引用

对于不需要引用的函数，可以执行取消操作，通过调用 unset()函数来完成，目的是断开变量名和变量内容之间的绑定，此时并没有销毁变量内容。

【例 4.7】（实例文件：源文件\ch04\4.7.php）

```php
<?php
$num = 166;                            // 声明一个整型变量
$math = &$num;                         // 声明一个对变量$num 的引用$math
echo "\$math is:  ".$math."<br>";      // 输出引用$math
unset($math);                          // 取消引用$math
echo "\$num is:  ".$num;               // 输出原变量
?>
```

本程序的运行结果如图 4-7 所示。

图 4-7 程序的运行结果

本程序首先声明一个变量和变量的引用，输出引用后取消引用，再次调用原变量。从图 4-7 可以看出，取消引用后对原变量没有任何影响。

4.3 PHP 7 的新变化 1——声明函数返回值的类型

在 PHP 7 中，用户可以声明函数返回值的数据类型，包括 int、float、bool、string、interfaces、array 和 callable。

下面通过案例来学习 PHP 7 如何声明函数返回值的类型。

【例 4.8】（实例文件：源文件\ch04\4.8.php）

```php
<?php
declare(strict_types=1);

function returnIntValue(int $value): int
{
    return $value;
}

print(returnIntValue(60));
?>
```

本程序的运行结果如图 4-8 所示。

图 4-8　声明函数返回值的类型

4.4　PHP 7 的新变化 2——新增 intdiv()函数

在 PHP 7 中，新增了整除函数 intdiv()。语法格式如下：

```
intdiv(a, b);
```

该函数返回值为 a 除以 b 的值并取整。

【例 4.9】（实例文件：源文件\ch04\4.9.php）

```php
<?php
echo intdiv(16, 3)."<br/>";
echo intdiv(10, 3)."<br/>";
echo intdiv(8, 16)."<br/>";
?>
```

本程序的运行结果如图 4-9 所示。

图 4-9　程序的运行结果

4.5　PHP 7 的新变化 3——括号在变量或函数中的变化

在 PHP 7 中，用括号把变量或者函数括起来将不再起作用。

【例 4.10】（实例文件：源文件\ch04\4.10.php）

```php
<?php
function getArray()
{
    return [100, 200, 300,400];
}
$last = array_pop(getArray());
// 所有版本的 PHP 在这里将会报错
```

```
$last = array_pop((getArray()));
// PHP 5 或者更早的版本将不会报错
?>
```

注意，第二句的调用用圆括号包了起来，但还是报错误，如图 4-10 所示。

图 4-10　PHP 7 中的报错信息

PHP 7 之前的版本是不会报第 2 个错误的。例如，在 PHP 5 中的运行结果如图 4-11 所示。

图 4-11　PHP 5 中的报错信息

4.6　PHP 7 的新变化 4——参数处理机制的修改

在 PHP 7 中，处理参数的机制出现了新的变化。

1. 不再支持重复参数命名

比如下面的代码执行的时候会报错：

```
public function ff($a, $b, $c, $c) {
        //
}
```

2. func_get_arg()和 func_get_args()函数的调整

在 PHP 7 中，func_get_arg()和 func_get_args()两个函数将返回参数当前的值，而不是传入时的值。当前的值有可能会被修改，所以当前值和传入时的值不一定相同。

【例 4.11】（实例文件：源文件\ch04\4.11.php）

```
<?php
function ff($x)
```

```
{
    $x++;
    var_dump(func_get_arg(0));
    var_dump(func_get_args(0));
}
ff(100);
?>
```

在 PHP 7 中，上面的代码会打印 101，而不是 100。运行结果如图 4-12 所示。如果想打印原始的值，调用的顺序调整一下即可，也就是将 x++ 语句放到两个函数的后面。

在 PHP 5 或者更早的版本中，运行结果如图 4-13 所示。

图 4-12　在 PHP 7 中的运行结果

图 4-13　在 PHP 5 中的运行结果

3. 在打印异常回溯信息时将显示修改后的值

例如下面的代码：

```
function foo($x)
{
    $x = 100;
    throw new Exception;
}
foo("这里是原始值");
```

在 PHP 7 中的运行结果：

```
Stack trace:
#0 file.php(4): foo(42)
#1 {main}
```

在 PHP 5 中的运行结果：

```
Stack trace:
#0 file.php(4): foo('string')
#1 {main}
```

这个调整不会影响代码的运行，不过在调试的时候需要注意这个变化。

4.7　包含文件

如果想让自定义的函数被多个文件使用，就可以将自定义函数组织到一个或者多个文件中，这些收集函数定义的文件就是用户自己创建的 PHP 函数库。通过调用 require ()和 include()等函数可以将函数库载入脚本程序中。

4.7.1　require 和 include

require()和 include()语句不是真正意义的函数，属于语言结构。通过 include()和 require()语句都可以实现包含并运行指定文件。

（1）require()：在脚本执行前读入它包含的文件，通常在文件的开头和结尾处使用。

（2）include()：在脚本读到它时才将包含的文件读进来，通常在流程控制的处理区使用。

require()和 include()语句对于处理失败方面是不同的。当文件读取失败后，require 将产生一个致命错误，而 include 则产生一个警告。可见，如果遇到文件丢失需要继续运行，则使用 include；如果想停止处理页面，则使用 require。

【例 4.12】（实例文件：源文件\ch04\4.12.php 和 test.php）

其中，4.12.php 代码如下：

```php
<?php
$a = '杨柳青青江水平';      // 定义一个变量 a
$b = '闻郎江上唱歌声';      // 定义一个变量 b
?>
```

test.php 代码如下：

```php
<?php
echo " $a $b";           // 未载入文件前调用两个变量
include '4.12.php';
echo " $a $b ";          // 载入文件后调用两个变量
?>
```

运行 test.php，结果如图 4-14 所示。从结果可以看出，使用 include 时虽然出现了警告，但是脚本程序仍然在运行。

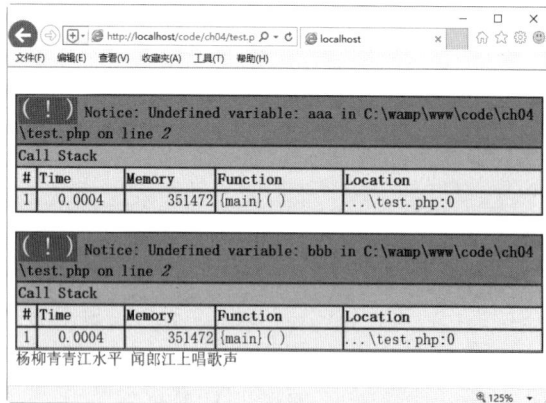

图 4-14　程序的运行结果

4.7.2　include_once 和 require_once

include_once 和 require_once 语句在脚本执行期间包含并运行指定文件，作用与 include 和 require 语句类似，唯一的区别是，如果该文件的代码被包含了，则不会再次包含，即只会包含一次，从而避免函数重定义以及变量重赋值等问题。

4.8　流程控制

流程控制也叫控制结构，在一个应用中用来定义执行程序流程。它决定了某个程序段是否会被执行和执行多少次。

PHP 中的控制语句分为 3 类：顺序控制语句、条件控制语句和循环控制语句。其中，顺序控制语句是从上到下依次执行的，这种结构没有分支和循环，是 PHP 程序中最简单的结构。下面主要讲述条件控制语句和循环控制语句。

4.8.1　条件控制结构

条件控制语句中包含两个主要的语句：一个是 if 语句，另一个是 switch 语句。

1. 单一条件分支结构（if 语句）

if 语句是最为常见的条件控制语句，格式为：

```
if(条件判断表达式){
    程序块;
}
```

这种形式只是对一个条件进行判断。如果条件判断表达式成立，就执行程序块中的语句，否则不执行。

if 语句的程序流程控制如图 4-15 所示。

图 4-15　if 语句的流程控制图

【例 4.13】（实例文件：源文件\ch04\4.13.php）

```php
<?php
$num = rand(1,100);              // 调用 rand()函数生成一个随机数
if ($num % 2 != 0){              // 判断变量$num 是否为奇数
    echo "\$num = $num";         // 如果为奇数，输出表达式和说明文字
```

```
    echo "<br>$num 是奇数。";
}
?>
```

本程序的运行后刷新页面，结果如图 4-16 所示。

图 4-16　程序的运行结果

【案例分析】

（1）此实例首先调用 rand()函数随机生成一个整数$num，然后判断这个随机整数是不是奇数：若是，则输出信息；若不是，则不输出任何内容。如果页面内容显示为空，就刷新页面。

（2）rand() 函数返回随机整数，语法格式如下：

```
rand(min,max)
```

此函数主要是返回 min 和 max 之间的一个随机整数。如果没有提供可选参数 min 和 max，则 rand()返回 0 到 RAND_MAX 之间的伪随机整数。

2. 双向条件分支结构（if…else 语句）

如果是非此即彼的条件判断，可以使用 if…else 语句。它的格式为：

```
If(条件判断表达式){
    程序块 1;
}else{
    程序块 2;
}
```

这种结构形式首先判断条件表达式是否为真，如果为真，就执行程序块 1 中的语句，否则执行程序块 2 中的语句。

if…else 语句的程序流程控制如图 4-17 所示。

图 4-17　if…else 语句的流程控制图

【例 4.14】（实例文件：源文件\ch04\4.14.php）

```php
<?php

$d=date("D");                    // 定义时间变量
if ($d=="Fri")                   // 判断时间变量是否等于周五
  echo "今天是周五哦!";
else
  echo "可惜今天不是周五!";
?>
```

本程序的运行结果如图 4-18 所示。

图 4-18 程序的运行结果

3. 多向条件分支结构（elseif 语句）

在条件控制结构中，有时会出现多种选择，此时可以使用 elseif 语句。它的语法格式为：

```
if(条件判断表达式){
    程序块 1;
}elseif(条件判表达式){
    程序块 2;
}…
 else{
    程序块 3;
}…
```

elseif 语句的程序流程控制如图 4-19 所示。

图 4-19 elseif 语句的流程控制图

【例 4.15】（实例文件：源文件\ch04\4.15.php）

```php
<?php
$score = 85;                                 // 设置成绩变量$score
if($score >= 0 and $score <= 60){            // 判断成绩变量是否在 0~60 之间
echo "您的成绩为差";                          // 如果是，说明成绩为差
}
elseif($score > 60 and $score <= 80){        // 否则判断成绩变量是否在 61~80 之间
echo "您的成绩为中等";                        // 如果是，说明成绩为中等
}else{                                       // 如果两个判断都是 false，则输出默认值
echo "您的成绩为优等";                        // 说明成绩为优等
}
?>
```

本程序的运行结果如图 4-20 所示。

图 4-20　程序的运行结果

4. 多向条件分支结构（switch 语句）

switch 语句的结构给出不同情况下可能执行的程序块，条件满足哪个程序块，就执行哪个程序块中的语句。它的语法格式为：

```
switch(条件判断表达式){
    case 结果 a:
        程序块 1;
        break;
    case 结果 b:
        程序块 2;
        break;
        …
    default:
        程序块 n;
}
```

其中，若"条件判断表达式"的结果符合某个"结果 x"，就执行其对应的"程序块 x 中的语句"。如果都不符合，则执行 default 对应的默认项的"程序块 n 中的语句"。

switch 语句的流程控制如图 4-21 所示。

图 4-21　switch 语句的流程控制图

【例 4.16】（实例文件：源文件\ch04\4.16.php）

```php
<?php
$x=5;                   // 定义变量$x
switch ($x)             // 判断$x 与 1~5 之间的关系
{
    case 1:
      echo "数值为 1";
      break;
    case 2:
      echo "数值为 2";
      break;
    case 3:
      echo "数值为 3";
      break;
    case 4:
      echo "数值为 4";
      break;
    case 5:
      echo "数值为 5";
      break;
    default:
      echo "数值不在 1 到 5 之间";
}
?>
```

本程序的运行结果如图 4-22 所示。

图 4-22　程序的运行结果

4.8.2　循环控制结构

循环控制语句主要包括 3 种，即 while 循环、do…while 循环和 for 循环。while 循环在循环体程序代码运行的开始检查条件判断表达式的真假；do…while 循环在循环体程序代码运行的末尾检查条件判断表达式的真假，即 do…while 循环的循环体内的程序代码至少要运行一遍。

1. while 循环语句

while 循环的结构为：

```
while （条件判断表达式）{
    程序块；
}
```

其中，当"条件判断表达式"为 true 时，执行循环体内的"程序块"，然后返回条件判断表达式继续进行判断，直到表达式的值为假才能跳出循环，执行后面的语句。

while 循环语句的流程控制如图 4-23 所示。

图 4-23　while 语句的流程控制图

【例 4.17】（实例文件：源文件\ch04\4.17.php）

```php
<?php
$num = 1;                      // 定义变量$num
$str = "20 以内的奇数为：";     // 定义变量$str
while($num <=20){              // 判断$num 是否小于或等于 20
    if($num % 2!= 0){          // 判断$num 是否为奇数，为奇数则输出，否则做加 1 操作
        $str .= $num." ";
    }
    $num++;
}
echo $str;
?>
```

本程序的运行结果如图 4-24 所示。

图 4-24　程序的运行结果

本实例主要实现 20 以内的奇数输出。从 1~20 依次判断是否为奇数，如果是，则输出；如果不是，则继续下一次的循环。

2. do…while 循环语句

do…while 循环的结构为：

```
do{
    程序块；
}while（条件判断表达式）
```

先执行 do…while 循环体内的"程序块"，其中的变量会随着命令的执行发生变化。当 while 后的"条件判断表达式"判断为 false 时，就终止循环。

do…while 循环语句的流程控制如图 4-25 所示。

图 4-25　do…while 循环语句的流程控制图

【例 4.18】（实例文件：源文件\ch04\4.18.php）

```php
<?php
$aa = 0;                          // 声明一个整数变量$aa
while($aa != 0){                  // 使用 while 循环输出
    echo "不会被执行的内容";       // 这句话不会被输出
}
do{                               // 使用 do…while 循环输出
    echo "被执行的内容";           // 这句话会被输出
}while($aa != 0);
?>
```

本程序的运行结果如图 4-26 所示。从结果可以看出，while 循环语句和 do…while 循环语句有很大的区别。

图 4-26　程序的运行结果

3. for 循环语句

for 循环的结构为:

```
for (expr1; expr2; expr3)
{
    程序块
}
```

其中,expr1 为循环条件的初始值,expr2 为循环条件的终止值,通常使用比较表达式或逻辑表达式充当判断条件,如果符合循环条件执行完程序块之后再执行 expr3 表达式。

for 循环语句的流程控制图如图 4-27 所示。

图 4-27　for 循环语句流程控制图

【例 4.19】(实例文件:源文件\ch04\4.19.php)

```php
<?php
for($i=0;$i<4;$i++){                          // 使用 for 循环输出
    echo "for 语句的功能非常强大<br/>";
}
?>
```

本程序的运行结果如图 4-28 所示,从中可以看出循环体内的程序块执行了 4 次。

图 4-28　程序的运行结果

4. foreach 循环语句

foreach 语句是常用的另外一种循环语句，经常被用来遍历数组元素。它的格式为：

```
foreach(数组 as 数组元素){
    对数组元素执行的操作；
}
```

可以根据数组的情况分为两种，即不包含键值的数组和包含键值的数组。

不包含键值的：

```
foreach(数组 as 数组元素值){
    对数组元素执行的操作；
}
```

包含键值的：

```
foreach(数组 as 键值 => 数组元素值){
    对数组元素执行的操作；
}
```

每进行一次循环，当前数组元素的值就会被赋值给数组元素值变量，数组指针会逐一移动，直到数组遍历结束为止。

【例 4.20】（实例文件：源文件\ch04\4.20.php）

```php
<?php
$arr=array("one", "two", "three");
foreach ($arr as $value)                   // 使用 foreach 循环输出
{
    echo "数组值: " . $value . "<br>";
}
?>
```

本程序的运行结果如图 4-29 所示，从中可以看出循环体内的程序语句执行了 3 次。

图 4-29　程序的运行结果

5. 流程控制的另一种书写格式

在一个含有多条件、多循环的语句中，包含多个"｛｝"，查看起来比较烦琐。流程控制语言的另一种书写方式是以"："来代替左边的大括号，使用"endif；""endwhile；""endfor；""endforeach；"和"endswitch；"来替代右边的大括号，这种描述程序结构的可读性比较强。常见的格式如下。

条件控制语句中的 if 语句：

```
if(条件判断表达式1)：
    程序块1；
elseif(条件判断表达式2)：
    程序块2；
elseif(条件判断表达式3)：
    程序块3；
…
else：
    程序块n；
endif；
```

条件控制语句中的 switch 语句：

```
switch(条件判断表达式)：
    case 结果a：
        程序块1；
    case 结果b：
        程序块2；
    …
    default：
        程序块n；
endswitch；
```

循环控制语句中的 while 循环：

```
while(条件判断表达式)：
    程序块
endwhile；
```

循环控制语句中的 do…while 循环：

```
do
    程序块
while (条件判断表达式)；
```

循环控制语句中的 for 循环：

```
for (循环条件初始值；循环条件终止值；循环变量步长)：
    程序块
endfor；
```

【例 4.21】（实例文件：源文件\ch04\4.21.php）

```php
<?php
    $mixnum = 1;
    $maxnum = 10;
    $tmparr[][] = array();
    $tmparr[0][0] = 1;
    for($i = 1; $i < $maxnum; $i++):
        for($j = 0; $j <= $i; $j++):
            if($j == 0 or $j == $i):
                $tmparr[$i][$j] = 1;
                    else:
                $tmparr[$i][$j] = $tmparr[$i - 1][$j - 1] + $tmparr[$i - 1][$j];
            endif;
        endfor;
    endfor;
    foreach($tmparr as $value):
        foreach($value as $vl)
            echo $vl.' ';
        echo '<p>';
    endforeach;
?>
```

本程序的运行结果如图 4-30 所示。从结果图中可以看出，该代码使用新的书写格式实现了杨辉三角的排列输出。

图 4-30　程序的运行结果

6. 使用 break/continue 语句跳出循环

使用 break 语句可以跳出（也就是终止）循环控制语句，也可以跳出条件控制语句中 switch 语句的执行，例如：

```php
<?php
$n = 0;
while (++$n) {
    switch ($n) {
```

```
        case 1:
          echo "case one";
          break ;
        case 2:
          echo "case two";
          break 2;
        default:
          echo "case three";
          break 1;
    }
  }
?>
```

在这段程序中，while 循环控制语句里面包含一个 switch 流程控制语句。在程序执行到 break 语句时，break 会终止执行 switch 语句或者 while 语句。其中，在"case 1"下的 break 语句跳出 switch 语句；"case 2"下的 break 2 语句跳出 switch 语句和包含 switch 的 while 语句；"default"下的 break 1 语句和"case 1"下的 break 语句一样，只是跳出 switch 语句。其中，break 后带的数字参数是指 break 要跳出的控制语句结构的层数。

使用 continue 语句可用于结束当前一轮的循环，也就是跳过当前一轮循环体内剩下的语句，直接进入下一轮循环的执行。下面通过一个实例说明 continue 的作用。

【例 4.22】（实例文件：源文件\ch04\4.22.php）

```
<?php
$n = 0;
while ($n++ < 6) {          // 使用 while 循环输出
  if ($n == 2){
      continue;
  }
  echo $n."<br>";
}
?>
```

本程序的运行结果如图 4-31 所示。

图 4-31　程序的运行结果

其中，continue 关键字在当 n 等于 2 的时候结束本轮循环，并且直接进入下一轮循环，即 n 等于 3。另外，continue 关键字和 break 关键字一样，都可以在后面直接跟一个数字参数，用来表示跳离循环的结构层数。"continue"和"continue 1"相同，"continue 2"表示跳离所在循环和上一级循环当前轮次的循环。

4.9　实战演练 1——条件分支结构综合应用

下面通过案例讲述条件分支结构的综合应用。

【例 4.23】（实例文件：源文件\ch04\4.23.php）

```php
<?php
$members = Null;
function checkmembers($members){
  if ($members < 1){
    echo "我们不能为少于一人的顾客提供房间。<br>";
  }else{
    echo "欢迎来到润慧酒店。<br>";
  }
}
checkmembers(2);
checkmembers(0.5);
function checkmembersforroom($members){
  if ($members < 1){
    echo "我们不能为少于一人的顾客提供房间。<br>";
  }elseif( $members == 1 ){
    echo "欢迎来到润慧酒店。 我们将为您准备单床房。<br>";
  }elseif( $members == 2 ){
    echo "欢迎来到润慧酒店。 我们将为您准备标准间。<br>";
  }elseif( $members == 3 ){
    echo "欢迎来到润慧酒店。 我们将为您准备三床房。<br>";
  }else{
    echo "请直接电话联系我们，我们将依照具体情况为您准备合适的房间。<br>";
  }
}
checkmembersforroom(1);
checkmembersforroom(2);
checkmembersforroom(3);
checkmembersforroom(5);
function switchrooms($members){
  switch ($members){
        case 1:
          echo "欢迎来到润慧酒店。 我们将为您准备单床房。<br>";
      break;
        case 2:
          echo "欢迎来到润慧酒店。 我们将为您准备标准间。<br>";
      break;
        case 3:
          echo "欢迎来到润慧酒店。 我们将为您准备三床房。<br>";
      break;
        default:
        echo "请直接电话联系我们，我们将依照具体情况为您准备合适的房间。";
      break;
```

```
        }
}
switchrooms(1);
switchrooms(2);
switchrooms(3);
switchrooms(5);
?>
```

本程序的运行结果如图 4-32 所示。

图 4-32 程序的运行结果

其中，最后 4 行输出是 switch 语句执行的结果，其他输出均是 if 语句执行的结果。

4.10 实战演练 2——循环控制结构综合应用

下面以遍历已订房间门牌号为例介绍循环控制语句的应用技巧。

【例 4.24】（实例文件：源文件\ch04\4.24.php）

```php
<?php
$bookedrooms = array('102','202','203','303','307'); // 定义数组 bookedrooms
for ($i = 0; $i < 5; $i++){                           // 循环输出数组 bookedrooms
    echo $bookedrooms[$i]."<br>";
}

function checkbookedroom_while($bookedrooms){  // 定义函数
    $i = 0;
    while (isset($bookedrooms[$i])){
        echo $i.":".$bookedrooms[$i]."<br>";
        $i++;
    }
}
checkbookedroom_while($bookedrooms);
$i = 0;
do{
    echo $i."-".$bookedrooms[$i]."<br>";
    $i++;
}while($i < 2);
?>
```

本程序的运行结果如图 4-33 所示。

图 4-33　程序的运行结果

其中，102~307 是 for 循环执行的结果；0：102~4：307 是 while 循环执行的结果；0-102 和 1-202 是 do…while 循环执行的结果。for 循环和 while 循环都完全遍历了数组$bookedrooms，而 do…while 循环由于条件为 while（$i＜2），因此 do 后面的语句执行了两次。

4.11　高手甜点

甜点 1：如何合理运用 include_once()和 require_once()？

答：include()和 require()函数在其他 PHP 语句执行之前运行，引入需要的语句并加以执行。但是每次运行包含此语句的 PHP 文件时，include()和 require()函数都要运行一次。include()和 require()函数如果在先前已经运行过，并且引入相同的文件，则系统会重复引入这个文件，从而产生错误。而 include_once()和 require_once()函数只是在此次运行的过程中引入特定的文件或代码，但是在引入之前，会先检查所需文件或者代码是否已经引入，如果引入将不再重复引入，就不会造成冲突。

甜点 2：程序检查后正确，却显示 Notice: Undefined variable，为什么？

PHP 默认配置会报这个错误，就是警告将在页面上打印出来，虽然这有利于暴露问题，但是现实使用中会存在很多问题。通用解决办法是修改 php.ini 的配置，需要修改的参数如下：

（1）找到 error_reporting = E_ALL，修改为 error_reporting = E_ALL & ~E_NOTICE。
（2）找到 register_globals = Off，修改为 register_globals = On。

第 5 章　字符串和正则表达式

学习目标 | Objective

字符串在 PHP 程序中经常被使用，如何格式化字符串、如何连接分离字符串、如何比较字符串等是初学者经常遇到的问题。另外，本章还将讲述正则表达式的使用方法和技巧。

内容导航 | Navigation

- 掌握字符串单引号和双引号的使用
- 掌握字符串连接符的使用
- 掌握字符串的基本操作
- 熟悉正则表达式的基本概念
- 掌握正则表达式的语法规则

5.1　字符串的单引号和双引号

字符串是指一连串不中断的字符。这里的字符主要包括以下几种类型：

- 字母类型，如常见的 a、b、c 等。
- 数字类型，如常见的 1、2、3、4 等。
- 特殊字符类型，如常见的 #、%、^、$ 等。
- 不可见字符类型，如回车符、制表（Tab）字符和换行符等。

标识字符串通常使用单引号或双引号，表面看起来没有什么区别。但是，对于存在于字符串中的变量，这两个是不一样的。

（1）双引号内会输出变量的值，单引号内直接显示变量名称。

（2）双引号中可以通过"\"转义符输出的特殊字符如下。

- \n: 新一行。
- \t: 制表符（Tab）。
- \\: 反斜杠。
- \0: ASCII 码的 0。
- \$: 把此符号转义为单纯的美元符号，而不再作为声明变量的标识符。
- \r: 回车。
- \{octal #}: 八进制转义。
- \x{hexadecimal #}: 十六进制转义。

另外，单引号中可以通过"\"转义符输出的特殊字符只有：

- \\': 转义为单引号本身，而不作为字符串标识符。
- \\\\: 用于在单引号前的反斜杠转义为其本身。

下面通过实例来讲解它们的不同用法。

【例 5.1】（实例文件：源文件\ch05\5.1.php）

```php
<?php
$message = "PHP 程序";                           // 定义字符串变量
echo "这是关于字符串的程序。<br>";                // 输出字符串变量
echo "这是一个关于双引号和\$的$message<br>";      // 使用转义字符
$message2 = '字符串的程序。';                      // 使用单引号赋值字符串变量
echo '这是一个关于字符串的程序。<br> ';           // 输出字符串变量
echo '这是一个关于单引号的$message2';
echo $message2;
?>
```

本程序的运行结果如图 5-1 所示。可见单引号和双引号在 PHP 中处理普通字符串时的效果是一样的，而在处理变量时是不一样的，单引号中的内容只是被当成普通的字符串处理，而双引号中的内容是可以被解释并替换的。

图 5-1 程序的运行结果

【案例分析】

（1）其中，第一段程序使用双引号对字符串进行处理，"\$"转义成美元符号，$message 的值"PHP 程序"被输出。

（2）第二段程序使用单引号对字符串进行处理。$message2 的值在单引号的字符串中无法被输出，但是可以通过变量直接打印出来。

5.2 字符串的连接符

字符串连接符的使用十分常见。这个连接符就是"."（点），既可以直接连接两个字符串，也可以连接两个字符串变量，还可以连接字符串和字符串变量，如下面的实例所示。

【例 5.2】（实例文件：源文件\ch05\5.2.php）

```php
<?php
//定义字符串
$a ="使用字符串的连接符";
$b= "可以非常方便地连接字符串";
```

```
// 连接上面两个字符串，中间用逗号分隔
$c = $a.", ".$b;      // 输出连接后的字符串
echo $c;
?>
```

本程序的运行结果如图 5-2 所示。

图 5-2　程序的运行结果

除了上面的方法以外，还可以使用"{}"连接字符串，类似于使用 C 语言中 printf 的占位符。下面举例说明其使用方法。

【例 5.3】（实例文件：源文件\ch05\5.3.php）

```
<?php
// 定义需要插入的字符串
$a ="张先生";
// 生成新的字符串
$b= "欢迎{$a}入住丰乐园高级酒店";
// 输出连接后的字符串
echo $b;
?>
```

本程序的运行结果如图 5-3 所示。

图 5-3　程序的运行结果

5.3　字符串的基本操作

字符串的基本操作主要包括对字符串的格式化处理、连接切分字符串、比较字符串、字符串子串的对比与处理等。

5.3.1　手动和自动转义字符串中的字符

手动转义字符串数据就是在引号（包括单引号和双引号）内通过"\"（反斜杠）使一些特殊字符转义为普通字符。在介绍单引号和双引号的时候已经对这个方法进行了详细的描述。

自动转义字符串的字符是通过 PHP 的内置函数 addslashes()来完成的。还原这个操作则是通过

调用 stripslashes()函数来完成的。以上两个函数也经常用于格式化字符串中，以用于 MySQL 的数据库存储。

5.3.2　计算字符串的长度

计算字符串的长度经常在很多应用中出现，比如在输入框输入文字的长度就会用到此功能。调用 strlen()函数就可以实现这个功能。

strlen()函数返回字符串所占的字节长度，一个英文字母、数字、各种符号均占一个字节，它们的长度均为 1。一个中文字符占两个字节，所以一个中文字符的长度是 2。以下实例介绍计算字符串长度的方法和技巧。

【例 5.4】（实例文件：源文件\ch05\5.4.php）

```php
<?php
echo strlen("http://www.php.net/");
echo "<br";
echo strlen("山际见来烟，竹中窥落日。");
?>
```

本程序的运行结果如图 5-4 所示。

图 5-4　程序的运行结果

提　示
中文字符串"山际见来烟，竹中窥落日。"中明明是 10 个汉字和 2 个标点符号，为什么查询结果中的字符串的长度是 36？原因是 strlen()在计算时，对于一个 UTF-8 的中文字符，会把一个汉字的长度当作 3 个字节计算，所以"山际见来烟，竹中窥落日。"中总共有 12 个字符，长度为 36。

当出现中英文混排的情况时，怎么准确地计算字符串的长度呢？这里需要调用另一个函数 mb_strlen()。mb_strlen()函数的用法与 strlen()几乎一模一样，只是多了一个指定字符集编码的参数。

mb_strlen()函数的语法格式如下：

```
int mb_strlen(string string_input, string encode);
```

PHP 内置的字符串长度使函数 strlen()无法正确处理中文字符串，它得到的只是字符串所占的字节数。对于 GB2312 的中文编码，strlen 得到的值是汉字个数的 2 倍，而对于 UTF-8 编码的中文，就是 3 倍的差异了（在 UTF-8 编码下，一个汉字占 3 个字节）。

下面的案例将准确计算出中文字符串的长度。

【例 5.5】（实例文件：源文件\ch05\5.5.php）

```php
<?php
echo strlen("山际见来烟，竹中窥落日。");
echo "<br>";
echo mb_strlen("山际见来烟，竹中窥落日。","UTF8");
?>
```

本程序的运行结果如图 5-5 所示。

图 5-5　程序的运行结果

【案 例 分 析】

（1）strlen()计算时，对待 UTF-8 的中文字符长度是 3，所以"山际见来烟，竹中窥落日。"的长度为 12×3=36。

（2）mb_strlen()计算时，选定的编码为 UTF8，将一个中文字符当作长度 1 来计算，所以"山际见来烟，竹中窥落日。"的长度为 12×1=12。

5.3.3　字符串中单词的统计

有时对字符串的单词进行统计有很大意义。调用 str_word_count()函数可以实现此操作，但是这个函数只对基于 ASCII 码的英文单词起作用，对 UTF-8 编码的中文字符并不起作用。

下面通过实例介绍字符串单词统计中的应用和技巧。

【例 5.6】（实例文件：源文件\ch05\5.6.php）

```php
<?php
$aa= "Better good neighbours near than relations far away.";// 定义字符串变量
$bb = "阅读使人充实，会谈使人敏捷，写作使人精确。";
echo str_word_count($aa)."<br>";        // 计算英文单词的个数
echo str_word_count($bb);               // 计算中文字词的个数
?>
```

本程序的运行结果如图 5-6 所示。可见 str_word_count()函数无法计算中文字符，查询结果为 0。

图 5-6　程序的运行结果

5.3.4　清理字符串中的空格

空格在很多情况下是不必要的，所以清除字符串中的空格显得十分重要。比如在判定输入是否正确的程序中，出现不必要的空格将增大程序出现错误判断的概率。

清除空格要用到 ltrim()、rtrim()和 trim()函数。其中，ltrim()是从左边清除字符串头部的空格，rtrim()是从右边清除字符串尾部的空格，trim()是从字符串两边同时去除头部和尾部的空格。

以下实例介绍去除字符串中空格的方法和技巧。

【例 5.7】（实例文件：源文件\ch05\5.7.php）

```php
<?php
$aa= "  Birth is much, but breeding is more.   ";   // 定义字符串变量
echo "开始:".ltrim($aa)."结束<br>";                  // 清理字符串头部的空格
echo "开始:".rtrim($aa)."结束<br>";                  // 清理字符串尾部的空格
echo "开始:".trim($aa)."结束<br>";                   // 同时去除头部和尾部的空格
$bb= "  与肝胆  人共事，无字  句处读书。   ";          // 定义中间有空格的字符串变量
echo "开始:".trim($bb)."结束";                        // 同时去除头部和尾部的空格
?>
```

本程序的运行结果如图 5-7 所示。

图 5-7　程序的运行结果

【案例分析】

（1）其中，$aa 为一个两端都有空格的字符串变量。调用 ltrim($aa)从左边去除空格，调用 rtrim($someinput)从右边去除空格，调用 trim($aa)从两边同时去除。

（2）其中，$bb 为一个两端都有空格、中间也有空格的字符串变量。调用 trim($bb)进行处理，只是去除两边的空格。

5.3.5　字符串的切分与组合

字符串的切分调用 explode()和 strtok()函数。切分的反向操作为组合，调用 implode()和 join()函数。其中，explode()函数把字符串切分成不同部分后存入一个数组，impolde()函数把数组中的元素按照一定的间隔组合成一个字符串。

以下实例介绍字符串切分和组合的方法和技巧。

【例 5.8】（实例文件：源文件\ch05\5.8.php）

```php
<?php
$aa = "How_to_split_this_sentence.";   // 定义字符串变量
$bb = "把 这个句子 按空格 拆分。";        // 定义按空格拆分的字符串
$cc = explode('_',$aa);                 // 切分字符串 aa
print_r($cc);                            // 输出切分后的字符串
$dd = explode(' ',$bb);                 // 切分字符串 bb
print_r($dd);
```

```php
echo implode('>',$cc)."<br>";                    // 组合字符串$a
echo implode('*',$dd);
?>
```

本程序的运行结果如图 5-8 所示。

图 5-8　程序的运行结果

【案例分析】

（1）explode()函数把$aa 和$bb 按照下画线和空格的位置分别切分成$cc 和$dd 两个数组。

（2）implode()函数把$cc 和$dd 两个数组的元素分别按照 ">" 和 "*" 为间隔组合成新的字符串。

5.3.6　字符串中子串的截取

从一个字符串中截取一个子串就是字符串的截取操作。

完成这个操作需要用到 substr()函数。这个函数有 3 个参数，分别规定了目标字符串、起始位置和截取长度。它的格式如下：

```
substr(目标字符串, 起始位置, 截取长度)
```

其中，目标字符串是某个字符串变量的变量名，起始位置和截取长度都是整数。

如果所有参数都是正数，起始位置的整数必须小于截取长度的整数，否则函数返回值为假（false）。

如果截取长度为负数，则意味着是从目标字符串结尾算起去掉截取长度数字符之后剩下的所有字符。

以下实例介绍字符串截取的方法和技巧。

【例 5.9】（实例文件：源文件\ch05\5.9.php）

```php
<?php
$aa = "create a substring of this string."; // 定义字符串变量$aa
$bb = "创建一个这个字符串的子串。";
echo substr($aa,0,11)."<br>";                    // 截取字符串前 11 个字符
echo substr($aa,1,15)."<br>";                    // 截取从第 2 个字符开始的前 15 个字符
echo substr($aa,0,-2)."<br>";                    // 截取除最右侧两个字符外的字符
echo substr($bb,0,12)."<br>";                    // 截取字符串前 12 个字符
echo substr($bb,0,9)."<br>";                     // 截取字符串前 9 个字符
echo substr($bb,0,11);                           // 截取字符串前 11 个字符
?>
```

本程序的运行结果如图 5-9 所示。

图 5-9　程序的运行结果

【案例分析】

（1）$aa 为英文字符串变量。substr($aa,0,11)和 substr($aa,1,15)展示了起始位置和截取长度的作用。substr($aa,0,-2)则是从目标字符串尾部算起，去掉最后两个字符，剩下的所有字符都作为截取出来的子字符串。

（2）$bb 为中文字符串变量。因为 UTF-8 编码的中文字符长度是 3，所以截取 12 和 9 的长度都比较正常。当截取长度为 11 时，因为不是 3 的倍数，此时将会出现问题，所以使用时要小心。

从上述案例可以看出，当字符串中有中文字符时，截取字符串时尽量不使用 substr()函数。那么应该如何操作？这里建议使用 mbstring 扩展库的 mb_substr()函数解决上述问题。

提　示
一般的服务器都没有打开 php_mbstring.dll，需要在 php.ini 中把 php_mbstring.dll 打开。

mb_substr()函数的使用方法和 substr()函数类似，只是在参数中多加入一个设置字符串编码的参数。

【例 5.10】（实例文件：源文件\ch05\5.10.php）

```php
<?php
$aa = "时间会刺破青春表面的彩饰";
echo mb_substr($aa,0,11,"utf-8")."<br>"; // 截取字符串前 11 个汉字
echo mb_substr($aa,1,8,"utf-8")."<br>";  // 截取从第二个字符开始的前 8 个汉字
echo mb_substr($aa,0,-2,"utf-8");        // 截取除最右侧两个字符外的所有其他汉字
?>
```

本程序的运行结果如图 5-10 所示。在 mb_substr()函数中指定了 UTF-8 编码后，一个汉字的长度就是 1。

图 5-10　程序的运行结果

5.3.7　字符串中子串的替换

在某个字符串中替换其中某个子串是常用的应用，就像使用文本编辑器中的替换功能一样。要实现这个功能，可调用 substr_replace()函数，它的格式为：

```
substr_replace(目标字符串，替换字符串，起始位置，替换长度)
```

以下实例介绍字符串中子串的替换方法和技巧。

【例 5.11】（实例文件：源文件\ch05\5.11.php）

```php
<?php
$someinput = "ID:125846843312345";              // 定义字符串变量
// 字符串中子串的替换
echo substr_replace($someinput,"*************",3,11)."<br>";
echo substr_replace($someinput,"尾号为",3,11);   // 输出替换后的字符串
?>
```

本程序的运行结果如图 5-11 所示。

图 5-11　程序的运行结果

【案例分析】

（1）$someinput 为英文字符串变量。从第三个字符开始为 ID 号。第一个输出是以"*************"替换第三个字符开始往后的 11 个字符。

（2）第二个输出是用"尾号为"替换第三个字符开始往后的 11 个字符。

5.3.8　字符串的查找

在一个字符串中查找另一个字符串就像文本编辑器中的查找一样。要实现功能，可调用 strstr()函数或 stristr()函数。其格式为：

```
strstr(目标字符串，需查找的字符串)
```

如果函数找到要查找的字符或字符串，就返回从第一个查找到字符串的位置往后所有的字符串内容。

stristr()函数为不区分字母大小的查找，也就是对字母的大小写不敏感。用法与 strstr()相同。

以下实例介绍字符串查找的方法和技巧。

【例 5.12】（实例文件：源文件\ch05\5.12.php）

```php
<?php
$aa = "I have a Dream that to find a string with a dream."; // 定义英文字符
```

```
$bb = "我有一个梦想，能够找到理想。";           // 定义中文字符串
echo strstr($aa,"dream")."<br>";              // 查找指定的字符串
echo stristr($aa,"dream")."<br>";
echo strstr($aa,"that")."<br>";
echo strstr($bb,"梦想")."<br>";
?>
```

本程序的运行结果如图 5-12 所示。

图 5-12　程序的运行结果

【案例分析】

（1）$aa 为英文字符串变量。strstr($aa,"dream")区分字母大小写，所以输出找到的字符串 "dream"（在目标字符串的尾部）。stristr($aa,"dream")不区分字母大小写，所以找到第一个字符串（即便是含有大写）就开始输出。

（2）$bb 为中文字符串变量。strstr()函数同样对中文字符起作用。

5.3.9　字母大小写的转换

在 PHP 中，通过使用字母大小写转换函数可以修改字符串中字母大小写不规范的问题。常见的字母大小写转换函数如下：

```
string strtolower (string str);      // 转换为小写
string strtoupper (string str);      // 转换为大写
string ucfirst (string str);         // 整个字符串首字母大写
string ucwords (string str);         // 整个字符串中以空格为分隔符的单词首字母大写
```

【例 5.13】（实例文件：源文件\ch05\5.13.php）

```
<?php
$str = "hello I have a dream" ;       // 定义英文字符串
echo strtolower($str)."<br>";         // 转换为小写
echo strtoupper($str)."<br>";         // 转换为大写
echo ucfirst($str)."<br>";            // 整个字符串首字母大写
echo ucwords($str)."<br>";            // 整个字符串中以空格为分隔符的单词首字母大写
echo $str;                            // 输出原字符串
?>
```

本程序的运行结果如图 5-13 所示。

图 5-13　程序的运行结果

5.4　PHP 7 的新变化——字符串处理机制的修改

在 PHP 7 版本中，字符串处理机制发生了以下变化。

1. 含有十六进制字符的字符串不再视为数字

含有十六进制字符的字符串不再视为数字，也不再区别对待。
例如下面的代码：

```
var_dump("0x123" == "291");        // 结果为 false
var_dump(is_numeric("0x123"));     // 结果为 false
var_dump("0xe" + "0x1");           // 结果为 0
```

可以使用 filter_var 函数来检查一个字符串是否包含十六进制字符或者是否可以转成整数类型。
例如下面的代码：

```
$str = "0xffff";
$int = filter_var($str, FILTER_VALIDATE_INT, FILTER_FLAG_ALLOW_HEX);
if (false === $int) {
    throw new Exception("非法整数值!");
}
var_dump($int); // 结果为 65535
```

2. "\u{" 后面包含非法字符会报错

双引号和 heredoc 语法里面增加了 Unicode 编码转义语法，"\u{" 后面必须是 UTF-8 字符。
如果是非 UTF-8 字符，就会报错：

```
$str = "\u{xyz}"; // Parse error: Invalid UTF-8 codepoint escape sequence
```

可以通过对第 1 个 "\" 进行转义来避免这种错误。

```
$str = "\\u{xyz}"; //不会报错
```

"\u" 后面如果没有 "{"，则没有影响：

```
$str = "\u202e"; //不会报错
```

5.5　什么是正则表达式

上面介绍的对字符串的处理方法比较简单，只是调用一些字符串处理函数对字符串进行处理，无法满足对字符串的复杂处理需求。要对字符串进行复制的处理，则需要使用正则表达式。

正则表达式是按照一定的规范或模型来表示文本或字符串的方法，经常用于文本的匹配操作。例如，验证用户在线输入的邮件地址的格式是否正确。使用正则表达式技术，用户所填写的表单信息将会被正常处理；反之，如果用户输入的邮件地址与正则表达式的模式不匹配，就会弹出提示信息，要求用户重新输入正确的邮件地址。可见正则表达式在 Web 应用的逻辑判断中具有举足轻重的作用。

5.6　正则表达式的语法规则

一般情况下，正则表达式由两部分组成，分别是元字符和文本字符。元字符就是具有特殊含义的字符，例如"?"和"*"等，文本字符就是普通的文本，例如字母和数字等。本节主要讲述正则表达式的语法规则。

1. 方括号（[ ]）

方括号内的一串字符是将要用来进行匹配的字符。例如，正则表达式在方括号内的[name]是指在目标字符串中寻找字母 n、a、m、e；[jjk]表示在目标字符串中寻找字符 j 和 k。

2. 连字符（-）

在很多情况下，不可能逐个列出所有字符。比如，若要匹配所有英文字母，则把 26 个英文字母全部输入会十分困难。这样就有如下表示：

- [a-z]表示匹配从 a 到 z 的任意英文小写字母。
- [A-Z]表示匹配从 A 到 Z 的任意英文大写字母。
- [A-Za-z] 表示匹配从大写 A 到小写 z 的任意英文大小写字母。
- [0-9]表示匹配从 0 到 9 的任意十进制数字。

由于字母和数字的区间固定，因此根据这样的表示方法，即[开始-结束]，程序员可以重新定义区间大小，如[2-7]、[c-f]等。

3. 点号字符（.）

点号字符在正则表达式中是一个通配符，代表所有字符和数字。例如，".er"表示所有以 er 结尾的三个字符的字符串，可以是 per、ser、ter、@er、&er 等。

4. 限定符（+ * ? {n,m}）

- 加号"+"表示其前面的字符至少有一个。例如，"9+"表示目标字符串包含至少一个 9。
- 星号"*"表示其前面的字符为零个或不止一个。例如，"y*"表示目标字符串包含零个或不止一个 y。
- 问号"?"表示其前面的字符为一个或零个。例如，"y?"表示目标字符串包含零个或一个 y。

● 大括号"{n,m}"表示其前面的字符有 *n* 或 *m* 个。例如，"a{3,5}"表示目标字符串包含 3 个或 5 个 a；"a{3}"表示目标字符串包含 3 个 a；"a{3,}"表示目标字符串至少包含 3 个 a。

点号和星号可以一起使用，如".*"表示匹配任意字符。

5. 行定位符（^和$）

行定位符用来确定匹配字符串所要出现的位置。

如果是在目标字符串开头出现，就使用符号"^"；如果是在目标字符串结尾出现，就使用符号"$"。例如，^xiaoming 是指 xiaoming 只能出现在目标字符串开头，8895$ 是指 8895 只能出现在目标字符串结尾。

可以同时使用这两个符号，如"^[a-z]$"，表示目标字符串只包含从 a 到 z 的单个字符。

6. 排除字符（[^]）

符号"^"在方括号内表示逻辑"非"，排除匹配字符串在目标字符串中出现的可能。例如，[^0-9]表示目标字符串包含从 0 到 9"以外"的任意其他字符，也就是不能包含 0 到 9 这 10 个数字即可。

7. 括号字符（()）

括号字符表示子串，所有对包含在子串内字符的操作都是以子串为整体进行的。括号字符也是把正则表达式分成不同部分的操作符。

8. 选择字符（|）

选择字符表示"或"选择。例如，"com|cn|com.cn|net"表示目标字符串包含 com 或 cn 或 com.cn 或 net。

9. 转义字符（\）与反斜线（\）

"\"在正则表达式中属于特殊字符，如果单独使用，就直接表示作为特殊字符的转义字符。如果要表示反斜杠字符本身，就在此字符前添加转义字符"\"，即"\\"。

10. 认证 email 的正则表达式

在处理表单数据的时候，对用户的 email 进行认证是十分常用的。可以使用正则表达式匹配来判断用户输入的是否为一个有效的 email 地址。它的格式如下：

```
^[A-Za-z0-9_.]+@[ A-Za-z0-9_]+\.[ A-Za-z0-9.]+$
```

其中，^[A-Za-z0-9_.]+表示至少有一个英文大小写字母、数字、下画线、点号或者这些字符的组合；@表示 email 中的"@"；[A-Za-z0-9_]+表示至少有一个英文大小写字母、数字、下画线或者这些字符的组合；\.表示 email 中".com"之类的点，由于这里点号只是点本身，因此用反斜杠进行转义；[A-Za-z0-9.]+$表示至少有一个英文大小写字母、数字、点号或者这些字符的组合，并且直到这个字符串的末尾。

11. 如何使用正则表达式对字符串进行匹配

用正则表达式对目标字符串进行匹配是正则表达式的主要功能。

完成这个操作需要调用 preg_match()函数。这个函数是在目标字符串中寻找符合特定正则表达式规范的字符串子串。根据指定的模式来匹配文件名或字符串。它的语法格式如下：

```
preg_match(正则表达式，目标字符串,[ 数组])
```

下面介绍利用正则表达式规范匹配 email 输入的方法和技巧。

【例 5.14】（实例文件：源文件\ch05\5.14.php）

```php
<?php
$email = "wangxioaming2011@hotmail.com";                    // 定义字符串
$email2 = "The email is liuxiaoshuai_2011@hotmail.com";
$asemail = "This is wangxioaming2011@hotmail";
//定义正则表达式规范
$regex ='/^[a-zA-Z0-9_.]+@[a-zA-Z0-9_]+\.[a-zA-Z0-9.]+$/';
$regex2 ='/[a-zA-Z0-9_.]+@[a-zA-Z0-9_]+\.[a-zA-Z0-9.]+$/';
if(preg_match($regex, $email, $a)){                // 利用正则表达式规范字符串
    echo "This is an email.";
    print_r($a);
    echo "<br>";
}
if(preg_match($regex2, $email2, $b)){
    echo "This is a new email.";
    print_r($b);
    echo "<br>";
}
if(preg_match ($regex, $asemail)){
    echo "This is an email.";
}else{
    echo "This is not an email.";
}
?>
```

本程序的运行结果如图 5-14 所示。

图 5-14　程序的运行结果

【案例分析】

（1）$email 就是一个完整的 email 字符串，用$regex 这个正则规范（匹配 email 的规范）来匹配$email，得出的结果为图 5-14 中第一行的输出。

93

（2）preg_match ($regex, $email, $a)把匹配的子串存储在名为$a 的数组中。print_r($a)打印数组，得出的结果为第一行数组的输出。

（3）$email2 是一个包含完整 email 的字符串。用$regex 规范匹配，其返回值必然为 false。用$regex2 规范匹配，其返回值为 true，因为$regex2 规范中去掉了表示从字符串头部开始的符号 "^"。preg_match ($regex2, $email2, $b)把匹配的子串存储在数组$b 中。print_r($b)得到第二行数组的输出。

（4）$asemail 字符串不符合$regex 规范，返回值为 false，同时输出相应的信息。

12. 使用正则表达式替换字符串的子串

如果需要对字符串的子串进行替换，可以调用 preg_replace()函数。语法格式为：

```
preg_replace(正则表达式规范, 欲取代字符串的子串, 目标字符串,[替换的个数])
```

如果省略替换的个数或者替换的个数为-1，则所有的匹配项都会被替换。

以下例子介绍利用正则表达式取代字符串子串的方法和技巧。

【例 5.15】（实例文件：源文件\ch05\5.15.php）

```php
<?php
$aa = "When you are old and grey and full of sleep";
$bb = "人生若只如初见，何事秋风悲画扇。人生若只如初见，何事秋风悲画扇。";
$aa= preg_replace('/\s/','-',$aa);
echo "第 1 次替换结果为："."<br/>";
echo $aa."<br/>";
$bb= preg_replace('/何事/','往事',$bb);
echo "第 2 次替换结果为："."<br/>";
echo $bb;
?>
```

本程序的运行结果如图 5-15 所示。

图 5-15　使用正则表达式替换字符串的子串

【案例分析】

（1）第一次替换是将空格替换为'-'，然后将替换后的结果输出。

（2）第二次替换是将'何事'替换为'往事'，然后将替换后的结果输出。

13. 使用正则表达式切分字符串

使用正则表达式可以把目标字符串按照一定的正则规范切分成不同的子串。要实现这个功能，可以调用 strtok()函数，它的语法格式为：

```
strtok(正则表达式规范, 目标字符串)
```

这个函数以正则规范内出现的字符为准，把目标字符串切分成若干个子串，并且存入数组。下面通过实例介绍利用正则表达式切分字符串的方法和技巧。

【例 5.16】（实例文件：源文件\ch05\5.16.php）

```php
<?php
$string = "Hello world. Beautiful day today."; // 定义字符串
$token = strtok($string, " ");                  // 切分字符串
while ($token !== false)                         // 使用 while 循环输出切分后的字符串
{
  echo "$token<br>";
  $token = strtok(" ");
}
?>
```

本程序的运行结果如图 5-16 所示。

图 5-16　程序的运行结果

【案例分析】

（1）其中，$string 为包含多种字符的字符串。strtok($string, " ")对其进行切分，并将结果存入数组$token。

（2）其正则规范为" "，是指以空格切分字符串。

5.7　实战演练——创建酒店系统在线订房表

本实例主要创建酒店系统的在线订房表，其中需要创建两个 PHP 文件，具体创建步骤如下。

步骤 01　在网站主目录下建立文件 formstringhandler.php，输入以下代码并保存。

```php
<!DOCTYPE html>
<html>
<HEAD>您的订房信息：</HEAD>
<BODY>
<?php
$DOCUMENT_ROOT = $_SERVER['DOCUMENT_ROOT'];
$customername = trim($_POST['customername']);
$gender = $_POST['gender'];
$arrivaltime = $_POST['arrivaltime'];
$phone = trim($_POST['phone']);
$email = trim($_POST['email']);
$info = trim($_POST['info']);
```

```php
if(!eregi('^[a-zA-Z0-9_\-\.]+@[a-zA-Z0-9\-]+\.[a-zA-Z0-9_\-\.]+$',$email))
{
    echo "这不是一个有效的email地址，请返回上页并重试";
    exit;
}
if(!eregi('^[0-9]$',$phone) and strlen($phone)<= 4 or strlen($phone)>= 15){
    echo "这不是一个有效的电话号码，请返回上页并重试";
    exit;
}
if( $gender == "m"){
    $customer = "先生";
}else{
    $customer = "女士";
}
echo '<p>您的订房信息已经上传，我们正在为您准备房间。 确认您的订房信息如下:</p>';
echo $customername."\t".$customer.' 将会在 '.$arrivaltime.' 天后到达。 您的电话
为'.$phone."。我们将会发送一封电子邮件到您的email邮箱: ".$email."。<br><br>另外，我们已
经确认了您其他的要求如下: <br><br>";
echo nl2br($info);
echo "<p>您的订房时间为:".date('Y m d H: i: s')."</p>";
?>
</BODY>
</HTML>
```

步骤 02 在网站主目录下创建文件 form4string.html，输入以下代码并保存。

```html
<!DOCTYPE html>
<html>
<HEAD><h2>GoodHome 在线订房表。</h2></HEAD>
<BODY>
<form action="formstringhandler.php" method="post">
<table>
<tr bgcolor="#3399FF" >
    <td>客户姓名:</td>
    <td><input type="text" name="customername" size="20" /></td>
</tr>
<tr bgcolor="#CCCCCC" >
    <td>客户性别: </td>
    <td>
     <select name="gender">
       <option value="m">男</option>
       <option value="f">女</option>
     </select>
  </td>
</tr>
<tr bgcolor="#3399FF" >
    <td>到达时间:</td>
    <td>
     <select name="arrivaltime">
        <option value="1">一天后</option>
        <option value="2">两天后</option>
        <option value="3">三天后</option>
        <option value="4">四天后</option>
```

```
          <option value="5">五天后</option>
      </select>
     </td>
 </tr>
 <tr bgcolor="#CCCCCC" >
     <td>电话:</td>
     <td><input type="text" name="phone" size="20" /></td>
 </tr>
 <tr bgcolor="#3399FF" >
     <td>email:</td>
     <td><input type="text" name="email" size="30" /></td>
 </tr>
 <tr bgcolor="#CCCCCC" >
     <td>其他需求:</td>
     <td> <textarea name="info" rows="10" cols="30">如果您有什么其他要求，请填在这
里。</textarea>
     </td>
 </tr>
 <tr bgcolor="#666666" >
     <td align="center"><input type="submit" value="确认订房信息" /></td>
 </tr>
 </table>
 </form>
 </BODY>
 </HTML>
```

步骤 03　运行 form4string.html，结果如图 5-17 所示。

图 5-17　在线订房网

步骤 04　填写表单。【客户姓名】为"王小明"、【客户性别】为"男"、【到达时间】为"三
天后"、【电话】为 13592XXXX77、【email】为 wangxiaoming@hotmail.com、【其他
需求】为"两壶开水，【Enter】一条白毛巾，【Enter】一个冰激凌"。单击【确认订
房信息】按钮，浏览器会自动跳转至 formstringhandler.php 页面，显示结果如图 5-18
所示。

97

图 5-18　确认订房信息

【案例分析】

（1）"$customername = trim($_POST['customername']); ""$phone = trim($_POST['phone']); "
"$email = trim($_POST['email']);"和"$info = trim($_POST['info']);"都是通过文本输入框直接输入
的。所以，为了保证输入字符串的纯粹性，以方便处理，需要调用 trim()函数清除字符串前后的空
格。另外，调用 ltrim()函数清除左边的空格，调用 rtrim()函数清除右边的空格。

（2）!eregi('^[a-zA-Z0-9_\-\.]+@[a-zA-Z0-9\-]+\.[a-zA-Z0-9_\-\.]+$',$email)中使用正则表达式对
输入的 email 文本进行判断。

（3）nl2br()对$info 变量中的【Enter】操作，也就是对
操作符进行了处理。在有新行"\nl"
操作的地方生成
。

（4）由于要显示中文，因此需要对文字编码进行设置，charset=gb2312 就是设置简体中文的
文字编码。

5.8　高手甜点

甜点 1：模式修饰符、单词界定符和方括号"[]"连用，还是和"/"在一起使用？

在 PHP 正则表达式的语法中，一种是 POSIX 语法，另一种是 Perl 语法。POSIX 语法是先前
所介绍的语法。Perl 语法则不同于 POSIX 语法。Perl 语法的正则表达式以"/"开头和以"/"结尾，
如"/name/"便是一个 Perl 语法形式的正则表达式。

模式修饰符是在 Perl 语法正则表达式中的内容。例如，"i"表示正则表达式不区分字母大小
写；"g"表示找到所有匹配的字符；"m"表示把目标字符串作为多行字符串进行处理；"s"表
示把目标字符串作为单行字符串进行处理，忽略其中的换行符；"x"表示忽略正则表达式中的空
格和备注；"u"表示在首次匹配后停止。

单词界定符也是 Perl 语法正则表达式中的内容。不同的单词界定符表示不同的字符界定范围。
例如，"\A"表示仅仅匹配字符串的开头；"\b"表示匹配到单词边界；"\B"表示除了单词边界，
匹配所有；"\d"表示匹配所有数字字符，等同于"[0-9]"；"\D"表示匹配所有非数字字符；"\s"
表示匹配空格字符；"\S"表示匹配非空格字符；"\w"表示匹配字符串，如同"[a-zA-Z0-9_]"；
"\W"表示匹配字符，忽略下画线、字母和数字字符。

甜点 2：支持 Perl 语法形式的正则表达式有哪些？

PHP 为 Perl 语法的正则表达式提供了如下函数。

（1）preg_grep()用来搜索一个数组中的所有数组元素，以得到匹配元素。

（2）preg_match()以特定模式匹配目标字符串。

（3）preg_match_all()以特定模式匹配目标字符串，并且把匹配元素作为元素返回给一个特定数组。

（4）preg_quote()在每一个正则表达式的特殊字符前插入一个反斜杠（\）。

（5）preg_replace()替代所有符合正则表达式格式的字符，并返回按照要求修改的结果。

（6）preg_replace_callback()以键值代替所有符合正则表达式格式字符的键名。

（7）preg_split()按照正则模型切分字符串。

第 6 章　PHP 数 组

![学习目标 Objective]

数组在 PHP 中是极为重要的数据类型。本章将介绍什么是数组、数组的类型、数组的构造、遍历数组、数组排序、向数组中添加和删除元素、查询数组中的指定元素、统计数组的元素个数、删除数组中重复的元素、数组的序列化等操作。通过本章的学习，读者可以掌握数组的常用操作和技巧。

![内容导航 Navigation]

- 了解什么是数组
- 熟悉数组的类型
- 掌握数组构建的方法
- 掌握遍历数组的方法
- 掌握数组排序的方法
- 掌握数组和字符串之间转换的方法
- 掌握向数组中添加和删除元素的方法
- 掌握查询数组中指定元素的方法
- 掌握统计元素个数的方法
- 掌握删除数组中重复元素的方法
- 掌握调换数组中的键值和元素值的方法
- 掌握如何实现数组的序列化

6.1　什么是数组

数组（Array）就是用来存储一系列数值的地方。数组是非常重要的数据类型。相对于其他的数据类型，它更像是一种结构，而这种结构可以存储一系列的数值。

数组中的数值被称为数组元素（Element）。每一个元素都有一个对应的索引或下标（Index），也称作键值（Key）。通过这个标识，可以访问数组元素。数组的标识可以是数字，也可以是字符串。

例如，一个班级通常有十几个人，如果要找出某个学生，可以利用学号来区分每一个人，这时班级就是一个数组，而学号就是下标，如果指明学号，就可以找到对应的学生。

6.2　数组的类型

数组分为数字索引数组和关联索引数组。本节将详细讲述这两种数组的使用方法。

6.2.1　数字索引数组

数字索引数组是最常见的数组类型，默认从 0 开始计数。另外，数组变量在使用时即可创建，创建时即可使用。

声明数组的方法有两种。

（1）使用 array()函数声明数组，具体的声明方式如下：

```
array 数组名称（[mixed]）
```

其中，参数 mixed 的语法为 key=>value，如果有多个 mixed，可以用逗号分开，分别定义索引和值。

```
$arr = array("1"=> "空调", "2"=>"冰箱", "3"=>"洗衣机", "4"=>"电视机");
```

利用 array()函数定义数组比较方便，可以只给出数组的元素值，而不给出键值，例如：

```
$arr = array("空调","冰箱","洗衣机","电视机");
```

（2）直接通过为数组元素赋值的方式声明数组。

如果在创建数组时不知道数组的大小，或者数组的大小可能会根据实际情况发生变化，就可以使用直接赋值的方式声明数组，例如：

```
$arr[1]= "空调";
$arr[2]= "冰箱"
$arr[3]= "洗衣机";
$arr[4]= "电视机";
```

下面以酒店网站系统中的酒店房价为例进行讲解。

【例 6.1】（实例文件：源文件\ch06\6.1.php）

```php
<?php
$roomtypes = array( '单床房','标准间','三床房','VIP 套房');
echo $roomtypes[0]."\t".$roomtypes[1]."\t".$roomtypes[2]."\t".$roomtypes[3]."<br>";
echo "$roomtypes[0] $roomtypes[1] $roomtypes[2] $roomtypes[3] <br>";
$roomtypes[0] = '单人大床房';
echo "$roomtypes[0] $roomtypes[1] $roomtypes[2] $roomtypes[3]<br>";
?>
```

本程序的运行结果如图 6-1 所示。

图 6-1　程序的运行结果

【案例分析】

（1）$roomtypes 为一维数组，用关键字 array 声明，并且用"="赋值。

（2）'单床房'、'标准间'、'三床房'和'VIP 套房' 为数组元素，且这些元素为字符串型，用单引号方式表示。每个数组元素用","分开。echo 命令直接打印数组元素，因为元素索引默认从 0 开始，所以第一个数组元素为$roomtypes[0]。

（3）数组元素可以直接通过"="赋值，如"$roomtypes[0] = '单人大床房';"，可用 echo 语句输出数组的内容。

6.2.2 关联索引数组

关联数组的键名是由数字和字符串组成的，而数字索引数组的键名只能为数字。所以判断一个数组是否为关联数组的依据是：数组中的键名是否存在不是数字的字符，如果存在，就为关联数组。

下面以使用关联索引数组编写酒店房间类型为例进行讲解。

【例 6.2】（实例文件：源文件\ch06\6.2.php）

```php
<?php
$prices_per_day = array('单床房'=> 298,'标准间'=> 268,'三床房'=> 198,'VIP 套房'=>
368);
echo $prices_per_day['标准间']."<br>";
?>
```

本程序的运行结果如图 6-2 所示。

图 6-2　程序的运行结果

【案例分析】

echo 命令直接指定数组$prices_per_day 中的关键字索引'标准间'（一个字符串）便可打印出数组元素 268（一个整型数字）。

6.3　PHP 7 的新变化 1——常量数组

在 PHP 5.6 中仅能通过 const 定义常量数组，例如：

```php
<?php
// 使用 const 函数来定义数组
const arr = array( "空调","冰箱","洗衣机","电视机");
echo arr[2];
```

```
?>
```

以上程序执行后，输出结果为：洗衣机。

PHP 7 可以通过 define()来定义常量数组，例如：

```php
<?php
// 使用 define 函数来定义数组
define ('学员', [
    '张笑笑',
    '杨洋',
    '王一刀'
]);
print(学员[1]);
?>
```

以上程序执行后，输出结果为：杨洋。

6.4 数组构造

按照数组的构造来分，可以把数组分为一维数组和多维数组。

6.4.1 一维数组

数组中的每个元素都是单个变量，无论是数字索引还是关联索引，这样的数组都为一维数组。

【例 6.3】（实例文件：源文件\ch06\6.3.php）

```php
<?php
$roomtypes = array( '单床房','标准间','三床房','VIP 套房');
$prices_per_day = array('单床房'=> 298,'标准间'=> 268,'三床房'=> 198,'VIP 套房'=>
368);
?>
```

其中，$roomtypes 和$prices_per_day 都是一维数组。

6.4.2 多维数组

数组是可以"嵌套"的，即每个数组元素也可以是一个数组，这种含有数组的数组就是多维
数组，例如：

```php
<?php
  $roomtypes = array( array( 'type'=>'单床房',
                        'info'=>'此房间为单人单间',
                            'price_per_day'=>298
                      ),
                    array( 'type'=>'标准间',
                        'info'=>'此房间为两床标准配置',
                            'price_per_day'=>268
                      ),
                    array( 'type'=>'三床房',
```

```
                         'info'=>'此房间备有三张床',
                         'price_per_day'=>198
                    ),
              array( 'type'=>'VIP 套房',
                 'info'=>'此房间为 VIP 两间内外套房',
                      'price_per_day'=>368
                   )

    );
?>
```

其中，$roomtypes 就是多维数组。这个多维数组包含两个维数，有点像数据库中的表格，第一个 array 里面的每个数组元素都是一个数组，而这些数组就像数据二维表中的一行记录。这些包含在第一个 array 里面的 array 又都包含 3 个数组元素，分别是 3 个类型的信息，这就像数据二维表中的字段。

可将上面的数组绘制成图，如图 6-3 所示。

	A	B	C	D
1	type	info	price_per_day	
2	单床房	此房间为单人单间	298	array
3	标准间	此房间为两床标准配置	268	array
4	三床房	此房间备有三张床	198	array
5	VIP套房	此房间为VIP两间内外套房	368	array
6			ARRAY	

图 6-3　程序的运行结果

其实，$roomtypes 就代表了这样的一个数据表。

也可以出现二维以上的数组，比如三维数组：

```
<?php
$buidling = array(array( array( 'type'=>'单床房',
                     'info'=>'此房间为单人单间',
                         'price_per_day'=>298
                    ),
              array( 'type'=>'标准间',
                 'info'=>'此房间为两床标准配置',
                      'price_per_day'=>268
                    ),
              array( 'type'=>'三床房',
                 'info'=>'此房间备有三张床',
                      'price_per_day'=>198
                    ),
              array( 'type'=>'VIP 套房',
                 'info'=>'此房间为 VIP 两间内外套房',
                      'price_per_day'=>368
                   )
                 ),
              array( array( 'type'=>'普通餐厅包房',
                 'info'=>'此房间为普通餐厅包房',
                      'roomid'=>201
                    ),
```

104

```
            array( 'type'=>'多人餐厅包房',
                'info'=>'此房间为多人餐厅包房',
                    'roomid'=>206
                ),
            array( 'type'=>'豪华餐厅包房',
                'info'=>'此房间为豪华餐厅包房',
                    'roomid'=>208
                ),
            array( 'type'=>'VIP 餐厅包房',
                'info'=>'此房间为 VIP 餐厅包房',
                    'roomid'=>310
                )
            )
        );
?>
```

这个三维数组在原来的二维数组后面又增加了一个二维数组，给出了餐厅包房的数据二维表信息。把这两个二维数组作为更外围 array 的两个数组元素就产生了第三维。这个表等于用两个二维信息表来表示一个名为$building 的数组对象，如图 6-4 所示。

图 6-4　程序的运行结果

6.5　遍历数组

所谓数组的遍历，是指把数组中的变量值读取出来。下面讲述遍历数组的常见方法。

6.5.1　遍历一维数字索引数组

下面讲解如何通过循环语句遍历一维数字索引数组。此案例中用到了 for 循环和 foreach 循环。

【例 6.4】（实例文件：源文件\ch06\6.4.php）

```
<?php
$roomtypes = array( '单床房','标准间','三床房','VIP 套房');
for ($i = 0; $i < 3; $i++){
    echo $roomtypes[$i]." （for 循环）<br>";
}
foreach ($roomtypes as $room){
    echo $room." （foreach 循环）<br>";
}
?>
```

本程序的运行结果如图 6-5 所示。

图 6-5　程序的运行结果

【案例分析】

（1）for 循环只进行了 3 次。

（2）foreach 循环列出了数组中的所有数组元素。

6.5.2　遍历一维联合索引数组

下面以遍历酒店房间类型为例对联合索引数组进行遍历。

【例 6.5】（实例文件：源文件\ch06\6.5.php）

```php
<?php
$prices_per_day = array('单床房'=> 298,'标准间'=> 268,'三床房'=> 198,'VIP 套房'=>
368);
foreach ($prices_per_day as $price){
  echo $price."<br>";
}
foreach ($prices_per_day as $key => $value){
  echo $key.":".$value." 每天。<br>";
}
reset($prices_per_day);
while ($element = each($prices_per_day)){
  echo $element['key']."\t";
  echo $element['value'];
  echo "<br>";
}
reset($prices_per_day);
while (list($type, $price) = each($prices_per_day)){
echo "$type - $price<br>";
}
?>
```

本程序的运行结果如图 6-6 所示。

图 6-6　程序的运行结果

【案例分析】

（1）其中，foreach ($prices_per_day as $price){} 遍历数组元素，所以输出 4 个整数；foreach ($prices_per_day as $key => $value){}除了遍历数组元素外，还遍历其所对应的关键字，如单床房是数组元素 298 的键值。

（2）这段程序中使用了 while 循环，还用到了几个新的函数，即 reset()、each()和 list()。由于在前面的代码中$prices_per_day 已经被 foreach 循环遍历过，而内存中的实时元素为数组的最后一个元素，因此如果想用 while 循环来遍历数组，就必须调用 reset()函数把实时元素重新定义为数组的开头元素。each()是用来遍历数组元素及其键值的函数。list()是把 each()中的值分开赋值和输出的函数。

6.5.3　遍历多维数组

下面以使用多维数组编写房间类型为例进行遍历，具体操作步骤如下。

【例 6.6】（实例文件：源文件\ch06\6.6.php）

```php
<?php
$roomtypes = array( array( 'type'=>'单床房',
                          'info'=>'此房间为单人单间。',
         'price_per_day'=>298
                    ),
       array( 'type'=>'标准间',
                          'info'=>'此房间为两床标准配置。',
         'price_per_day'=>268
                    ),
       array( 'type'=>'三床房',
                          'info'=>'此房间备有三张床',
         'price_per_day'=>198
                    ),
       array( 'type'=>'VIP 套房',
```

```
                            'info'=>'此房间为VIP两间内外套房',
                'price_per_day'=>368
                            )
);
for ($row = 0; $row < 4; $row++){
  while (list($key, $value ) = each( $roomtypes[$row])){
     echo "$key:$value"."\t |";
}
  echo '<br>';
}
?>
```

本程序的运行结果如图 6-7 所示。

图 6-7　程序的运行结果

【案例分析】

（1）$roomtypes 中的每个数组元素都是一个数组，而作为数组元素的数组又都有 3 个拥有键值的数组元素。

（2）使用 for 循环配合 each() 和 list() 函数来遍历数组元素，得到如图 6-7 所示的输出。

6.6　数组排序

本节主要讲述如何对一维和多维数组进行排序操作。

6.6.1　一维数组排序

下面通过实例展示如何对数组排序，具体操作如下。

【例 6.7】（实例文件：源文件\ch06\6.7.php）

```
<?php
$roomtypes = array( '单床房','标准间','三床房','VIP 套房');
$prices_per_day = array('单床房'=> 298,'标准间'=> 268,'三床房'=> 198,'VIP 套房'=>
368);
sort($roomtypes);
foreach ($roomtypes as $key => $value){
  echo $key.":".$value."<br>";
}
asort($prices_per_day);
foreach ($prices_per_day as $key => $value){
  echo $key.":".$value." 每日。<br>";
```

```
}
ksort($prices_per_day);
foreach ($prices_per_day as $key => $value){
  echo $key.":".$value." 每天。<br>";
}
rsort($roomtypes);
foreach ($roomtypes as $key => $value){
  echo $key.":".$value."<br>";
}
arsort($prices_per_day);
foreach ($prices_per_day as $key => $value){
  echo $key.":".$value." 每日。<br>";
}
krsort($prices_per_day);
foreach ($prices_per_day as $key => $value){
  echo $key.":".$value." 每天。<br>";
}
?>
```

本程序的运行结果如图 6-8 所示。

图 6-8　程序的运行结果

【案例分析】

（1）这段代码是关于数组排序的内容，涉及的函数有 sort()、asort()、ksort() 以及 rsort()、arsort()、krsort()。其中，sort() 是默认排序；asort() 根据数组元素值的升序排序；ksort() 根据数组元素的键值升序排序。

（2）rsort()、arsort() 和 krsort() 正好与所对应的升序排序相反，都为降序排序。

6.6.2　多维数组排序

对于一维数组，通过调用 sort()等一系列排序函数就可以对它进行排序。对于多维数组，排序就没有那么简单了，首先需要设定一个排序方法，也就是建立一个排序函数；然后通过调用 usort()函数对特定数组采用特定排序方法进行排序。下面的案例介绍多维数组排序，具体操作如下。

【例 6.8】（实例文件：源文件\ch06\6.8.php）

```php
<?php
$roomtypes = array( array( 'type'=>'单床房',
                           'info'=>'此房间为单人单间。',
              'price_per_day'=>298
                         ),
            array( 'type'=>'标准间',
                           'info'=>'此房间为两床标准配置。',
              'price_per_day'=>268
                         ),
            array( 'type'=>'三床房',
                           'info'=>'此房间备有三张床',
              'price_per_day'=>198
                         ),
            array( 'type'=>'VIP 套房',
                           'info'=>'此房间为 VIP 两间内外套房',
              'price_per_day'=>368
                         )

);
function compare($x, $y){
  if ($x['price_per_day'] == $y['price_per_day']){
    return 0;
  }else if ($x['price_per_day'] < $y['price_per_day']){
      return -1;
  }else{
      return 1;
  }
}

usort($roomtypes, 'compare');

for ($row = 0; $row < 4; $row++){
  reset($roomtypes[$row]);
  while (list($key, $value ) = each( $roomtypes[$row])){
      echo "$key:$value"."\t |";
  }
  echo '<br>';
}
?>
```

本程序的运行结果如图 6-9 所示。

图 6-9　程序的运行结果

【案例分析】

（1）函数 compare()定义了排序方法，通过对 price_per_day 这一数组元素的对比进行排序；然后 usort()采用 compare 方法对$roomtypes 多维数组进行排序。

（2）如果这个排序的结果是正向排序，那么如何进行反向排序呢？对排序方法进行调整。其中，recompare()就是上一段程序中 compare()的相反判断，同样调用 usort()函数输出后，得到如图 6-9 所示的排序，正好与前一段程序的输出顺序相反。

6.7　字符串与数组的转换

可调用 explode()和 implode()函数来实现字符串和数组之间的转换。explode 用于把字符串按照一定的规则拆分为数组中的元素，并且形成数组。implode()函数用于把数组中的元素按照一定的连接方式转换为字符串。

下面的例子调用 explode()和 implode()函数来实现字符串和数组之间的转换。

【例 6.9】（实例文件：源文件\ch06\6.9.php）

```php
<?php
$prices_per_day = array('单床房'=> 298,'标准间'=> 268,'三床房'=> 198,'VIP 套房'=>
368);
echo implode('元每天/ ',$prices_per_day).'<br>';

$roomtypes ='单床房,标准间,三床房,VIP 套房';
print_r(explode(',',$roomtypes));
?>
```

本程序的运行结果如图 6-10 所示。

图 6-10　程序的运行结果

【案例分析】

（1）$prices_per_day 为数组。implode('元每天/ ',$prices_per_day)在$prices_per_day 中的数组元素间添加连接内容，也叫元素胶水（Glue），把它们连接成一个字符串输出。这个元素胶水只在元素之间。

（2）$roomtypes 为一个由","分开的字符串。explode(',',$roomtypes)确认分隔符为","后，以","为标记把字符串中的字符分为具有 4 个数组元素的数组并返回。

6.8 向数组中添加和删除元素

数组创建完成后，用户还可以继续添加和删除元素，从而满足实际工作的需要。

6.8.1 向数组中添加元素

数组是数组元素的集合。向数组中添加元素，就像往一个盒子里面放东西，涉及"先进先出"或"后进先出"的问题。

- 先进先出，有点像排队买火车票。先进入购买窗口区域，购买完成之后再从旁边的出口出去。
- 后进先出，有点像给枪的弹夹上子弹，最后押上的那一颗子弹是要最先打出去的。

PHP 对数组元素的处理可以通过调用 push、pop、shift 和 unshift 函数来实现，可以实现先进先出，也可以实现后进先出。

下面的实例在数组前面添加元素，实现后进先出。

【例 6.10】（实例文件：源文件\ch06\6.10.php）

```php
<?php
$clients = array('李丽丽','赵大勇','方芳芳');
array_unshift($clients, '王小明','刘小帅');
print_r($clients);
?>
```

本程序的运行结果如图 6-11 所示。

图 6-11　程序的运行结果

【案例分析】

（1）数组$clients 原本拥有 3 个数组元素；然后 array_unshift()向数组$clients 的头部添加了数组元素'王小明'、'刘小帅'；最后通过 print_r()输出。通过数字索引可以知道添加元素的位置。

（2）array_unshift()函数的格式为：

```
array_unshift(目标数组, [预添加的数组元素，预添加的数组元素，...])
```

下面通过实例介绍如何在数组后面添加元素，以实现先进先出。

【例 6.11】（实例文件：源文件\ch06\6.11.php）

```php
<?php
```

```
$clients = array('李丽丽','赵大勇','方芳芳');
array_push($clients, '王小明','刘小帅');
print_r($clients);
?>
```

本程序的运行结果如图 6-12 所示。

图 6-12　程序的运行结果

【案例分析】

（1）数组$clients 原本拥有 3 个数组元素；然后 array_push()向数组$clients 的尾部添加了数组元素'王小明'、'刘小帅'；最后通过 print_r()输出。

（2）array_push()函数的格式为：

```
array_push(目标数组, [预添加的数组元素, 预添加的数组元素, …])
```

push 就是"推"的意思，这个过程就像排队的时候把人从队伍后面向前推。

6.8.2　从数组中删除元素

从数组中删除元素是添加元素的逆过程。PHP 使用 array_shift()和 array_pop()函数从数组的头部和尾部删除元素。

下面的例子介绍如何在数组前面删除第一个元素并返回元素值。

【例 6.12】（实例文件：源文件\ch06\6.12.php）

```
<?php
$services = array('洗衣','订餐','导游','翻译');
$deletedservices = array_shift($serivces);
echo $deletedservices."<br>";
print_r($services);
?>
```

本程序的运行结果如图 6-13 所示。

图 6-13　程序的运行结果

【案例分析】

（1）数组$services 原本拥有 4 个数组元素；然后 array_shift()从数组$services 的头部删除了第

一个数组元素，直接把所删除的元素值返回，且赋值给变量$deletedserivces；最后通过 echo 输出 $deletedservices，并调用 print_r()输出$services。

（2）array_ shift()函数仅仅删除目标数组的头一个数组元素，格式如下：

```
array_ shift(目标数组)
```

以上为通过数字来索引数组，如果是带键值的联合索引数组，那么效果相同，这个函数用于返回所删除元素的元素值。

通过下面的实例介绍如何在数组后面删除最后一个元素并返回元素值。

【例 6.13】（实例文件：源文件\ch06\6.13.php）

```php
<?php
$services = array('s1'=>'洗衣','s2'=>'订餐','s3'=>'导游','s4'=>'翻译');
$deletedservices = array_pop($services);
echo $deletedservices."<br>";
print_r($services);
?>
```

本程序的运行结果如图 6-14 所示。

图 6-14　程序的运行结果

【案例分析】

（1）数组$services 原本拥有 4 个数组元素；然后 array_pop()从数组$services 的尾部删除了最后一个数组元素，直接把所删除的元素值返回，且赋值给了变量$deletedservices；最后调用 echo 输出$deletedservices，调用 print_r()输出$services。

（2）array_ pop()函数仅仅删除目标数组的最后一个数组元素，格式如下：

```
array_ pop(目标数组)
```

这个例子中的数组是一个联合数组。

6.9　查询数组中的指定元素

数组是一个数据集合，能够在不同类型的数组和不同结构的数组内确定某个特定元素是否存就非常必要，也就是查询数组中的指定元素。PHP 提供了 in_array()、array_key_exists()、array_search()、array_keys()和 array_values()函数，可用于按照不同方式查询数组元素。

通过下面的例子介绍如何查询数字索引数组和联合索引数组，两者都是一维数组。

【例 6.14】（实例文件：源文件\ch06\6.14.php）

```php
<?php
```

```
    $roomtypes = array( '单床房','标准间','三床房','VIP 套房');
    $prices_per_day = array('单床房'=> 298,'标准间'=> 268,'三床房'=> 198,'VIP 套房'=>
368);

    if(in_array( '单床房',$roomtypes)){echo '单床房元素在数组$roomtypes 中。<br>';}
    if(array_key_exists( '单床房',$prices_per_day)){echo '键名为单床房的元素在数组
$prices_per_day 中。<br>';}
    if(array_search( 268,$prices_per_day)){echo '值为 268 的元素在数组
$prices_per_day 中。<br>';}

    $prices_per_day_keys = array_keys($prices_per_day);
    print_r($prices_per_day_keys);
    $prices_per_day_values = array_values($prices_per_day);
    print_r($prices_per_day_values);
?>
```

本程序的运行结果如图 6-15 所示。

图 6-15　程序的运行结果

【案例分析】

（1）数组$roomtypes 为一个数字索引数组。in_array('单床房',$roomtypes) 判定元素'单床房'是否在数组$roomtypes 中，如果在，就返回 true（真）。if 语句得到返回值为 true，则打印出相应的信息。

（2）数组$prices_per_day 为一个联合索引数组。array_key_exists('单床房', $prices_per_day)判定一个键值为 '单床房' 的元素是否在数组$prices_per_day 中，如果在，就返回 true。if 语句得到返回值为 true，便打印出相应的信息。array_key_exists( )是专门针对联合数组的"键名"进行查询的函数。

（3）array_search()是专门针对联合数组的"元素值"进行查询的函数。同样针对$prices_per_day 这个联合数组。array_search(268,$prices_per_day)用于判定一个元素值为 268 的元素是否在数组$prices_per_day 中，如果在，就返回 true。if 语句得到返回值为 true，便打印出相应的信息。

（4）函数 array_keys()用于取得数组的"键值"，并把键值作为一个新的数字索引数组的数组元素，主要用于联合索引数组。array_keys($prices_per_day)取得数组$prices_per_day 的键值，并赋值给变量$prices_per_day_keys 构成一个新的数组。最后调用 print_r()打印出相应的信息。虽然函数 array_keys()也可以取得数字索引数组的数字索引，但是这样做意义不大。

（5）函数 array_values()用于取得数组的元素值,并把元素值作为一个数字索引数组的元素值。array_values($prices_per_day) 获得数组 $prices_per_day 的元素值，并赋值给变量$prices_per_day_values 构成一个新的数组。最后调用 print_r()打印出相应的信息。

这几个函数只能用于一维数组，无法用于多维数组。它们在查询多维数组的时候只会处理最外层的数组，其他内嵌的数组都作为数组元素进行处理，因而不会得到内嵌数组的键值和元素值。

6.10　统计数组元素个数

count()函数用于统计数组元素的个数。

下面通过实例介绍如何调用 count()函数统计数组元素的个数。

【例 6.15】（实例文件：源文件\ch06\6.15.php）

```php
<?php
$prices_per_day = array('单床房'=> 298,'标准间'=> 268,'三床房'=> 198,'VIP 套房'=>
368);
$roomtypesinfo = array( array( 'type'=>'单床房',
                        'info'=>'此房间为单人单间。',
                            'price_per_day'=>298
                    ),
                    array( 'type'=>'标准间',
                        'info'=>'此房间为两床标准配置。',
                            'price_per_day'=>268
                    ),
                    array( 'type'=>'三床房',
                        'info'=>'此房间备有三张床',
                            'price_per_day'=>198
                    ),
                    array( 'type'=>'VIP 套房',
                        'info'=>'此房间为 VIP 两间内外套房',
                            'price_per_day'=>368
                    )
                );
echo count($prices_per_day).'个元素在数组$prices_per_day 中。<br>';
echo count($roomtypesinfo).'个内嵌数组在二维数组$roomtypesinfo 中。<br>';
echo count($roomtypesinfo,1).'个元素$roomtypesinfo 中。<br>';
?>
```

本程序的运行结果如图 6-16 所示。

图 6-16　程序的运行结果

【案例分析】

（1）数组$prices_per_day 通过 count()函数返回整数 4，因为数组$prices_per_day 有 4 个数组元素。

（2）数组$roomtypesinfo 为一个二维数组。count($roomtypesinfo)只统计了数组$roomtypesinfo 内的 4 个内嵌数组的数量，所以输出结果如图 6-16 所示。

（3）在 echo count($roomtypesinfo,1)这一语句中，count()函数设置了一个模式（mod）为整数 "1"。这个模式（mod）设置为整数 "1" 的意义是，count 统计的时候要对数组内部所有的内嵌数组进行循环查询，所以最终的结果是所有内嵌数组的个数加上内嵌数组内元素的个数，即 4 个内嵌数组加上 12 个数组元素，即 16。

使用 array_count_values()函数对数组内的元素值进行统计，并且返回一个以函数值为"键值"、以函数值个数为 "元素值" 的数组。

下面通过实例介绍如何使用 array_count_values()函数来统计数组的元素值个数。

【例 6.16】（实例文件：源文件\ch06\6.16.php）

```php
<?php
$prices_per_day = array('单床房'=> 298,'标准间'=> 268,'三床房'=> 198,'四床房'=>
198,'VIP 套房'=> 368);
print_r(array_count_values($prices_per_day));
?>
```

本程序的运行结果如图 6-17 所示。

图 6-17　程序的运行结果

【案例分析】

（1）数组$prices_per_day 为一个联合数组，通过 array_count_values($prices_per_day)统计数组内元素值的个数和分布，然后以键值和值的形式返回一个数组，如图 6-17 所示。元素值为 198 的元素有 2 个，虽然它们的键值完全不同。

（2）array_count_values()函数只能用于一维数组，因为它不能把内嵌的数组当作元素进行统计。

6.11　删除数组中的重复元素

可调用 array_unique()函数实现数组中元素的唯一性，也就是去掉数组中重复的元素。无论是数字索引数组还是联合索引数组，都是以元素值为准的。array_unique()函数返回具有唯一性元素值的数组。

下面通过实例介绍如何调用 array_unique()函数去掉数组中重复的元素。

【例 6.17】（实例文件：源文件\ch06\6.17.php）

```php
<?php
$prices_per_day = array('单床房'=> 298,'标准间'=> 268,'三床房'=> 198,'四床房'=>
198,'VIP 套房'=> 368);
$prices_per_day2 =array('单床房'=> 298,'标准间'=> 268,'四床房'=> 198,'三床房'=>
198,'VIP 套房'=> 368);
print_r(array_unique($prices_per_day));
print_r(array_unique($prices_per_day2));
?>
```

本程序的运行结果如图 6-18 所示。

图 6-18　程序的运行结果

【案例分析】

数组$prices_per_day 为一个联合索引数组，通过调用 array_unique ($prices_per_day)去除重复的元素值。array_unique()函数去除重复的值就是去除第二个出现的相同值。由于在$prices_per_day 与$prices_per_day2 数组中键值为"三床房"和"四床房"的 198 元素的位置正好相反，因此对两次输出所保留的值也正好相反。

6.12　调换数组中的键值和元素值

可调用 array_flip()函数调换数组中的键值和元素值。

下面通过实例介绍如何调用 array_flip()函数调换数组中的键值和元素值，具体方法如下。

【例 6.18】（实例文件：源文件\ch06\6.18.php）

```php
<?php
$prices_per_day = array('单床房'=> 298,'标准间'=> 268,'三床房'=> 198,'四床房'=>
198,'VIP 套房'=> 368);
print_r(array_flip ($prices_per_day));
?>
```

本程序的运行结果如图 6-19 所示。

图 6-19　程序的运行结果

其中，数组$prices_per_day 为一个联合索引数组，通过调用 array_flip ($prices_per_day)函数调换联合索引数组的键值和元素值，并返回结果。有意思的是，$prices_per_day 是一个拥有重复元素值的数组，且这两个重复元素值的"键名"是不同的。array_flip ()逐个调换每个数组元素的键值和元素值。原来的元素值变为键名以后，就有两个原先为键名、现在调换为元素值的数值与之对应。调换后，array_flip ()函数等于对原来的元素值（现在的键名）赋值。当 array_flip ()函数再次调换到原来相同的、现在为键名的值时，相当于对同一个键名再次赋值，则头一个调换时的赋值将会被覆盖，显示的是第二次的赋值。

6.13　PHP 7 的新变化 2——自动创建元素之顺序的改变

在 PHP 7 中，引用赋值时自动创建的数组元素或者对象属性的顺序和 PHP 5 版本相比发生了变化。下面举例说明。

【例 6.19】（实例文件：源文件\ch06\6.19.php）

```php
<?php
$array = [];
$array["a"] =& $array["b"];
$array["b"] = 1;
var_dump($array);
?>
```

在 PHP 7 版本中，这个程序的运行结果如图 6-20 所示。可见，PHP 7 产生的数组为["a" => 1, "b" => 1]。

图 6-20　在 PHP 7 中的运行结果

在 PHP 5 版本中，这个程序的运行结果如图 6-21 所示。可见，PHP 5 产生的数组为["b" => 1, "a" => 1]。

图 6-21　在 PHP 5 中的运行结果

6.14 PHP 7 的新变化 3——list()函数修改数组的改变

在 PHP 7 中，list()函数的功能发生了变化。

1. 不再按照相反的顺序赋值

在 PHP 5 中，list()函数按照相反的顺序赋值；不过，在 PHP 7 中，list()函数不再按照相反的顺序赋值。

【例6.20】（实例文件：源文件\ch06\6.20.php）

```php
<?php
list($array[], $array[], $array[], $array[]) = [100, 200, 300,400];
var_dump($array);
?>
```

在 PHP 7 版本中，这个程序的运行结果如图 6-22 所示。在 PHP 5 版本中，这个程序的运行结果如图 6-23 所示。

图 6-22　在 PHP 7 中的运行结果　　　　图 6-23　在 PHP 5 中的运行结果

从结果可以看出，虽然赋值没有变化，但是赋值的顺序发生了变化。在 PHP 7 中，返回的数组是$array == [100, 200, 300,400]。在 PHP 5 中，返回的数组是$array == [400, 300,200,100]。

2. 不再允许赋空值

在 PHP 5 中，list()是允许赋空值的。
在 PHP 7 中，list()是不允许赋空值的。
例如下面的代码都会报错：

```php
list() = $a;
list(,,) = $a;
list($x, list(), $y) = $a;
```

3. 不再支持字符串拆分功能

在 PHP 7 中，list()函数不再支持字符串拆分功能。

【例6.21】（实例文件：源文件\ch06\6.21.php）

```php
<?php
$string = "xy";
list($x, $y) = $string;
```

```
each "$x";
each "$y";
?>
```

在 PHP 7 中，上述代码的最终运行结果是：$x == null and $y == null（不会有提示）。运行结果如图 6-24 所示。

在 PHP 5 中，上述代码的最终运行结果是：$x == "x" and $y == "y"。运行结果如图 6-25 所示。

图 6-24　在 PHP 7 中的运行结果　　　　图 6-25　在 PHP 5 中的运行结果

4. 可以用于数组对象

在 PHP 7 中，list()适用于数组对象。

【例 6.22】（实例文件：源文件\ch06\6.22.php）

```
<?php
list($a, $b, $c) = (object) new ArrayObject([100, 200, 300]);
echo "$a<br>";
echo "$b<br>";
echo "$c";
?>
```

在 PHP 7 中，上述代码的最终结果是：$a == 100 and $b == 200 and $c == 300。运行结果如图 6-26 所示。

在 PHP 5 中，上述代码的最终结果是：$a == null and $b == null and $c == null（不会有提示）。运行结果如图 6-27 所示。

图 6-26　在 PHP 7 中的运行结果　　　　图 6-27　在 PHP 5 中的运行结果

6.15　PHP 7 的新变化 4——foreach()函数修改数组的改变

在 PHP 7 中，foreach()函数的功能发生了变化。

1. 对内部指针失效

在 PHP 7 中，foreach()循环对数组内部指针不再起作用。

【例 6.23】（实例文件：源文件\ch06\6.23.php）

```php
<?php
$array = [0, 1, 2];
foreach ($array as &$val)
{
  var_dump(current($array));
}
?>
```

在 PHP 7 中运行，结果会打印 3 次 int(0)，也就是说数组的内部指针并没有改变，如图 6-28 所示。

在 PHP 5 中运行，结果会打印 int(1)、int(2)和 bool(false)，如图 6-29 所示。

图 6-28　在 PHP 7 中的运行结果

图 6-29　在 PHP 5 中的运行结果

2. 按照值进行循环时修改数组不再影响循环行为

在 PHP 7 中，foreach()按照值进行循环的时候是对数组的一个副本进行操作，这样在循环过程中对数组做的修改是不会影响循环行为的。

【例 6.24】（实例文件：源文件\ch06\6.24.php）

```php
<?php
$array = [100,200,300];
$ref =& $array;
foreach ($array as $val) {
    unset($array[1]);
    echo "数组值: " . $val . "<br>";
}
?>
```

在 PHP 7 中，上面的代码虽然在循环中把数组的第 2 个元素销毁了，但还是会把 3 个元素打印出来，结果如图 6-30 所示。

在 PHP 5 中，上面的代码只会把 2 个元素打印出来，结果如图 6-31 所示。

图 6-30　在 PHP 7 中的运行结果

图 6-31　在 PHP 5 中的运行结果

3. 按照引用进行循环时对数组的修改会影响循环

如果在循环的时候使用引用的方式，对数组的修改会影响循环行为。

【例 6.25】（实例文件：源文件\ch06\6.25.php）

```php
<?php
$array = [100];
foreach ($array as &$val) {
    echo "数组值: " . $val . "<br>";
    $array[1] =200;
    $array[2] =300;
}
?>
```

在 PHP 7 中，追加的元素也会参与循环，结果会打印 100、200、300，如图 6-32 所示。

在 PHP 5 中，追加的元素不会参与循环，结果只会打印 100，如图 6-33 所示。

图 6-32　在 PHP 7 中的运行结果

图 6-33　在 PHP 5 中的运行结果

6.16　实战演练——序列化和反序列化

数组的序列化（Serialize）用来将数组的数据转换为字符串，以方便传递和数据库的存储。与之相对应的操作就是反序列化（Unserialize），就是把字符串数据转换为数组加以使用。数组的序列化是通过 serialize()函数来完成的，而字符串的反序列化是通过 unserialize()函数来完成的。

下面通过实例介绍 serialize()函数和 unserialize()函数的使用方法和技巧。

【例 6.26】（实例文件：源文件\ch06\6.26.php）

```php
<?php
$arr = array('王小明','李丽丽','方芳芳','刘小帅','张大勇','张明明');
$str = serialize($arr);
echo $str."<br><br>";
$new_arr = unserialize($str);
```

```
print_r($new_arr);
?>
```

本程序的运行结果如图 6-34 所示。

图 6-34　程序的运行结果

serialize()和 unserialize()两个函数的使用比较简单，但是通过这样的方法对数组数据的存储和传递将会十分方便。比如，可以直接把序列化之后的数组数据存放在数据库的某个字段中，在使用时再通过反序列化进行处理即可。

6.17　高手甜点

甜点 1：数组的合并与联合的区别是什么？

对数组的合并使用 array_merge()函数，两个数组的元素会合并为一个数组的元素。数组的联合是指两个一维数组（一个作为键值，一个作为数组元素值）联合成为一个新的联合索引数组。

甜点 2：如何快速清空数组？

在 PHP 中，快速清空数组的方法如下：

```
arr=array()      // 理解为重新给变量赋一个空的数组
unset($arr)      // 这才是真正意义上的释放，将占用的资源完全释放
```

第 7 章　时间和日期

学习目标｜Objective

时间和日期对于很多应用来说都是十分敏感的，程序中很多情况下都是依据时间和日期做出判断从而完成相应的操作。例如，在酒店商务网站中查看最新房价的情况，和时间就是密不可分的。本章将介绍日期和时间的获得及格式化方面的内容。

内容导航｜Navigation

- 了解系统时间的设置方法
- 熟悉 UNIX 时间戳的概念
- 掌握获取当前时间戳的方法
- 掌握获取当前日期和时间的方法
- 掌握使用时间戳获取日期的方法
- 掌握检验日期有效性的方法
- 掌握输出格式化日期的方法
- 掌握比较时间大小的方法
- 掌握实现倒计时功能的方法

7.1　系统时区设置

这里的系统时区是指运行 PHP 的系统环境，常见的有 Windows 系统和 UNIX-like（类 UNIX）系统。对于时区的设置关系到运行应用的时间准确性。

7.1.1　时区划分

时区的划分是一个地理概念。从本初子午线开始向东和向西各有 12 个时区。比如北京时间是东八区，美国太平洋时间是西八区。在 Windows 系统里，这个操作比较简单。在时间时区的控制面板中设置即可。在 Linux 这样的 UNIX-like 系统中，需要使用命令对时区进行设置。

7.1.2　时区设置

PHP 中日期和时间的默认设置是格林尼治时间（GMT）。在使用时间日期功能之前，需要对时区进行设置。在中国，可以使用"Asia/Shanghai"上海时间。

时区的设置方法主要有以下两种。

（1）修改 php.ini 文件的设置。找到";date.timezone="选项，将其值修改为 date.timezone =

Asia/Shanghai，这样系统默认时间为东八区的时间。

（2）在应用程序中，直接使用函数 date_default_timezone_set()把时区设为 date_default_timezone_set("PRC")。这种方法比较灵活。

设置完成后，date()函数便可以正常使用，不会出现时差的问题。

7.2 PHP 日期和时间函数

本节开始学习 PHP 常用日期和时间函数的使用方法和技巧。

7.2.1 关于 UNIX 时间戳

在很多情况下，程序需要对日期进行比较、运算等操作。按照人们日常的计算方法，很容易知道 6 月 5 日和 6 月 8 日相差几天。然而，人们日常对日期的书写方式是 2012-3-8 或 2012 年 3 月 8 日星期五。这让程序如何运算呢？整型数据的数学运算好像对这样的描述并不容易处理。如果想知道 3 月 8 日和 4 月 23 日相差几天，就需要把月先转换为 30 天或 31 天，再对剩余天数进行加减。这是一个很麻烦的过程。

如果时间或者日期是一个连贯的整数，处理起来就很方便了。幸运的是，系统的时间正是以这种方式存储的，这种方式就是时间戳，也称为 UNIX 时间戳。UNIX 系统和 UNIX-like 系统把当下的时间存储为 32 位的整数，这个整数的单位是秒，而这个整数的开始时间为格林尼治时间的 1970 年 1 月 1 日的零点整。换句话说，就是现在的时间是 GMT 1970 年 1 月 1 日的零点整到现在的秒数。

由于每一秒的时间都是确定的，这个整数就像章戳一样不可改变，因此称为 UNIX 时间戳。

时间戳在 Windows 系统下也是成立的，与 UNIX 系统下不同的是，Windows 系统下的时间戳只能为正整数不能为负值。所以想用时间戳表示 1970 年 1 月 1 日以前的时间是不行的。

PHP 完全采用了 UNIX 时间戳，所以无论 PHP 在哪个系统下运行，都可以使用 UNIX 时间戳。

7.2.2 获取当前时间戳

获得当前时间的 UNIX 时间戳，以用于得到当前时间。要完成此操作，直接调用 time()函数即可。time()函数不需要任何参数，它可直接返回当前日期和时间。

【例 7.1】（实例文件：源文件\ch07\7.1.php）

```php
<?php
$t1 =time();                 // 获取当前时间戳
echo "当前时间戳为：".$t1;     // 输出当前时间戳
?>
```

本程序的运行结果如图 7-1 所示。

图 7-1 程序的运行结果

【案例分析】

（1）图 7-1 中的数字 1533198813 表示从 1970 年 1 月 1 日 0 点 0 分 0 秒到本程序执行时刻间隔的秒数。

（2）如果每隔一段时间刷新一次页面，获取的时间戳值将会增加。这个数字会不断变大，即每过 1 秒，此值就会加 1。

7.2.3 获取当前日期和时间

可调用 date()函数返回当前日期，该函数的格式如下：

```
string date(string format, [时间戳整数])
```

date()函数会返回一个含有时间和日期的字符串。这个函数的第一个参数规定了如何格式化日期/时间，它使用字母来表示日期和时间的格式；第二个参数[时间戳整数]是可选的，可以为空，如果为空，则默认使用系统当前时间的 UNIX 时间戳。

若在 date()函数中只使用了第一参数，且使用了格式字符 U，则会返回当前时间的 UNIX 时间戳；若使用了格式字符 d，则直接返回当前月份的 01 到 31 日的两位数日期。

date()函数的格式字符还有很多，具体含义如表 7-1 所示。

表 7-1 date()函数第一个参数的格式字符及其含义

格式字符	含义	格式字符	含义
a	小写 am 或 pm	A	大写 AM 或 PM
d	01 到 31 的日期	D	Mon 到 Sun 的简写星期
e	显示时区	E	无此参数
f	无此参数	F	月份的全拼单词
g	12 小时制的小时数（1 到 12）	G	24 小时制的小时数（0 到 23）
h	12 小时制的小时数（01 到 12）	H	24 小时制的小时数（00 到 23）
i	分钟数（01 到 59）	I	Daylight（白天）
j	一个月中的天数（从 1 到 31）	J	无此参数
l	一周中天数的全拼	L	Leap year（闰年）
m	月份（从 01 到 12）	M	三个字母的月份简写（从 Jan 到 Dec）
n	月份（从 1 到 12）	N	无此参数
o	无此参数	O	与格林尼治时间相差的时间
s	秒数（从 00 到 59）	S	天数的序数表达（st、nd、rd、th）
t	一个月中天数的总数（从 28 到 31）	T	时区简写
N	无此参数	U	当前的 UNIX 时间戳
w	数字表示的周天（从 0-Sunday 到 6-Saturday）	W	ISO8601 标准一年中的周数
y	无此参数	Y	4 位数的公元纪年（从 1901 到 2038）
z	一年中的天数（从 0 到 365）	Z	以秒表现的时区（从-43200 到 50400）

7.2.4 使用时间戳获取日期信息

如果相应的时间戳已经存储在数据库中，而应用程序需要把时间戳转化为通用可读的日期和时间，那么可以调用 PHP 中所提供的 date() 和 getdate() 等函数。

1. date() 函数

date() 函数在上一节（7.2.3 节）已经介绍了，它的第一个参数用来指定输出的时间和日期的格式，第二个参数是可选的，用于指定时间戳整数。

下面通过实例来看看 date() 函数的使用方法。

【例 7.2】（实例文件：源文件\ch07\7.2.php）

```php
<?php date_default_timezone_set("PRC");
// 定义一个当前时间的变量
$tt =time();
echo "目前的时间为: <br>";
// 使用不同的格式化字符测试输出效果
echo date ("Y年m月d日[l]H点i分s秒",$tt)."<br>";
echo date ("y-m-d h:i:s a",$tt)."<br>";
echo date ("Y-M-D H:I:S A",$tt)."<br>";
echo date ("F,d,y l",$tt)." <br>";
echo date ("Y-M-D H:I:S",$tt)." <br>";
?>
```

本程序的运行结果如图 7-2 所示。

图 7-2　程序的运行结果

【案例分析】

（1）date_default_timezone_set("PRC") 语句的作用是设置默认时区为北京时间。如果不设置将会显示安全警告信息。

（2）格式化字符的使用方法非常灵活，只要在字符串中包含格式字符，date() 函数就能将字符串替换成指定格式的时间日期信息，因而可以调用这个函数随意输出自己所需样式的日期。

2. getdate() 函数

getdate() 函数用于获取详细的时间信息，函数的格式如下：

```
array getdate(时间戳整数)
```

getdate()函数返回一个数组，包含日期和时间的各个部分。如果它的时间戳参数对应的整数为空，就表示直接获取系统当前的时间戳。

下面通过实例说明此函数的使用方法和技巧。

【例 7.3】（实例文件：源文件\ch07\7.3.php）

```php
<?php date_default_timezone_set("PRC");
// 定义一个时间的变量
$tm ="2019-08-08 08:08:08";
echo "时间为: ". $tm. "<br>";
// 将格式转化为 UNIX 时间戳
$tp =strtotime($tm);
echo "此时间的 Unix 时间戳为: ".$tp. "<br>";
$ar1 =getdate($tp);
echo "年为: ". $ar1["year"]."<br>";
echo "月为: ". $ar1["mon"]."<br>";
echo "日为: ". $ar1["mday"]."<br>";
echo "点为: ". $ar1["hours"]."<br>";
echo "分为: ". $ar1["minutes"]."<br>";
echo "秒为: ". $ar1["seconds"]."<br>";
?>
```

本程序的运行结果如图 7-3 所示。

图 7-3　程序的运行结果

7.2.5　检验日期的有效性

在使用用户所输入的日期数据时，可能会遇到由于用户输入的日期数据不规范而导致程序运行出错。为了检查日期数据的合法和有效性，需要调用 checkdate()函数对输入的日期数据进行检测。它的格式为：

```
checkdate(月份，日期，年份)
```

此函数检查年份是否在 0~32767 之间、月份是否在 1~12 之间、日期是否在相应月份的天数内。下面通过实例来讲述如何检查日期的有效性。

【例 7.4】（实例文件：源文件\ch07\7.4.php）

```php
<?php
```

```
if(checkdate(2,31,2019)){
    echo "这不可能。";
}else{
    echo "2 月没有 31 号。";
}
?>
```

本程序的运行结果如图 7-4 所示。

图 7-4   程序的运行结果

7.2.6   输出格式化时间戳的日期和时间

可调用 strftime()函数把时间戳格式化为日期和时间，格式如下：

```
Strftime(格式，时间戳)
```

其中的第一个"格式"参数决定了如何把第二参数指定的时间戳格式化并输出。如果时间戳为空，那么将会使用系统当前的时间戳。

"格式"代码及其含义如表 7-2 所示。

表 7-2   "格式"代码及其含义

代码	含义	代码	含义
%a	周日期（缩简）	%A	周日期
%b 或%h	月份（缩简）	%B	月份
%c	标准格式的日期和时间	%C	世纪
%d	月日期（从 01 到 31）	%D	日期的缩简格式（mm/dd/yy）
%e	包含两个字符的字符串月日期（从'01'到'31'）	%G	根据周数的年份（4 个数字）
%g	根据周数的年份（2 个数字）	%H	24 小时制的小时数（从 00 到 23）
%j	一年中的天数（从 001 到 366）	%I	12 小时制的小时数（从 1 到 12）
%m	月份（从 01 到 12）	%M	分钟（从 00 到 59）
%n	新一行（同\n）	%P	am 或 pm
%p	am 或 pm	%R	时间使用 24 小时制
%r	时间使用 am 或 pm 来表示	%S	秒（从 00 到 59）
%t	Tab（同\t）	%T	时间使用 hh:ss:mm 格式
%u	周天数（从 1-Monday 到 7-Sunday）	%U	一年中的周数（从第一周的第一个星期天开始）
%w	周天数（从 0-Sunday 到 6-Saturday）	%V	一年中的周数（以至少剩余四天的这一周开始为第一周）

（续表）

代码	含义	代码	含义
%x	标准格式日期（无时间）	%W	一年中的周数（从第一周的第一个星期一开始）
%y	年份（2 个字符）	%X	标准格式时间（无日期）
%z 和%Z	时区	%Y	年份（4 个字符）

下面通过实例来介绍 strftime()函数的用法。

【例 7.5】（实例文件：源文件\ch07\7.5.php）

```php
<?php
date_default_timezone_set("PRC");
echo(strftime("%b %d %Y %X", mktime(20,0,0,12,31,98)));
echo(gmstrftime("%b %d %Y %X", mktime(20,0,0,12,31,98)));
// 输出当前日期、时间和时区
echo(gmstrftime("It is %a on %b %d, %Y, %X time zone: %Z",time()));
?>
```

本程序的运行结果如图 7-5 所示。

图 7-5　程序的运行结果

7.2.7　显示本地化的日期和时间

由于世界各地有不同的日期和时间的显示习惯和规范，因此日期和时间也会根据不同的地区显示为不同的形式。这就是日期和时间的本地化显示。

要满足这类需求，可调用 setlocale()和 strftime()函数。后一个函数在 7.2.6 节已经介绍过。

可调用 setlocale()函数来改变 PHP 的本地化默认设置，该函数的格式为：

```
setlocale(类别，本地化值)
```

（1）"本地化值"是一个字符串，有一个标准格式：language_COUNTRY.chareacterset。比如，想把本地化设为美国，此格式对应的字符串为 en_US.utf8；如果想把本地化设为英国，此格式对应的字符串为 en_GB.utf8；如果想把本地化设为中国且为简体中文，此格式对应的字符串为 zh_CN.gb2312 或者 zh_CN.utf8。

（2）"类别"是指 6 个不同的本地化类别，如表 7-3 所示。

表 7-3　本地化类别

类别	含义
LC_ALL	为后面其他的类别设定本地化规则的类别
LC_COLLATE	本地化字符串对比类别
LC_CTYPE	本地化字母划类和规则

类别	含义
LC_MONETARY	本地化货币表示规则
LC_NUMERIC	本地化数字表示规则
LC_TIME	本地化日期和时间表示规则

用于日期和时间本地化设置的类别是 LC_TIME。下面通过实例来讲解日期和时间的本地化设置。

【例 7.6】（实例文件：源文件\ch07\7.6.php）

```php
<?php
date_default_timezone_set("PRC");
date_default_timezone_set("Asia/Shanghai");    // 设置时区为中国时区
setlocale(LC_TIME, "zh_CN.gb2312");            // 设置时间的本地化显示方式
echo strftime("%Y-%m-%d %X %Z");               // 输出本地化的日期和时间
?>
```

本程序的运行结果如图 7-6 所示。

图 7-6　程序的运行结果

【案例分析】

（1）date_default_timezone_set("Asia/Shanghai")设置时区为中国时区。

（2）setlocale(LC_TIME, "zh_CN.gb2312")设置时间的本地化显示方式为简体中文方式。

（3）strftime("%Y-%m-%d %X %Z")输出本地化的日期和时间。

7.2.8　将日期和时间解析为 UNIX 时间戳

给 mktime()函数提供给定的日期和时间可以生成相应的 UNIX 时间戳，格式为：

```
mktime(小时,分钟,秒,月份,日期,年份)
```

在时间和日期参数位置输入相应的时间和日期值，即可得到对应的时间戳。下面通过实例来介绍此函数的应用方法和技巧。

【例 7.7】（实例文件：源文件\ch07\7.7.php）

```php
<?php
$timestamp = mktime(0,0,0,3,31,2019);    // 获取指定日期的时间戳
echo $timestamp;                          // 输出时间戳
?>
```

本程序的运行结果如图 7-7 所示。

图 7-7　程序的运行结果

其中，mktime(0,0,0,3,31,2019)函数中参数使用的时间是 2019 年 3 月 31 日 0 点整。

7.2.9　日期和时间在 PHP 和 MySQL 数据格式之间的转换

日期和时间在 MySQL 中是按照 ISO8601 格式进行存储的。这种格式要求以年份打头，如 2012-03-08。从 MySQL 中读取日期和时间时默认采用这种格式。中国人是比较熟悉这种格式的，在中文应用中几乎不用转换就可以直接使用。但是，在西方的日期和时间格式中经常把年份放在月份和日期的后面，如 March 08, 2012。所以，在接触到海外项目，特别是要求符合英语使用习惯的项目时，需要把 ISO8601 格式的日期和时间进行适当的转换。

有意思的是，为了解决这个英文使用习惯和 ISO8601 格式冲突的问题，MySQL 提供了两个函数，用于把英文使用习惯的日期和时间转换为符合 ISO8601 标准的格式，这个两个函数是 DATE_FORMAT()和 UNIX_TIMESTAMP()。这两个函数可以在 SQL 语言中使用，它们的具体用法将在介绍 MySQL 的部分详述。

7.3　实战演练 1——比较两个时间的大小

比较两个时间的大小时，通过一定形式的时间和日期进行比较或者通过不同格式的时间和日期进行比较都不太方便。最方便的方法是把所有格式的时间都转换为时间戳，然后比较时间戳的大小即可。

下面通过实例来说明如何比较两个时间的大小。

【例 7.8】（实例文件：源文件\ch07\7.8.php）

```php
<?php
$timestampA = mktime(0,0,0,3,31,2015);          // 获取指定日期的时间戳
$timestampB = mktime(0,0,0,1,31,2016);
if($timestampA > $timestampB ){                 // 比较两个时间戳的大小
    echo "2015 年三月的时间戳数值大于 2016 年一月的。";
}elseif( $timestampA < $timestampB ){
    echo "2015 年三月的时间戳数值小于 2016 年一月的。";
}else{
    echo "两个时间相同。";
}
?>
```

本程序的运行结果如图 7-8 所示。

图 7-8　程序的运行结果

7.4　实战演练 2——实现倒计时功能

对于未来的时间点实现倒计时，其实就是使用当下的时间戳和未来的时间点进行比较和运算。下面通过实例来介绍如何实现倒计时功能。

【例 7.9】（实例文件：源文件\ch07\7.9.php）

```php
<?php
$timestampfuture = mktime(0,0,0,12,12,2020);        // 获取指定日期的时间戳
$timestampnow = time();                             // 获取当前日期的时间戳
$timecount = $timestampfuture - $timestampnow;      // 获取倒计时的时间差
$days = round($timecount/86400);                    // 获取天数
echo "今天是".date('Y F d')." ,距离 2020 年 12 月 12 号的时间戳，还有".$days."天。";
?>
```

本程序的运行结果如图 7-9 所示。

图 7-9　程序的运行结果

【案例分析】

（1）mktime()函数若不带任何参数，那么所生成的时间戳就是当前时间的时间戳。

（2）$timecount 是现在的时间戳距离未来时间点的时间戳所相差的秒数。

（3）round($timecount/86400)中的 86400 为一天的秒数，$timecount/86400 可得到天数，round()函数进行四舍五入而得到天数（正整数）。

7.5　高手甜点

甜点 1：如何使用微秒？

有时候，某些应用要求使用比秒更小的时间单位来标示时间。比如在测试程序运行的过程中，可能要用微秒级的时间单位来标示时间。这时就需要使用函数 microtime(true)：

```php
<?php
```

```
$timestamp = microtime(true);
echo $timestamp;
?>
```

例如返回的结果为 1533202721.4948。时间戳精确到小数点后 4 位。

甜点 2：定义时间和日期时出现警告怎么办？

在运行 PHP 程序时，有时会出现警告：PHP Warning: date(): It is not safe to rely on the system's timezone settings。出现上述警告是因为 PHP 所取的时间是格林尼治标准时间，和用户当地的时间有出入，由于格林尼治标准时间和北京时间大概差 8 个小时，因此会弹出警告。可以使用下面方法中的任意一种来解决。

（1）在页头使用 date_default_timezone_set() 设置默认时区为北京时间，即 <?php date_default_timezone_set("PRC"); ?>，如本章中例 7.2 所示。

（2）在 php.ini 中设置 date.timezone 的值为 PRC，设置语句为 date.timezone=PRC，同时取消这一行代码的注释，即去掉前面的分号。

第8章 面向对象编程

学习目标Objective

面向对象（Object-Oriented）是现在程序设计语言采用的主流技术，PHP 语言也不例外。面向对象不同于面向过程（Process-Oriented），前者用类、对象、关系、属性等一系列概念来提高编程的效率。面向对象的主要特性是封装性、继承性和多态性。本章主要讲述面向对象的相关知识。

内容导航Navigation

- 了解类和对象的基本概念
- 熟悉 PHP 中类的基本操作
- 掌握构造函数和析构函数
- 掌握方法的访问
- 掌握类的继承
- 掌握抽象类和接口的使用方法
- 掌握面向对象的多态性

8.1 类和对象的介绍

面向对象程序设计（Object-Oriented Programming，OOP）的主要优势就是把程序设计的重心从处理过程转移到对现实世界实体的表达。这十分符合人们的自然思维方式。

类（Class）和对象（Object）并不难理解。试想一下，在日常生活中，自然人对事物的认识，一般是由看到的、感受到的实体（日常生活中的吃穿住行）归纳出来的，或者抽象出它们的类。比如，当看到楼下停的汽车都是 Polo 或 QQ 的时候，人们自然会想到，这些都是"两厢车"；当衣柜里到处都是 NIKE、adidas 的时候，人们会想到，这些都是"运动装"。"两厢车""运动装"就是抽象出的类。这就是人们认识世界的过程。

程序员需要在计算机的世界中再造一个虚拟的"真实世界"。在这里，程序员就要像"造物主"一样思考，要先定义"类"，再由"类"创建一个个"实体"，也就是一个个"对象"。

请考虑这样的情况：过年的时候，有的地方要制作"点心"，点心一般会有鱼、兔、狗等生动的形状，而这些不同的形状是由不同的"模具"做出来的。在这里，鱼、兔、狗等不同的点心就是实体，最先刻好的"模具"就是类。要注意的是，这个"模具"指的是被刻好的"形状"，而不是制作"模具"的材料。如果能用意念制作出一个个点心，那么意念的"形状"就是"模具"。

对象（Object）在 OOP 中是由属性和操作所组成。属性（Attribute）就是对象的特性或与对象关联的变量。操作（Operation）就是对象中的方法（Method）或函数（Function）。

由于 OOP 中最为重要的特性之一就是封装性，因此访问对象内部的数据只能通过对象的"操作"来完成，这也被称为对象的"接口"（Interface）。因为类是对象的模板，所以类描述了对象的属性和方法。

面向对象程序设计具有三大特点。

（1）封装性。将类的使用和实现分开管理，只保留类的接口，这样开发人员就不用知道类的实现过程，只需要知道如何使用类即可，从而大大地提高了开发的效率。

（2）继承性。"继承"是面向对象软件技术中的一个概念。如果一个类 A 继承自另一个类 B，就把这个 A 称为"B 的子类"，而把 B 称为"A 的父类"。继承可以使得子类具有父类的各种属性和方法，而不需要再次编写相同的代码。在令子类继承父类的同时，可以重新定义某些属性，并重写某些方法，即覆盖父类的原有属性和方法，使其获得与父类不同的功能。另外，还可以为子类追加新的属性和方法。继承可以实现代码的可重用性，因而简化了对象和类的创建过程。另外，PHP 只支持单一继承，也就是一个子类只能有一个父类。

（3）多态性。多态是面向对象程序设计的重要特征之一，是扩展性在"继承"之后的又一重大表现。同一操作作用于不同的类的实例将产生不同的执行结果，即不同类的对象收到相同的消息时得到不同的结果。

8.2　PHP 中类的操作

类是面向对象中最为重要的概念之一，是面向对象设计中最基本的组成模块。可以将类简单地看作一种数据结构，在类中的数据和函数称为类的成员。

8.2.1　类的声明

在 PHP 中，声明类的关键字是 class，声明格式如下：

```php
<?php
权限修饰符　class 类名{
    类的内容;
}
?>
```

其中，权限修饰符是可选项，常见的修饰符包括 public、private 和 protected。创建类时，可以省略访问权限修饰符，此时默认的修饰符为 public。public、private 和 protected 的区别如下。

（1）一般情况下，属性和方法的默认项是 public，这意味着属性和方法的各个项从类的内部和外部都可以访问。

（2）用关键字 private 声明的属性和方法则只能从类的内部访问，也就是只有类内部的方法才可以访问用 private 关键字声明的类的属性和方法。

（3）用关键字 protected 声明的属性和方法也是只能从类的内部访问，但是通过"继承"而产生的"子类"也是可以访问这些属性和方法。

例如，定义一个 Student（学生）为公有类，代码如下：

```
public class Student
```

```
{
    //类的内容
}
```

8.2.2　成员属性

成员属性是指在类中声明的变量。在类中可以声明多个变量，所以对象中可以存在多个成员属性，每个变量将存储不同的对象属性信息，例如：

```
public class Student
{
    Public $name;    // 类的成员属性
}
```

其中，成员属性必须使用关键词进行修饰，常见的关键词包括 public、protected 和 private。如果没有特定的意义，仍然需要用 var 关键词修饰。另外，在声明成员属性时可以不进行赋值操作。

8.2.3　成员方法

成员方法是指在类中声明的函数。在类中可以声明多个函数（在面向对象的术语中也称为方法），所以对象中可以存在多个成员方法。类的成员方法可以通过关键字进行修饰，从而控制成员方法的使用权限。

以下是定义成员方法的例子：

```
class Student
{
    Public $name;                   // 类的成员属性
    function GetIp(){
                                    // 方法的内容
    }
}
```

8.2.4　类的实例化

面向对象程序设计的思想是一切皆为对象。类是对一个事物抽象出来的结果，因此类是抽象的。对象是某类事物中具体的那个，因此对象是具体的。例如，学生就是一个抽象概念，即学生类，但是姓名叫张三的就是学生类中一个具体的学生，即对象。

类和对象的关系可以描述为：类用来描述具有相同数据结构和特征的"一组对象"，"类"是"对象"的抽象，而"对象"是"类"的具体实例，即一个类中的对象具有相同的"型"，但其中每个对象却具有各不相同的"值"。

提　示
类是具有相同或相仿结构、操作和约束规则的对象组成的集合，而对象是某一类的具体化实例，每一个类都是具有某些共性对象的抽象。

类的实例化格式如下：

```
$变量名=new 类名称([参数]);        // 类的实例化
```

其中，new 为创建对象的关键字，$变量名返回对象的名称，用于引用类中的方法。参数是可选的，如果存在参数，就用于指定类的构造函数或用于初始化对象的值；如果没有定义构造函数参数，PHP 就会自动创建一个不带参数的默认构造函数。

如下面的例子所示：

```
class Student
{
    Public $name;              // 类的成员属性
    function GetIp(){
      // 方法的内容
    }
}
$lili=new 类名称();            // 类的实例化
$liufei=new 类名称();          // 类的实例化
$zhangming=new 类名称();       // 类的实例化
$wangyi=new 类名称();          // 类的实例化
```

上面的例子实例化了 4 个对象，并且这 4 个对象之间没有任何联系，只能说明它们源于同一个类。可见，一个类可以实例化多个对象，每个对象都是独立存在的。

8.2.5　访问类中的成员属性和方法

通过对象的引用可以访问类中的成员属性和方法，这里需要使用特殊的运算符号 "->"，具体的语法格式如下：

```
$变量名=new 类名称();          // 类的实例化
$变量名->成员属性=值;          // 为成员属性赋值
$变量名->成员属性;            // 直接获取成员的属性值
$变量名->成员方法;            // 访问对象中指定的方法
```

另外，还可以使用一些特殊的访问方式。

（1）$this

$this 存在于类的每一个成员方法中，是一个特殊的对象引用方式。成员方法属于哪个对象，$this 引用就代表哪个对象，专门用于完成对象内部成员之间的访问。

（2）操作符 "::"

操作符 "::" 可以在未任何声明实例的情况下访问类中的成员。使用的语法格式如下：

```
关键字::变量名/常量名/方法名
```

其中，关键字主要包括 parent、self 和类名 3 种。parent 关键字表示可以调用父类中的成员变量、常量和成员方法。self 关键字表示可以调用当前类中的常量和静态成员。类名关键字表示可以调用本类中的常量、变量和方法。

下面通过实例来介绍类的声明和实例的创建。

【例 8.1】（实例文件：源文件\ch08\8.1.php）

```php
<?php
// 定义类
class guests{
    private $name;
    private $gender;
    function setname($name){
        $this->name = $name;
    }
// 定义函数
    function getname(){
        return $this->name;
    }
    function setgender($gender){
        $this->gender = $gender;
    }
    function getgender(){
        return $this->gender;
    }
};
$xiaoming = new guests;                          // 创建实例
$xiaoming->setname("王小明");
$xiaoming->setgender("男");
$lili = new guests;
$lili->setname("李莉莉");
$lili->setgender("女");
echo $xiaoming->getname()."\t".$xiaoming->getgender()."<br>";
echo $lili->getname()."\t".$lili->getgender();
?>
```

本程序的运行结果如图 8-1 所示。

图 8-1　程序的运行结果

【案例分析】

（1）用 class 关键字声明一个类，而这个类的名称是 guests。在大括号内写入类的属性和方法。其中 private $name、private $gender 为类 guests 的自有属性，用 private 关键字声明，也就是说只能在类内部的方法可以访问这些属性，类外部则不能访问它们。

（2）function setname($name)、function getname()、function setgender($gender) 和 function getgender() 就是类方法，它们可以对 private $name、private $gender 这两个属性进行操作（即访问）。$this 是对类本身的引用。用 "->" 连接类属性，格式如$this->name 和 $this->gender。

（3）用 new 关键字创建一个对象，格式为 "$object = new Classname;"，对象名是$xiaoming。当程序通过 new 创建一个类 guests 的实例（也就是对象$xiaoming）时，对象$xiaoming 就拥有了类

guests 的所有属性和方法。然后就可以通过"接口"，也就是通过这个对象的方法（即类的方法的副本）来操作对象的属性。

（4）通过接口 setname($name)将实例$xiaoming 的属性$name 赋值为 XiaoMing，通过 setgender($gender)将实例$xiaoming 的属性$gender 赋值为 male。同样的道理，通过接口操作了实例 $lili 的属性。最后通过接口 getname()和 getgender()返回两个不同实例的属性$name 和$gender，并且打印出来。

8.3　构造函数和析构函数

构造函数（Constructor）存在于每个声明的类中，主要作用是执行一些初始化的任务。如果类中没有直接声明构造函数，那么类会默认生成一个没有参数且内存为空的构造函数。

在 PHP 中，声明构造函数的方法有两种，在 PHP 5 版本之前，构造函数的名称必须与类名相同，这种构造函数的风格在 PHP 7 中已经被弃用。

从 PHP 5 版本开始，构造函数的名称必须以两个下画线开头，即"_ _xonstruct"，具体的语法格式如下：

```
Function _ _construct([mixed args]){
    // 构造函数的内容
}
```

一个类只能声明一个构造函数。构造函数中的参数是可选的，如果没有传入参数，就使用默认参数为成员变量进行初始化。

在例 8.1 中，对实例$xiaoming 的属性$name 进行赋值，还需要通过使用 setname($name)接口进行操作，如$xiaoming->setname("XiaoMing")。 如果想在创建实例$xiaoming 的同时对此实例的属性$name 进行赋值，该怎么办呢？这时就需要构造函数"_construct()"了。这个函数的特性是，当通过关键字 new 创建实例时，它就会被调用执行。它的用途就是对一些属性进行初始化，也就是给一些属性进行初始化的赋值。

下面通过实例来介绍构造函数的使用方法和技巧。

【例 8.2】（实例文件：源文件\ch08\8.2.php）

```php
<?php
class guests{                              // 定义类 guests
  private $name;
  private $gender;
  function __construct($name,$gender){      // 定义函数 function __construct
      $this->name = $name;
      $this->gender = $gender;
  }
  function getname(){                       // 定义函数 getname
      return $this->name;
  }
  function getgender(){                     // 定义函数 getgender
      return $this->gender;
  }
```

```
};
$xiaoming = new guests("赵大勇","男");
$lili = new guests("方芳芳","女");
echo $xiaoming->getname()."\t".$xiaoming->getgender()."<br>";
echo $lili->getname()."\t".$lili->getgender();
?>
```

本程序的运行结果如图 8-2 所示。

图 8-2　程序的运行结果

要记住的是，构造函数是不能有返回值的。

有构造函数，就有它的反面"析构函数"（Destructor）。它在对象被销毁时被调用执行。但是因为 PHP 在每个对象不再使用之后会把对象占用的所有资源都释放掉，所以析构函数的作用在 PHP 中很有限。具体使用的语法格式如下：

```
function__destruct(){
    // 析构函数的内容，通常用于完成一些在对象销毁前的清理任务
}
```

PHP 具有垃圾回收机制，可以自动清除不再使用的对象，从而释放对象所占用的内存。析构函数在垃圾回收程序执行前被调用的操作是 PHP 编程中的可选内容。

不过，在执行某些特定操作时调用析构函数还是有用的，比如在对象被销毁时清空资源或者记录的日志信息。

在以下两种情况下，析构函数可能被调用执行：

● 代码运行时，当所有对某个对象的引用（Reference）被毁掉的情况下。
● 当代码执行到最后并且 PHP 停止执行时调用析构函数。

8.4　访问器

由于 OOP 思想并不鼓励直接从类的外部访问类的属性（以强调封装性），因此可以调用_get 和_set 方法来达到此目的，也就是说要使用访问器。无论何时类属性被访问和操作，访问器（Accessor）都会被激发。通过调用它们可以避免直接对类属性的访问。

下面通过实例来介绍访问器的使用方法和技巧。

【例 8.3】（实例文件：源文件\ch08\8.3.php）

```
<?php
class guests{
    public $property;
```

```
    function _set($propName,$propValue){
        $this->$propName = $propValue;
    }
    function _get($propName){
        return $this->$propName;
    }
};
$xiaoshuai = new guests;
$xiaoshuai->name = "刘小帅";
$xiaoshuai->gender = "男性";
$dingdang = new guests;
$dingdang->name = "丁叮当";
$dingdang->gender = "女性";
$dingdang->age = 28;
echo $xiaoshuai->name." 是 ".$xiaoshuai->gender."<br>";
echo $dingdang->name." 是一位 ".$dingdang->age." 岁 ".$dingdang->
gender."<br>";
    ?>
```

本程序的运行结果如图 8-3 所示。

图 8-3　程序的运行结果

【案例分析】

（1）$xiaoshuai 为类 guest 的实例。直接添加属性 name 和 gender，并且赋值，如"$xiaoshuai->name = "刘小帅"; $xiaoshuai->gender = "男性";"，此时，类 guest 中的_set 函数被调用。$dingdang 实例采用同样的过程。另外，$dingdang 实例添加了一个对象属性 age。

（2）echo 命令中用到的对象属性，如$xiaoshuai->name 等，调用了类 guest 中的_get 函数。

（3）此例中，_set 方法的格式为：

```
function _set($propName,$propValue){
    $this->$propName = $propValue;
}
```

_get 方法的格式为：

```
function _get($propName){
    return $this->$propName;
}
```

其中，$propName 为"属性名"，$propValue 为"属性值"。

8.5　类的继承

继承（Inheritance）是 OOP 中最重要的特性与概念。父类拥有其子类的公有属性和方法。子类除了拥有父类具有的公有属性和方法以外，还拥有自己独有的属性和方法。

PHP 使用关键字 extends 来确认子类和父类，实现子类对父类的继承。具体的语法格式如下：

```
class 子类名称 extends 父类名称{
// 子类成员变量列表
function 成员方法(){                    // 子类的成员方法
        // 方法的内容
}
}
```

下面通过实例来介绍类的继承。

【例 8.4】（实例文件：源文件\ch08\8.4.php）

```php
<?php
class Vegetables{
  var $tomato ="西红柿";                           // 定义变量
  var $cucumber="黄瓜";
};
class VegetablesType extends Vegetables{          // 类之间的继承
    var $potato="马铃薯";                          // 定义子类的变量
    var $radish="萝卜";
};
$vegetables=new VegetablesType();                 // 实例化对象
  echo "蔬菜包括: ".$vegetables->tomato.", ".$vegetables->cucumber.",
".$vegetables-> potato.", ".$vegetables-> radish;
  ?>
```

本程序的运行结果如图 8-4 所示。

图 8-4　程序的运行结果

从程序的运行结果可以看出，本实例创建了一个蔬菜父类，子类通过关键字 extends 继承了蔬菜父类中的成员属性，最后对子类进行实例化操作。

8.6　高级特性

本节将学习 PHP 中关于类的一些高级特性。

8.6.1 静态属性和方法

声明类属性或方法为 static（静态），就可以不实例化类而直接访问。静态属性不能通过一个类已实例化的对象来访问（但静态方法可以）。由于静态方法不需要通过对象即可调用，因此伪变量 $this 在静态方法中不可用。静态属性不可以由对象通过->操作符来访问。自 PHP 5.3.0 起，可以用一个变量来动态调用类，但该变量的值不能为关键字 self、parent 或 static。

静态属性不需要实例化就可以直接访问，调用格式为"类名::静态属性名"。同样，静态方法也不需要实例化即可直接调用，调用格式为"类名::静态方法名"。

【例 8.5】（实例文件：源文件\ch08\8.5.php）

```php
<?php
class Gushi {
  public static $my_static = '洛阳亲友如相问，一片冰心在玉壶。<br/>';
  public function staticValue() {
    return self::$my_static;
  }
}
print Gushi::$my_static;
$gushi = new Gushi();
print $gushi ->staticValue();
?>
```

本程序的运行结果如图 8-5 所示。

图 8-5　程序的运行结果

8.6.2 final 类和方法

从 PHP 5 开始，新增了一个 final 关键字。如果父类中的方法被声明为 final，则子类无法重写（或称为覆盖）该方法。如果一个类被声明为 final，则不能被继承。

1. final 方法不能被重写

如果希望类中的某个方法不能被子类重写，就可以设置该方法为 final 方法，只需要在方法前加上 final 修饰符进行声明即可。如果这个方法被子类重写，将会出现错误。

【例 8.6】（实例文件：源文件\ch08\8.6.php）

```php
<?php
class Math{
    // 计算两个数值的和
    public final function Sum($a,$b){
```

```
            return $a+$b;
        }

}
class M extends Math {
    public function Sum($a,$b) {  // 重写 Sum 方法
        echo '这里先测试一下';
    }
}
$math = new M();
echo $math->Sum(10,20);
?>
```

本程序的运行结果如图 8-6 所示。从结果可以看出，final 方法不能被重写，否则会报错。

图 8-6　程序的运行结果

2. final 类不能被继承

final 关键词可以终止类的继承。final 类不能有子类，因为 final 方法不能被重写。

【例 8.7】（实例文件：源文件\ch08\8.7.php）

```
<?php
final class Poth{
    public $aa = 9.99;
}
$poth = new Poth();
echo $poth;
// 声明 M 类，它继承自 Poth 类，但执行时会出错，final 类不能被继承
class M extends Poth {

}
?>
```

本程序的运行结果如图 8-7 所示。

图 8-7　报错信息

8.7　抽象类和接口

抽象类和接口都是特殊的类，因为它们都不能被实例化。本章主要讲述两者的使用方法和技巧。

8.7.1　抽象类

抽象类只能作为父类使用，因为抽象类不能被实例化。抽象类使用关键字 abstract 来声明，具体的语法格式如下：

```
abstract class 抽象类名称{
// 抽象类的成员变量列表
   abstract function 成员方法 1(参数);              // 抽象类的成员方法
   abstract function 成员方法 2(参数);              // 抽象类的成员方法
}
```

抽象类和普通类的主要区别在于抽象类的方法没有方法内容，而且至少包含一个抽象方法。另外，抽象方法也必须使用关键字 abstract 来修饰，后面必须有分号。

【例 8.8】（实例文件：源文件\ch08\8.8.php）

```php
<?php
    abstract class MyObject{                         // 定义抽象类
        abstract function service($getName,$price,$num);
    }
    class MyBook extends MyObject{
        function service($getName,$price,$num){
            echo '购买的商品是'.$getName.'，商品的价格是：'.$price.' 元。';
            echo '您购买的数量为：'.$num.' 本。';
        }
    }
    class MyComputer extends MyObject{               // 继承抽象类
        function service($getName,$price,$num){
            echo '您购买的商品是'.$getName.'，该商品的价格是：'.$price.' 元。';
            echo '您购买的数量为：'.$num.' 本。';
        }
    }
    $book = new MyBook();
    $computer = new MyComputer();
    $book -> service('《PHP 7 从入门到精通》',79,15);
    echo '<p>';
    $computer -> service('《MySQL 5.7 从零开始学》',65,10);
?>
```

本程序的运行结果如图 8-8 所示。

图 8-8　程序的运行结果

8.7.2　接口

继承特性简化了对象和类的创建，增加了代码的可重用性。PHP 只支持单一继承，如果想实现多重继承，就需要使用接口。PHP 可以实现多个接口。

接口类通过关键字 interface 来声明，接口中不能声明变量，只能使用关键字 const 声明为常量的成员属性，接口中声明的方法必须是抽象方法，并且接口中所有的成员都必须具有 public 访问权限。具体的使用语法格式如下：

```
interface 接口名称{        // 使用 interface 关键字声明接口
    // 常量成员             // 接口中的成员只能是常量
    // 抽象方法             // 成员方法必须是抽象方法
}
```

与继承使用 extends 关键字不同的是，实现接口使用的是 implement 关键字：

```
class 接口类 implement 接口名称{}
```

实现接口的类必须实现接口中声明的所有方法，除非这个类被声明为抽象类。

【例 8.9】（实例文件：源文件\ch08\8.9.php）

```php
<?php
interface Maxmin{
    // 这两个方法必须在子类中继承，修饰符必须为 public
    public function getMax();
    public function getMin();
}
class msm implements Maxmin {
    private $aa = 33;
    private $bb = 66;
    // 具体实现接口声明的方法
    public function getMax(){
        return $this->bb;
    }
    public function getMin(){
        return $this->aa;
    }
    // 这里还可以有自己的方法
    public function getOther(){
        return '这里是自己的方法';
    }
}
```

```
$msm = new msm();
echo $msm->getMax();
echo '<br>';
echo $msm->getMin();
echo '<br>';
echo $msm->getOther();
?>
```

本程序的运行结果如图 8-9 所示。

图 8-9　程序的运行结果

通过上述实例，可以总结出如下要点：

● 在 PHP 中，类的继承只能是单一继承，即从一个父类（基类）继承，而且可以一直继承下去。PHP 不支持多重继承，即不能从一个以上的父类继承，例如类 C 不能同时从类 A 和类 B 继承。

● 为了对特定类的功能进行拓展，PHP 可以使用接口（Interface）来实现类似于多重继承的好处。接口用 interface 关键字声明，并且单独设置接口方法。

● 一个类可以继承于一个父类，同时使用一个或多个接口。类还可以直接继承于某个特定的接口。

● 类、类的属性和方法的访问都可以通过访问权限修饰符进行控制。访问权限修饰符放在属性和类的前面，public 表示公有属性或方法，private 表示私有属性或方法，protected 表示保护属性或方法。

● 关键字 final 放在特定的类前面，表示此类不能再被继承。final 放在某个类方法前面，表示此方法不能在继承后被"重写"或重新定义。

8.8　面向对象的多态

多态是指同一操作作用于不同类的实例，将产生不同的执行结果，即不同类的对象收到相同的消息时，得到不同的结果。在 PHP 中，实现多态的方法有两种，包括通过继承实现多态和通过接口实现多态。

8.8.1　通过继承实现多态

通过继承可以实现多态的效果，下面通过一个实例来理解实现多态的方法。

【例 8.10】（实例文件：源文件\ch08\8.10.php）

```
<?php
abstract class Vegetables{                          // 定义抽象类 Vegetables
```

```
        abstract function go_Vegetables();          // 定义抽象方法 go_Vegetables
    }
    class Vegetables_potato extends Vegetables{       // 马铃薯类继承蔬菜类
        public function go_Vegetables(){              // 重写抽象方法
            echo "我们开始种植马铃薯" ;                // 输出信息
        }
    }
    class Vegetables_radish extends Vegetables{       // 萝卜类继承蔬菜类
        public function go_Vegetables(){              // 重写抽象方法
            echo "我们开始种植萝卜" ;
        }
    }
        function change($obj){                         // 自定义方法根据对象调用不同的方法
            if($obj instanceof Vegetables ){
                $obj->go_Vegetables();
            }else{
                echo "传入的参数不是一个对象";           // 输出信息
            }
        }
    echo "实例化 Vegetables_potato: ";
    change(new Vegetables_potato());                  // 实例化 Vegetables_potato
    echo "<br>";
    echo "实例化 Vegetables_radish: ";
    change(new Vegetables_radish ());                 // 实例化 Vegetables_radish
?>
```

本程序的运行结果如图 8-10 所示。

图 8-10　程序的运行结果

从程序的运行结果可以看出，本实例创建了一个抽象类 Vegetables，用于表示各种蔬菜的种植方法，然后让子类继承 Vegetables 类。

8.8.2　通过接口实现多态

下面通过接口的方式实现和上面实例一样的效果。

【例 8.11】（实例文件：源文件\ch08\8.11.php）

```
<?php
interface Vegetables{                                 // 定义接口 Vegetables
    public function go_Vegetables();                  // 定义接口方法
}
class Vegetables_potato implements Vegetables{
```

```php
// Vegetables_potato 实现 Vegetables 接口
  public function go_Vegetables(){              // 定义 go_Vegetables 方法
        echo "我们开始种植马铃薯" ;               // 输出信息
  }
}
class Vegetables_radish implements Vegetables{
// Vegetables_radish 实现 Vegetables 接口
  public function go_Vegetables(){              // 定义 go_Vegetables 方法
        echo "我们开始种植萝卜" ;                 // 输出信息
  }
}
  function change($obj){                         // 自定义方法根据对象调用不同的方法
     if($obj instanceof Vegetables ){
        $obj->go_Vegetables();
     }else{
        echo "传入的参数不是一个对象";            // 输出信息
     }
}
echo "实例化 Vegetables_potato: ";
change(new Vegetables_potato());                 // 实例化 Vegetables_potato
echo "<br>";
echo "实例化 Vegetables_radish: ";
change(new Vegetables_radish ());                // 实例化 Vegetables_ radish
?>
```

本程序的运行结果如图 8-11 所示。

图 8-11　程序的运行结果

从程序的运行结果可以看出，本实例创建了一个接口 Vegetables，然后定义一个空方法 go_Vegetables()，接着定义 Vegetables_potato 和 Vegetables_radish 子类承接接口 Vegetables，最后通过 instanceof 关键字检查对象是否属于接口 Vegetables。

8.9　PHP 7 的新变化——支持匿名类

PHP 7 支持通过 new class 来实例化一个匿名类。所谓匿名类，是指没有名称的类，只能在创建时用 new 语句来声明它们。

【例 8.12】（实例文件：源文件\ch08\8.12.php）

```php
<?php
interface Logger {
  public function log(string $msg);
```

```
      }

class Application {
  private $logger;

public function getLogger(): Logger {
      return $this->logger;
  }

  public function setLogger(Logger $logger) {
      $this->logger = $logger;
  }
}

$app = new Application;
// 使用 new class 创建匿名类
$app->setLogger(new class implements Logger {
  public function log(string $msg) {
      print($msg);
  }
});

$app->getLogger()->log("北方有佳人，绝世而独立。一顾倾人城，再顾倾人国。宁不知倾城与倾
国？佳人难再得。");
  ?>
```

在 PHP 7 中，本程序的运行结果如图 8-12 所示。而在 PHP 5 中，上述程序运行时将会报错。

图 8-12   使用匿名类

8.10   高手甜点

甜点 1：理解 "（a＜b）？a：b；" 的含义

这是条件控制语句，是 if 语句的单行表示方法。它的具体格式是：

（条件判断语句）? 判断为 true 的行为 : 判断为 false 的行为；

if 语句的单行表示方式的好处是，可以直接对条件判断结果的返回值进行处理，比如可以直接把返回值赋值给变量。对于 "$variable =（a＜b）? a : b;"，若 a＜b 的结果为 true，则此语句返回 a，并且直接赋值给$variable；若 a＜b 的结果为 false，则此语句返回 b，并且直接赋值给$variable。

这种表示方法可以节约代码的输入量，更重要的是可以提高代码执行的效率。由于 PHP 程序代码的执行是一个由上至下的过程，因此代码的行数越少，越能节约代码读取的时间。在一行语句中对情况做出判断，并且对代码返回值进行处理，这无疑是一种效率相当高的代码组织方式。

甜点 2：说明抽象类和类的不同之处

抽象类是类的一种，通过在类的前面增加关键字 abstract 来表示。抽象类是仅仅用来继承的类。通过 abstract 关键字声明，就是告诉 PHP 这个类不再用于生成类的实例，仅仅是用来被其子类继承。可以说抽象类只关注于类的继承。抽象方法就是在方法前面添加关键字 abstract 声明的方法。抽象类中可以包含抽象方法。一个类中只要有一个方法通过关键字 abstract 声明为抽象方法，那么整个类就都要声明为抽象类。然而，特定的某个类即便不包含抽象方法，也可以通过 abstract 声明为抽象类。

第9章 错误处理和异常处理

学习目标|Objective

当 PHP 代码运行时，会发生各种错误：可能是语法错误，通常是程序员造成的编码错误或错别字；可能是拼写错误或语言中缺少的功能（由于浏览器差异）；可能是来自服务器或用户的错误输出而导致的错误；当然，也可能是由于其他不可预知的因素导致的错误。本章主要讲述错误处理和异常处理。

内容导航|Navigation

- 了解常见的错误和异常
- 掌握处理错误的方法
- 掌握处理异常的方法
- 掌握隐藏错误消息的技巧

9.1 常见的错误和异常

错误和异常是编程中经常出现的问题。本节将主要介绍常见的错误和异常。

1. 拼写错误

拼写代码时要求程序员要非常仔细，并且还需要认真地检查编写完成的代码，否则会出现不少编写上的错误。

PHP 中常量和变量都是区分字母大小写的，例如把变量名 abc 写成 ABC，就会出现语法错误。PHP 中的函数名、方法名、类名不区分字母大小写，但建议使用与定义时相同的名字。魔术常量不区分字母大小写，但是建议全部用大写，包括_LINE_、_FILE_、_DIR_、_FUNCTION_、_CLASS_、_METHOD_、_NAMESPACE_。了解并遵循这些规则，就可以避免字母大小写的错误。

编写代码时有时需要输入中文字符，编程人员容易在输完中文字符后忘记切换输入法，从而导致输入的小括号、分号或者引号等出现错误。当然，这种错误输入在大多数编程软件中显示的颜色会跟正确的输入显示颜色不一样，容易发现，但还是应该细心，以减少错误的出现。

2. 单引号和双引号的混用

单引号、双引号在 PHP 中没有特殊的区别，都可以用来创建字符串。但是必须使用同一种单或双引号来定义字符串，如 'Hello" 和 "Hello' 为非法的字符串定义。单引号串和双引号串在 PHP 中的处理是不相同的。双引号串中的内容可以被解释而且替换，而单引号串中的内容总被认为是普通字符。

缺少单引号或者双引号也是经常出现的问题，例如：

```
echo "错误处理的方法;
```

缺少双引号的话，运行时会提示错误。

3. 括号使用混乱

首先需要说明的是，在 PHP 中，括号包含两种语义，既可以是分隔符，也可以是表达式：

- 分隔符的作用比较常用，比如(1+4)*4 等于 20。
- 在 "(function(){})();" 中，function 之前的一对括号作为分隔符，后面的括号表示立即执行这个方法。

另外，由于括号的使用层次比较多，因此可能会导致括号不匹配的错误，如以下代码所示：

```
If((($a==$b)and($b==$c))and($c==$d){          // 此处缺少一个括号
    echo "正确的括号使用方法！"
}
```

4. 等号与赋值符号混淆

等号与赋值符号混淆的错误一般出现在 if 语句中，而且这种错误在 PHP 中不会产生错误信息，所以在查找错误时往往不容易被发现，例如：

```
if(s = 1)
  echo ("没有找到相关信息");
```

上面的代码在逻辑上是没有问题的，它的运行结果是将 1 赋值给了 s，如果成功就弹出对话框，而不是对 s 和 1 进行比较，这不符合开发者的本意。

5. 缺少美元符号

在 PHP 中，设置变量时需要使用美元符号 "$"，如果不添加美元符号就会引起解析错误，如以下代码所示：

```
for($s =1;$s<=10;s++){                    // 缺少一个变量的美元符号
  echo ("缺少美元符号！");
}
```

需要修改 s++为$s++。如果 "$s<=10;" 缺少美元符号，就会进入无限循环状态。

6. 调用不存在的常量和变量

调用没有声明的常量或变量将会触发 NOTICE 错误。例如，在下面的代码中，输出时错误书写了变量的名称。

```
<?php
$abab= "错误处理的方法"                    // 缺少一个变量的美元符号
echo $abba;
?>
```

如果运行上面的这个程序，就会出现如图 9-1 所示的错误。

图 9-1　调用不存在的变量

7. 调用不存在的文件

如果调用不存在的文件，程序将会停止运行，例如：

```php
<?php
include("mybook.txt");                    // 调用一个不存在的文件
?>
```

本程序运行后将会弹出如图 9-2 所示的错误提示信息。

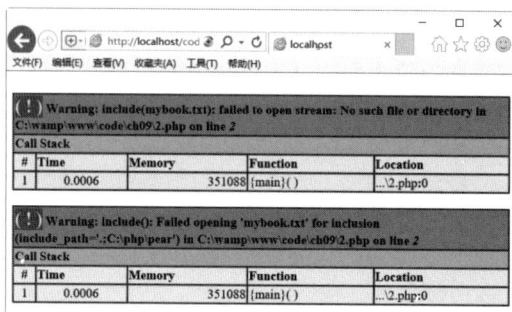

图 9-2　调用不存在的文件

8. 环境配置的错误

环境配置不当也会给程序的运行带来错误，例如操作系统、PHP 配置文件和 PHP 的版本等，如果配置不正确，就会提示文件无法打开、操作权限不具备和服务器无法连接等错误信息。

首先，不同的操作系统采用不同的路径格式，这些都会导致程序运行错误。其次，PHP 在不同操作系统上的功能也会有差异，数据库的运行也会在不同的操作系统中出现问题等。另外，PHP 的配置也很重要，各个计算机的配置方法不尽相同，当程序的运行环境发生变化时，也会出现这样或那样的问题。最后是 PHP 的版本问题，PHP 的高版本在一定程度上可以兼容低版本，但是高版本编写的程序到低版本中运行会出现意想不到的问题，这些都是有关环境配置的不同而引起的错误。

9. 数据库服务器连接错误

由于 PHP 应用于动态网站的开发，因此经常会对数据库进行基本的操作，在操作数据库之前，需要连接数据库服务，如果用户名或者密码设置不正确，或者数据库不存在，或者数据库的属性不允许访问等，就会在程序运行中出现错误。

例如，在连接数据库的过程中，以下代码的密码编写是错误的。

```php
<?php
$conn=mysqli_connect("localhost","root","root");          // 连接 MySQL 服务器
?>
```

本程序运行后将会弹出如图 9-3 所示的错误提示信息。

图 9-3　无法连接数据库

9.2　错误处理

常见的错误处理方法包括使用错误处理机制、使用 DIE 语句调试、自定义错误和错误触发器等。本节将讲述如何处理程序中的错误。

9.2.1　php.ini 中的错误处理机制

在前面的实例中，错误提示会显示错误的信息，如错误所在文件中的行号等，这是 PHP 最基本的错误报告机制。php.ini 文件规定了错误的显示方式，包括配置选项的名称、默认值和表述的含义等。常见的错误配置选项内容如表 9-1 所示。

表 9-1　常见的 php.ini 文件中控制错误显示的配置选项及其含义

名称	默认值	含义
display_errors	On	设置错误作为 PHP 输出的一部分。开发的过程中可以采用默认的设置，但是为了安全考虑，在生产环境中还是设置为 Off 比较好
error_reporting	E_ALL	这个设置会显示所有的出错信息。这种设置会让一些无害的提示也显示出来，所以可以设置 error_reporting 的默认值为 error_reporting = E_ALL & ~E_NOTICE，这样只会显示错误和不良编码
error_log	null	设置记录错误日志的文件。默认情况下将错误发送到 Web 服务器日志，用户也可以指定写入的文件
html_errors	On	控制是否在错误信息中采用 HTML 格式
log_errors	Off	控制是否应该将错误发送到主机服务器的日志文件
display_startup_errors	Off	控制是否显示 PHP 启动时的错误
track_errors	Off	设置是否保存最近一个警告或错误信息

9.2.2 应用 DIE 语句进行调试

使用 DIE 语句进行调试的优势是，不仅可以显示错误的位置，还可以输出错误信息。一旦出现错误，程序将会终止运行，并在浏览器上显示出错之前的信息和错误信息。

在 9.1 节中曾经介绍调用不存在的文件时会提示错误信息，如果运用 DIE 语句进行调试，就会输出自定义的错误信息。

【例 9.1】（实例文件：源文件\ch09\9.1.php）

```php
<?php
if(!file_exists("welcome.txt")){      // 判断文件是否存在
    die("文件不存在");
}
else{
    $file=fopen("welcome.txt","r");
}
?>
```

本程序的运行后结果如图 9-4 所示。

图 9-4 应用 DIE 语句进行调试

与基本的错误报告机制相比，使用 DIE 语句进行调试显得更有效，这是由于它采用一个简单的错误处理机制在错误之后终止了脚本。

9.2.3 自定义错误和错误触发器

简单地终止脚本并不是恰当的方式。本节将讲述自定义错误和错误触发器。创建一个自定义的错误处理器非常简单，先创建一个专用函数，然后在 PHP 中发生错误时调用该函数即可。

自定义错误函数的语法格式如下：

```
error_function(error_level,error_message,error_file,error_line,error_context)
```

该函数必须至少包含 error_level 和 error_message 两个参数，另外 3 个参数（error_file、error_line 和 error_context）是可选的。各个参数的具体含义如表 9-2 所示。

表 9-2 error_function()函数各个参数的含义

参数	含义
error_level	必需参数，为用户定义的错误规定错误报告级别，必须是一个整数
error_message	必需参数，为用户定义的错误规定错误消息
error_file	可选参数，规定错误发生所在的文件名
error_line	可选参数，规定错误发生所在的行号
error_context	可选参数，规定一个数组，包含当错误发生时在用的每个变量以及它们的值

参数 error_level 定义错误规定的报告级别。错误报告级别是错误处理程序旨在处理的错误的不同类型，具体的级别值和含义如表 9-3 所示。

表 9-3　错误的级别值和含义

数值	常量	含义
2	E_WARNING	非致命的运行时（Run Ttime）错误，不暂停脚本执行
8	E_NOTICE	运行时通知，脚本发现可能有错误发生，也可能在脚本正常运行时发生
256	E_USER_ERROR	致命的用户生成的错误，类似于程序员使用 PHP 函数 trigger_error() 设置的 E_ERROR
512	E_USER_WARNING	非致命的用户生成的警告，类似于程序员使用 PHP 函数 trigger_error() 设置的 E_WARNING
1024	E_USER_NOTICE	用户生成的通知，类似于程序员使用 PHP 函数 trigger_error() 设置的 E_NOTICE
4096	E_RECOVERABLE_ERROR	可捕获的致命错误，类似于 E_ERROR，但可被用户定义的处理程序捕获
8191	E_ALL	所有的错误和警告

下面通过实例来讲解自定义错误和错误触发器。

首先创建一个处理错误的函数：

```
function customError($errno, $errstr)
{
  echo "<b>错误:</b> [$errno] $errstr<br>";
  echo "终止程序";
  die();
}
```

上面的代码是一个简单的错误处理函数。当它被触发时，会取得错误级别和错误消息，然后输出错误级别和消息，并终止程序。

创建了一个错误处理函数后，下面需要确定在何时触发该函数。在 PHP 中，调用 set_error_handler() 函数设置用户自定义的错误处理函数。该函数用于创建运行时用户自己的错误处理方法。该函数会返回旧的错误处理程序，若失败，则返回 null。具体的语法格式如下：

```
set_error_handler(error_function,error_types)
```

其中，error_function 为必需参数，规定发生错误时运行的错误处理函数。error_types 是可选参数，如果不选择此参数，就表示默认值为 E_ALL。

在本例中，针对所有错误来使用自定义错误处理程序，具体的代码如下：

```
set_error_handler("customError");
```

下面通过尝试输出不存在的变量来测试这个错误处理程序。

【例 9.2】（实例文件：源文件\ch09\9.2.php）

```
<?php
```

```
// 定义错误函数
function customError($errno, $errstr){
  echo "<b>错误:</b> [$errno] $errstr";
}
// 设置自定义错误处理函数
set_error_handler("customError");
// 触发自定义错误处理函数
echo($test);
?>
```

本程序的运行后结果如图 9-5 所示。

图 9-5　自定义错误

在脚本中用户输入数据的位置，当用户的输入无效时触发错误。在 PHP 中，这个触发任务由 trigger_error()函数来完成。

trigger_error() 函数创建用户自定义的错误消息。trigger_error() 用于在用户指定的条件下触发一个错误消息。它与内建的错误处理器一同使用，也可以与由 set_error_handler() 函数创建的用户自定义函数一起使用。如果调用该函数时指定了一个不合法的错误类型，该函数返回 false，否则返回 true。

trigger_error() 函数的具体语法格式如下：

```
trigger_error(error_message,error_types)
```

其中，error_message 为必需参数，用于指定错误消息，长度限制为 1024 个字符。error_types 为可选参数，指定错误消息的错误类型，可能的值为 E_USER_ERROR、E_USER_WARNING 和 E_USER_NOTICE。

【例 9.3】（实例文件：源文件\ch09\9.3.php）

```
<?php
$test=5;
if ($test>4){
    trigger_error("Value must be 4 or below");  // 创建自定义错误信息
}
?>
```

本程序的运行后结果如图 9-6 所示。由于 test 数值为 5，因此将会发生 E_USER_WARNING 错误。

图 9-6　trigger_error() 函数

下面通过实例来讲述 trigger_error()函数和自定义函数一起使用的处理方法。

【例 9.4】（实例文件：源文件\ch09\9.4.php）

```php
<?php
//定义错误函数
function customError($errno, $errstr){
  echo "<b>错误:</b> [$errno] $errstr";
}
//设置错误处理函数
set_error_handler("customError",E_USER_WARNING);
// trigger_error 函数
$test=5;
if ($test>4){
  trigger_error("Value must be 4 or below",E_USER_WARNING);
}
?>
```

本程序的运行后结果如图 9-7 所示。

图 9-7　自定义函数和 trigger_error() 函数

9.2.4　错误日志

在默认情况下，根据 php.ini 中的 error_log 配置，PHP 向服务器的错误日志系统或文件发送错误日志。通过调用 error_log() 函数，用户可以向指定的文件或远程目的地发送错误日志。

通过电子邮件向用户发送错误消息是一种获得指定错误通知的好办法。下面通过实例的方式来讲解。

【例 9.5】（实例文件：源文件\ch09\9.5.php）

```php
<?php
//定义错误函数
function customError($errno, $errstr){
    echo "<b>错误:</b> [$errno] $errstr <br/>";
    echo "错误记录已经发送完毕";
    error_log("错误: [$errno] $errstr",1, "someone@example.com", "From:
webmastere@example.com ");
}
//设置错误处理函数
set_error_handler("customError",E_USER_WARNING);
// trigger_error 函数
$test=5;
if ($test>4){
    trigger_error("Value must be 4 or below",E_USER_WARNING);
}
?>
```

本程序的运行结果如图 9-8 所示。在指定的 someone@example.com 邮箱中将收到同样的错误信息。

图 9-8　error_log()函数

9.3　异常处理

异常（Exception）用于在指定的错误发生时改变脚本的正常流程。PHP 7 提供了一种新的面向对象的错误处理方法。本节主要讲述异常处理的方法和技巧。

9.3.1　异常的基本处理方法

异常处理用于在指定的错误（异常）情况发生时改变脚本的正常流程。当异常被触发时，通常会发生以下动作：

● 当前代码状态被保存。
● 代码执行被切换到预定义的异常处理器。
● 根据情况，异常处理器也许会从保存的代码状态重新开始执行代码，终止脚本执行，或从代码中另外的位置继续执行脚本。

当异常被抛出时，其后的代码不会继续执行，PHP 会尝试查找匹配的 catch 代码块。如果异常没有被捕获，而且没有调用 set_exception_handler()进行相应的处理，就将发生一个严重的错误，并且输出 Uncaught Exception（未捕获异常）的错误消息。

下面的实例抛出一个异常，同时不去捕获它。

【例 9.6】（实例文件：源文件\ch09\9.6.php）

```php
<?php
// 创建带有异常的函数
function checkNum($number){
    if($number>1){
        throw new Exception("Value must be 1 or below");
    }
    return true;
}
// 抛出异常
checkNum(2);
?>
```

本程序的运行结果如图 9-9 所示。由于没有捕获异常，因此出现了错误提示消息。

图 9-9　没有捕获异常

要想避免出现上面的问题，可以创建适当的代码来处理异常。处理异常的程序应当包括如下几部分。

- try 代码块：处理异常的函数应该位于 try 代码块内。若没有触发异常，则代码将照常继续执行。如果异常被触发，就会抛出一个异常。
- throw 代码块：这里规定如何触发异常。每一个 throw 必须对应至少一个 catch。
- catch 代码块：catch 代码块会捕获异常，并创建一个包含异常信息的对象。

【例 9.7】（实例文件：源文件\ch09\9.7.php）

```php
<?php
// 创建可抛出一个异常的函数
function checkNum($number){
    if($number>1){
        throw new Exception("数值必须小于或等于1");
    }
    return true;
}
// 在try代码块中触发异常
try{
    checkNum(2);
```

```
    // 如果没有异常，则会显示以下信息
    echo '没有任何异常';
}
// 捕获异常
catch(Exception $e){
    echo '异常信息: ' .$e->getMessage();
}
?>
```

本程序的运行结果如图 9-10 所示。由于抛出异常后捕获了异常，因此出现了下面的提示消息。

图 9-10　捕获异常

【案例分析】

（1）创建 checkNum()函数，用于检测数字是否大于 1。如果是，则抛出一个异常。

（2）在 try 代码块中调用 checkNum()函数。

（3）checkNum()函数中的异常被抛出。

（4）catch 代码块接收到该异常，并创建一个包含异常信息的对象（$e）。

（5）通过从这个 exception 对象调用$e->getMessage()，输出来自该异常的错误消息。

9.3.2　自定义的异常处理器

创建自定义的异常处理程序非常简单。只需要创建一个专门的类，当 PHP 中发生异常时，调用该类的函数即可。当然，该类必须是 exception 类的一个扩展，即继承 PHP 中 exception 类的所有属性。用户可向其添加自定义的函数。

下面通过实例来讲解如何创建自定义的异常处理器。

【例 9.8】（实例文件：源文件\ch09\9.8.php）

```php
<?php
class customException extends Exception{
  public function errorMessage(){
    // 错误消息
    $errorMsg = '异常发生的行: '.$this->getLine().' in '.$this->getFile()
            .': <b>'.$this->getMessage().'</b>不是一个有效的邮箱地址';
    return $errorMsg;
  }
}
$email = "someone@example.321com";
try
{
```

164

```
    // 检查是否符合条件
  if(filter_var($email, FILTER_VALIDATE_EMAIL) === FALSE) {
    // 如果邮件地址无效, 则抛出异常
    throw new customException($email);
  }
}
catch (customException $e){
  // 显示自定义的消息
  echo $e->errorMessage();
}
?>
```

本程序的运行结果如图 9-11 所示。

图 9-11　自定义异常处理器

【案例分析】

（1）customException()类是作为旧的 exception 类的一个扩展而创建的。这样它就继承了旧类的所有属性和方法。

（2）创建 errorMessage()函数。如果 email 地址不合法, 则该函数返回一条错误消息。

（3）把$email 变量设置为不合法的 email 地址字符串。

（4）执行 try 代码块, 由于 email 地址不合法, 因此抛出一个异常。

（5）catch 代码块捕获异常, 并显示错误消息。

9.3.3　处理多个异常

在上面的实例中只是检查了邮箱地址是否有效。如果用户想检查邮箱是否为雅虎邮箱或检查邮箱是否有效等, 就会出现多个可能发生异常的情况。用户可以使用多个 if…else 代码块, 或一个 switch 代码块, 或者嵌套多个异常。这些异常能够使用不同的 exception 类, 并返回不同的错误消息。

【例 9.9】（实例文件：源文件\ch09\9.9.php）

```
<?php
class customException extends Exception{
  public function errorMessage(){
    // 定义错误信息
    $errorMsg = '错误消息的行: '.$this->getLine().' in '.$this->getFile()
            .': <b>'.$this->getMessage().'</b> 不是一个有效的邮箱地址';
    return $errorMsg;
  }
```

```
}
$email = "someone@yahoo.com";
try{
  // 检查是否符合条件
  if(filter_var($email, FILTER_VALIDATE_EMAIL) === FALSE)
  {
    // 如果邮箱地址无效，则抛出异常
    throw new customException($email);
  }
  // 检查邮箱是否是雅虎邮箱
  if(strpos($email, "yahoo") !== FALSE){
    throw new Exception("$email 是一个雅虎邮箱");
  }
}
catch (customException $e) {
  echo $e->errorMessage();
}
catch(Exception $e) {
  echo $e->getMessage();
}
?>
```

本程序的运行结果如图 9-12 所示。上面的代码测试了两种条件，如果任一条件不成立，则抛出一个异常。

图 9-12　处理多个异常

【案例分析】

（1）customException()类是作为旧的 exception 类的一个扩展而创建的，这样它就继承了旧类的所有属性和方法。

（2）创建 errorMessage()函数。若 email 地址不合法，则该函数返回一个错误消息。

（3）执行 try 代码块，在第一个条件下不会抛出异常。

（4）由于 email 含有字符串 yahoo，因此第二个条件会触发异常。

（5）catch 代码块会捕获异常，并显示恰当的错误消息。

9.3.4　设置顶层异常处理器

所有未捕获的异常都可以通过顶层异常处理器来处理。顶层异常处理器调用 set_exception_handler()函数来实现。

set_exception_handler()函数设置用户自定义的异常处理函数，用于创建运行期间用户自己的异常处理方法。该函数会返回旧的异常处理器（即异常处理程序），若失败，则返回 null。具体的语法格式如下：

```
set_exception_handler(exception_function)
```

其中，exception_function 参数为必需参数，规定未捕获的异常发生时调用的函数，该函数必须在调用 set_exception_handler() 函数之前定义。这个异常处理函数需要一个参数，即抛出的 exception 对象。

【例 9.10】（实例文件：源文件\ch09\9.10.php）

```php
<?php
function myException($exception){              // 定义顶层的异常处理器
  echo "<b>异常是:</b> " , $exception->getMessage();
}
set_exception_handler('myException');
throw new Exception('正在处理未被捕获的异常');       //  抛出异常信息
?>
```

本程序的运行结果如图 9-13 所示。上面的代码不存在 catch 代码块，而是触发顶层的异常处理器。用户应该调用此函数来捕获所有未被捕获的异常。

图 9-13　顶层异常处理器

9.4　PHP 7 的新变化 1——改变了错误的报告方式

PHP 7 改变了大多数错误的报告方式。不同于 PHP 5 的传统错误报告机制，现在大多数错误被作为 Error 异常抛出。

这种 Error 异常可以像普通异常一样被 try / catch 块所捕获。如果没有匹配的 try / catch 块，则调用异常处理器（set_exception_handler()）进行处理。如果尚未注册异常处理器，则按照传统方式处理：被报告为一个致命错误（Fatal Error）。

Error 类并不是从 Exception 类扩展出来的，所以用 catch (Exception $e) { ... } 这样的代码捕获不到 Error。用户可以用 catch (Error $e) { ... } 这样的代码，或者通过注册异常处理器（set_exception_handler()）来捕获 Error。

【例 9.11】（实例文件：源文件\ch09\9.11.php）

```php
<?php
class Mathtions                 // 定义一个类 Mathtions
{
    protected $n = 10;          // 定义变量
    // 求余数运算，除数为 0，抛出异常
    public function dotion(): string
    {
        try {
            $value = $this->n % 0;
            return $value;
```

167

```
        } catch (DivisionByZeroError $e) {
            return $e->getMessage();
        }
    }
}
$aa = new Mathtions();
print($aa->dotion());
?>
```

本程序的运行结果如图 9-14 所示。

图 9-14　程序的运行结果

9.5　PHP 7 的新变化 2——清除最后一次错误

在 PHP 7 中，新增了 error_clear_last()函数，用于清除最后一次错误。error_clear_last()函数的语法格式如下：

```
void error_clear_last (void)
```

该函数将清除最后一次错误，使其无法通过 error_get_last()获取这个错误。

【例 9.12】（实例文件：源文件\ch09\9.12.php）

```
<?php
var_dump(error_get_last());
error_clear_last();
var_dump(error_get_last());
@$a = $b;
var_dump(error_get_last());
error_clear_last();
var_dump(error_get_last());
?>
```

本程序的运行结果如图 9-15 所示。

图 9-15　程序的运行结果

9.6　实战演练——处理异常或错误

错误处理也叫异常处理。通过使用 try…throw…catch 结构和一个内置函数 Exception()来"抛出"和"处理"错误或异常。

下面通过打开文件的实例来介绍异常处理的方法和技巧。

【例 9.13】（实例文件：源文件\ch9\9.13.php）

```php
<?php
$DOCUMENT_ROOT = $_SERVER['DOCUMENT_ROOT'];          // 定义变量
@$fp = fopen("$DOCUMENT_ROOT/book.txt",'rb');        // 打开指定的文件 book.txt
// 判断文件是否存在，不存在则抛出异常
try{
    if (!$fp){
        throw new Exception("文件路径有误或找不到文件。");
    }
}catch(Exception $exception){
    echo $exception->getMessage();
    echo "在文件".$exception->getFile()."的".$exception->getLine()."行。<br>";
}
@fclose($fp);            // 屏蔽错误信息
?>
```

本程序的运行结果如图 9-16 所示。

图 9-16　程序的运行结果

【案例分析】

（1）fopen()函数打开$DOCUMENT_ROOT/book.txt 文件进行读取，但是 book.txt 文件不存在，因此$fp 为 false。

（2）try 区块判断$fp 为 false 时抛出一个异常。此异常直接通过 new 关键字创建 Exception()类的实例。异常信息是传入参数定义的"文件路径有误或找不到文件"。

（3）catch 区块通过处理传入的 Exception()类实例显示出错误信息、错误文件、错误所发生的行号。这些是通过直接调用 Exception()类实例$exception 的内置类方法获得的。错误信息由 getMessage()生成，错误文件由 getFile()生成，错误发生行由 getLine()生成。

（4）@fclose()和 @$fp= fopen()中的"@"表示屏蔽此命令执行中产生的错误信息。

9.7 高手甜点

甜点 1：处理异常有什么规则？

在处理异常时，有以下规则需要用户牢牢掌握。

（1）需要进行异常处理的代码应该放入 try 代码块内，以便捕获潜在的异常。

（2）每个 try 或 throw 代码块必须至少拥有一个对应的 catch 代码块。

（3）使用多个 catch 代码块可以捕获不同种类的异常。

（4）可以在 try 代码块内的 catch 代码块中再次抛出（re-thrown）异常。

甜点 2：如何隐藏错误信息？

PHP 提供了一种隐藏错误的方法，就是在被调用的函数名前加 "@" 符号，以隐藏可能由于这个函数导致的错误信息，例如：

```php
<?php
$ab=fopen("123.txt","r");          // 打开指定的文件
fclose();                          // 关闭指定的文件
?>
```

由于指定的文件不存在，因此这个程序运行后会弹出如图 9-17 所示的错误信息。

图 9-17 程序的运行结果

如果在 fopen()函数和 fclose()函数前加上 "@" 符号，再次运行程序时就不会出现上述错误信息。这种隐藏信息的方法对于查找错误的位置是很有帮助的。

甜点 3：PHP 7 在异常处理方面有什么新变化？

PHP 7 改变了大多数错误的报告方式。不同于 PHP 5 的传统错误报告机制，现在大多数错误被作为 Error 异常抛出。这种 Error 异常可以像普通异常一样被 try/catch 块所捕获。如果没有匹配的 try/catch 块，则按照传统方式处理：被报告为一个致命错误（Fatal Error）。

第 10 章　PHP 与 Web 页面交互

学习目标 Objective

PHP 是一种专门用于 Web 开发的服务器端脚本语言。从这个描述可以知道，PHP 要打交道的对象主要有服务器（Server）和基于 Web 的 HTML（超文本标记语言）。使用 PHP 处理 Web 应用时，需要把 PHP 代码嵌入 HTML 文件中。每次当这个 HTML 网页被访问时，其中嵌入的 PHP 代码就会被执行，并且返回给请求浏览器以生成好的 HTML。换句话说，在上述过程中，PHP 就是用来被执行且生成 HTML 的。本章主要讲述 PHP 与 Web 页面的交互操作技术。

内容导航 Navigation

- 了解使用动态内容
- 掌握表单与 PHP 的联系
- 掌握表单设计的方法
- 掌握传递数据的方法
- 掌握获取表单数据的方法
- 掌握对 URL 传递的参数进行编码的方法

10.1　使用动态内容

为什么要使用动态内容呢？因为动态内容可以给网站使用者不同的和实时变化的内容，可以极大地提高网站的可用性。如果 Web 应用都只是使用静态内容，则 Web 编程完全不用引入 PHP、JSP 和 ASP 等服务器端脚本语言。通俗地说，使用 PHP 语言的主要原因之一就是使用动态内容。

下面介绍使用动态内容的案例。此例中，在不涉及变量和数据类型的情况下将使用 PHP 中的一个内置函数来获得动态内容。此动态内容就是调用 date()函数获得 Web 服务器的时间。

【例 10.1】（实例文件：源文件\ch10\10.1.php）

```
<HTML>
<HEAD>
<h2>
PHP Tells time. - PHP 告诉我们时间。
</h2>
</HEAD>
<BODY>
<?php date_default_timezone_set("PRC");
    echo "现在的时间为: ";
```

```
echo date("H:i:s Y m d");
?>
</BODY>
</HTML>
```

本程序的运行结果如图 10-1 所示。过一段时间再次运行上述 PHP 页面，即可看到显示的内容发生了动态变化，如图 10-2 所示。

图 10-1　程序的运行结果

图 10-2　时间发生了变化

【案例分析】

（1）"PHP Tells time. - PHP 告诉我们时间。"是 HTML 中的"<HEAD><h2>PHP Tells time. - PHP 告诉我们时间。</h2></HEAD>"所生成的。后面的"现在的时间为：19:21:32 2020 02 07"是由"<?php echo "现在的时间为："; echo date("H:i:s Y m d"); ?>"生成的。

（2）因为"现在的时间为：19:22:09 2020 02 07"是由 date()函数动态生成并且实时更新的，所以再次打开或刷新此文件，PHP 代码将被再次执行，所输出的时间也会发生改变。

（3）通过调用 date()函数处理系统时间，得到动态内容。时间处理是 PHP 中一项重要的功能。

10.2　表单与 PHP

无论是一般的企业网站还是复杂的网络应用，都离不开数据的添加。通过 PHP 服务器端脚本语言，程序可以处理那些通过浏览器对 Web 应用进行数据调用或添加的请求。

回忆一下平常使用的网站数据输入功能，无论是 Web 邮箱还是 QQ 留言，都经常要填一些表格，再由这些表格把数据发送出去，完成这个工作的部件就是"表单（form）"。

虽然表单是 HTML 语言的内容，但是 PHP 与表单变量的衔接是无缝的。PHP 关心的是怎么获得和使用表单中的数据。由于 PHP 功能强大，因此可以很轻松地对它们进行处理。

处理表单数据的基本过程是：数据从 Web 表单发送到 PHP 代码，经过处理再生成 HTML 输出。它的处理原理是：当 PHP 处理一个页面的时候会检查 URL、表单数据、上传文件、可用 cookie、Web 服务器和环境变量，如果有可用信息，就可以通过 PHP 访问自动全局变量数组$_GET、$_POST、$_FILES、$_COOKIE、$_SERVER 和$_ENV 来获得。

10.3　表单设计

表单是一个比较特殊的组件，在 HTML 中有着比较特殊的功能与结构。下面了解一下表单的基本元素。

10.3.1　表单的基本结构

表单的基本结构是由<form></form>标签包裹的区域，例如：

```
<HTML>
<HEAD></HEAD>
<BODY>
<form action=" " method=" " enctype=" " >
    ……
</form>
</BODY>
</HTML>
```

其中，<form>标签内必须包含属性。action 指定数据所要发送的对象文件，method 指定数据传输的方式。如果在进行上传文件等操作，还要定义 enctype 属性以指定数据类型。

10.3.2　文本框

文本框是表单输入框中最为常见的。下面通过例子讲述文本框的使用方法。

步骤 01　在网站根目录下创建 phpform 文件夹，然后在其下创建文件 formdemo.html，文件代码如下：

```
<HTML>
<HEAD>
</HEAD>
<BODY>
<form action="formdemohandler.php" method="post">
<h3>输入一个信息（比如名称）: </h3>
<input type="text" name="name" size="10" />
</form>
</BODY>
</HTML>
```

步骤 02　在 phpform 文件夹下创建文件 formdemohandler.php，文件代码如下：

```
<?php
$name = $_POST['name'];
echo $name;
?>
```

运行这个 formdemo.html 程序，结果如图 10-3 所示。

图 10-3　程序的运行结果

173

【案例分析】

（1）<input type="text" name="name" size="10" />语句定义了表单的文本框。定义一个输入框为文本框的必要因素为：

```
<input type="text" …… />
```

其他的属性则如实例中一样，可以定义文本框的 name 属性，以确认此文本框的唯一性，定义 size 属性以确认此文本框的长度。

（2）在 formdemohandler.php 文件中，使文本框的 name 值为'name'。

10.3.3　选项框

复选框可用于选择一项或者多项。通过修改 formdemo 的例子加以说明，具体操作步骤如下。

步骤 01　在 phpform 文件夹下修改文件 formdemo.html。

```
<HTML>
<HEAD></HEAD>
<BODY>
<form action="formdemohandler.php" method="post">
<h3>输入一个信息（比如名称）: </h3>
<input type="text" name="name" size="10" />
<h3>确认此项（可复选）: </h3>
<input type="checkbox" name="achecked" checked="checked" value="1" />
选择此项传递的 A 项的 value 值。
<input type="checkbox" name="bchecked"  value="2" />
选择此项传递的 B 项的 value 值。
<input type="checkbox" name="cchecked"  value="3" />
选择此项传递的 C 项的 value 值。
</form>
</BODY>
</HTML>
```

步骤 02　在 phpform 文件夹下修改文件 formdemohandler.php。

```
<?php
$name = $_POST['name'];
if(isset($_POST['achecked'])){
  $achecked = $_POST['achecked'];
}
if(isset($_POST['bchecked'])){
$bchecked = $_POST['bchecked'];
}
if(isset($_POST['cchecked'])){
$cchecked = $_POST['cchecked'];

$aradio = $_POST['aradio'];
$aselect = $_POST['aselect'];
echo $name."<br>";
```

```
if(isset($achecked) and $achecked == 1){
    echo "选项 A 的 value 值已经被正确传递。<br>";
}else{
    echo "选项 A 没有被选择，其 value 值没有被传递。<br>";
}
if(isset($bchecked) and $bchecked == 2){
    echo "选项 B 的 value 值已经被正确传递。<br>";
}else{
    echo "选项 B 没有被选择，其 value 值没有被传递。<br>";
}
if(isset($cchecked) and $cchecked == 3){
    echo "选项 C 的 value 值已经被正确传递。<br>";
}else{
    echo "选项 C 没有被选择，其 value 值没有被传递。<br>";
}
?>
```

步骤 03　运行 formdemo.html，结果如图 10-4 所示。

图 10-4　程序的运行结果

【案例分析】

（1）<input type="checkbox" name="achecked" checked="checked" value="1" />语句定义了复选框。定义一个 input 标签为复选框时需指定类型为 checkbox：

```
<input type="checkbox" …… />
```

定义为复选框之后，还需要定义复选框的 name 属性，以确定在服务器端程序的唯一性；定义 value 属性，以确定此选项所要传递的值；定义 checked 属性，以确定复选框的默认状态，若为 checked 则默认为选择，如果不定义此项，则默认为不选择。

（2）在 formdemohandler.php 文件中，定义选项的 name 值为'achecked'、'bchecked'、'cchecked'，并且根据 value 值做出判断。

10.3.4　单选按钮

下面通过案例来介绍如何使用单选按钮，仍然通过修改 formdemo 的例子加以说明，具体步骤如下：

步骤 **01**　在 phpform 文件夹下修改文件 formdemo.html。

```
<HTML>
<HEAD></HEAD>
<BODY>
<form action="formdemohandler.php" method="post">
......
<h3>单选一项：</h3>
<input type="radio"  name="aradio" value="a1" />蓝天
<input type="radio"  name="aradio" value="a2" checked="checked" />白云
<input type="radio"  name="aradio" value="a3" />大海
</form>
</BODY>
</HTML>
```

步骤 **02**　在 phpform 文件夹下修改文件 formdemohandler.php。

```php
<?php
$aradio = $_POST['aradio'];
echo $name;
......
if(isset($achecked) and $cchecked == 3){
   echo "选项C的value值已经被正确传递。<br>";
}else{
   echo "选项C没有被选择，其value值没有被传递。<br>";
}
 if($aradio == 'a1'){
    echo "蓝天";
 }else if($aradio == 'a2'){
    echo "白云";
 }else{
    echo "大海";
 }
?>
```

步骤 **03**　运行 formdemo.html，结果如图 10-5 所示。

图 10-5　程序的运行结果

【案例分析】

（1）<input type="radio"　name="aradio" value="a1" />语句定义了一个单选按钮。后面的<input type="radio"　name="aradio" value="a2" checked="checked" />和<input type="radio"　name="aradio" value="a3" />定义了另外两个单选按钮。

定义一个 input 标签为单选按钮时需指定类型为 radio：

```
<input type="radio" …… />
```

定义为单选按钮之后，还需要定义单选按钮的 name 属性，以确定在服务器端程序的唯一性；定义 value 属性，以确定此单选按钮所要传递的值；定义 checked 属性，以确定单选按钮的默认状态，若为 checked 则默认为选择，若不定义此项，则默认为不选择。

（2）在 formdemohandler.php 文件中，定义单选按钮的 name 值为"aradio"，然后用 if 语句对 aradio 传递的不同值做出判断，打印相应的值。

10.3.5　下拉列表

下面通过实例来介绍下拉列表的使用方法和技巧，仍然通过修改 formdemo 的例子加以说明，具体步骤如下：

步骤 01　在 phpform 文件夹下修改文件 formdemo.html，添加如下代码。

```
<HTML>
<HEAD></HEAD>
<BODY>
<form action="formdemohandler.php" method="post">
  ……
    <h3>在下拉菜单中选择一项：</h3>
    <select name="aselect" size="1">
        <option value="hainan">海南</option>
        <option value="qingdao" selected>青岛</option>
        <option value="beijing">北京</option>
        <option value="xizang">西藏</option>
    </select>
</form>
</BODY>
</HTML>
```

步骤 02　在 phpform 文件夹下修改文件 formdemohandler.php。

```
<?php
……
  $aselect = $_POST['aselect'];

  echo $name."<br>";
  ……
  }else{
    echo "大海";
  }
  if($aselect == 'hainan'){
```

```
    echo "海南";
}else if($aselect == 'qingdao'){
    echo "青岛";
}else if($aselect == 'beijing'){
    echo "北京";
}else{
    echo "郑州";
}

?>
```

步骤 03 运行 formdemo.html，结果如图 10-6 所示。

图 10-6 程序的运行结果

【案例分析】

（1）下拉列表是通过\<select>\</select>标签表示的，而下拉列表中的选项是通过包含在其中的
\<option>\</option>标签表示的。在\<select>标签中，name 定义下拉列表的 name 属性，以确认它的
唯一性。在\<option>标签中，value 定义需要传递的值。

（2）在 formdemohandler.php 文件中，设置选项的 name 值为"aselect"，然后用 if 语句对 aselect
传递的不同值做出判断，打印相应的值。

10.3.6 重置按钮

重置按钮用来重置表单中所有的输入数据。对于重置按钮的使用，仍然通过修改 formdemo 的
例子加以说明，具体操作步骤如下。

步骤 01 在文件夹下修改文件 formdemo.html。

```
<HTML>
<HEAD></HEAD>
<BODY>
<form action="formdemohandler.php" method="post">
……
```

```
    <h3>单击此按钮重置所有信息：</h3>
    <input type="RESET" value="重置">
</form>
</BODY>
</HTML>
```

步骤 **02**　运行 formdemo.html，结果如图 10-7 所示。

步骤 **03**　单击 "重置" 按钮，页面中所有输入数据被重置为默认值，如图 10-8 所示。

图 10-7　程序的运行结果　　　　　　　图 10-8　重置为默认值

由<input type="RESET" value="重置">语句可见，重置按钮是<input />标签的一种。定义一个 input 标签为单选项的必要因素为：

```
    <input type="reset" …… />
```

value 属性是按钮所显示的字符。

10.3.7　提交按钮

表单中的所有元素都已经设置完成，并且在相应的 PHP 文件中进行了处理。这时要想把 HTML 页面中所有的数据发送出去给相应 PHP 文件进行处理，就需要使用 submit 按钮，也就是 "提交" 按钮。下面添加 "提交" 按钮，并提交数据。

步骤 **01**　在 phpform 文件夹下修改文件 formdemo.html，最终代码如下：

```
<HTML>
<HEAD></HEAD>
<BODY>
<form action="formdemohandler.php" method="post">
    <h3>输入一个信息（比如名称）：</h3>
    <input type="text" name="name" size="10" />
    <h3>确认此项（可复选）：</h3>
    <input type="checkbox" name="achecked" checked="checked" value="1" />
    选择此项传递的 A 项的 value 值。
    <input type="checkbox" name="bchecked"  value="2" />
```

选择此项传递的 B 项的 value 值。

```
<input type="checkbox" name="cchecked"  value="3" />
```

选择此项传递的 C 项的 value 值。

```
<h3>单选一项：</h3>
<input type="radio"  name="aradio" value="a1" />蓝天
<input type="radio"  name="aradio" value="a2" checked="checked" />白云
<input type="radio"  name="aradio" value="a3" />大海
<h3>在下拉菜单中选择一项：</h3>
  <select name="aselect" size="1">
      <option value="hainan">海南</option>
      <option value="qingdao" selected>青岛</option>
      <option value="beijing">北京</option>
      <option value="xizang">西藏</option>
  </select>
  <h3>单击此按钮重置所有信息：</h3>
<input type="RESET" value="重置" />
<h3>单击此按钮提交所有信息到 formdemohandler.php 文件：</h3>
<input type="submit" value="提交" />
</form>
</BODY>
</HTML>
```

步骤 02 在 phpform 文件夹下修改文件 formdemohandler.php，最终代码如下：

```php
<?php
$name = $_POST['name'];
if(isset($_POST['achecked'])){
  $achecked = $_POST['achecked'];
}
if(isset($_POST['bchecked'])){
$bchecked = $_POST['bchecked'];
}
if(isset($_POST['cchecked'])){
$cchecked = $_POST['cchecked'];
}
$aradio = $_POST['aradio'];
$aselect = $_POST['aselect'];
echo $name."<br>";
if(isset($achecked) and $achecked == 1){
  echo "选项 A 的 value 值已经被正确传递。<br>";
}else{
  echo "选项 A 没有被选择，其 value 值没有被传递。<br>";
}
if(isset($bchecked) and $bchecked == 2){
  echo "选项 B 的 value 值已经被正确传递。<br>";
}else{
  echo "选项 B 没有被选择，其 value 值没有被传递。<br>";
}
if(isset($cchecked) and $cchecked == 3){
  echo "选项 C 的 value 值已经被正确传递。<br>";
}else{
  echo "选项 C 没有被选择，其 value 值没有被传递。<br>";
}
```

```
if($aradio == 'a1'){
    echo "蓝天<br>";
}else if($aradio == 'a2'){
    echo "白云<br>";
}else{
    echo "大海<br>";
}

if($aselect == 'hainan'){
    echo "海南<br>";
}else if($aselect == 'qingdao'){
    echo "青岛<br>";
}else if($aselect == 'beijing'){
    echo "北京<br>";
}else{
    echo "郑州";
}
?>
```

步骤 03　运行 formdemo.html，结果如图 10-9 所示。

步骤 04　单击"提交"按钮，页面跳转到 formdemohandler.php，输出结果如图 10-10 所示。

图 10-9　程序的运行结果　　　　　　　　图 10-10　提交数据

10.4　传递数据的两种方法

数据传递的常用方法有 POST 和 GET 两种，下面介绍这两种方法的使用技巧。

10.4.1　用 POST 方式传递数据

表单传递数据是通过 POST 和 GET 两种方式进行的。在定义表单属性时，要在 method 属性上定义使用哪种数据传递方式。

<form action="URI" method="post">定义了表单在把数据传递给目标文件的时候使用的是 POST 方式。<form action="URI" method="get">定义了表单在把数据传递给目标文件的时候使用的是 GET 方式。

POST 是比较常见的表单提交方式。通过 POST 方式提交的变量不受特定变量大小的限制,并且被传递的变量不会在浏览器地址栏里以 URL 的方式显示出来。

10.4.2 用 GET 方式传递数据

GET 方式比较有特点。通过 GET 方式提交的变量有大小限制,不能超过 100 个字符。它的变量名和与之相对应的变量值都会以 URL 的方式显示在浏览器地址栏中。所以,若传递大而敏感的数据,一般不使用此方式。

使用 GET 方式传递数据,通常使用 URL 连接来进行。下面对此操作进行讲解。

步骤01 在网站根目录下建立 getparam.php 文件,输入以下代码并保存。

```php
<?php
if(!$_GET['u'])
{
  echo '参数还没有输入。';
}else{
    $user=$_GET['u'];
    switch ($user){
        case 1:
            echo "用户是王小明";
             break;
        case 2:
            echo "用户是李丽丽";
             break;
    }
}
?>
```

步骤02 在浏览器地址栏中输入"http://localhost/getparam.php?u",并按【Enter】键确认,运行结果如图 10-11 所示。

步骤03 在浏览器地址栏中输入"http://localhost/getparam.php?u=1",并按【Enter】键确认,运行结果如图 10-12 所示。

步骤04 在浏览器地址栏中输入"http://localhost/getparam.php?u=2",并按【Enter】键确认,运行结果如图 10-13 所示。

图 10-11 程序的运行结果 1   图 10-12 程序的运行结果 2   图 10-13 程序的运行结果 3

【案例分析】

(1)在 URL 中,GET 方式通过"?"后面的数组元素的键名(这里是"u")来获得元素值。

(2)对元素赋值,使用"="。

(3)switch 条件语句做出判断并返回结果。

10.5　PHP 获取表单传递数据的方法

如果表单使用 POST 方式传递数据,则 PHP 要使用全局变量数组$_POST[]来读取所传递的数据。

表单中元素传递数据给$_POST[]全局变量数组,其数据以关联数组中的数组元素形式存在。以表单元素的名称属性为键名，以表单元素的输入数据或传递的数据为键值。

比如前面 formdemohandler.php 文件中$name = $_POST['name'];语句就是读取名为 name 的文本框中的数据。此数据以 name 为键名，以文本框输入的数据为键值。

再如$achecked = $_POST['achecked']语句，读取名为 achecked 的复选框传递的数据。此数据以 achecked 为键名，以复选框传递的数据为键值。

如果表单使用 GET 方式传递数据,则 PHP 要使用全局变量数组$_GET[]来读取所传递的数据。与$_POST[]相同，表单中元素传递数据给$_GET[]全局变量数组,其数据以关联数组中的数组元素形式存在。以表单元素的名称属性为键名，以表单元素的输入数据或传递的数据为键值。

10.6　PHP 对 URL 传递的参数进行编码

PHP 对 URL 中传递的参数进行编码，既可以实现对所传递数据的加密，又可以对无法通过浏览器传递的字符进行传递。要实现此操作，一般调用 urlencode()和 rawurlencode()函数。对此过程的反向操作调用 urldecode()和 rawurldecode()函数。

下面对此操作进行讲解，具体步骤如下。

步骤01　在网站根目录下建立 urlencode.php 文件，输入以下代码并保存。

```php
<?php
$user = '王小明 刘晓莉';                                    // 定义变量
$link1 = "index.php?userid=".urlencode($user)."<br>";      // 对字符串进行编码
$link2 = "index.php?userid=".rawurlencode($user)."<br>";   // 对字符串进行编码
echo $link1.$link2;
// 对编码的反向操作
echo urldecode($link1);
echo urldecode($link2);
echo rawurldecode($link2);
?>
```

步骤02　在浏览器地址栏中输入"http://localhost/urlencode.php"，并按 Enter 键确认，运行结果如图 10-14 所示。

图 10-14　程序的运行结果

【案例分析】

（1）在$link1 变量的赋值中，调用 urlencode()函数对一个中文字符串$user 进行编码。

（2）在$link2 变量的赋值中，调用 rawurlencode()函数对一个中文字符串$user 进行编码。

（3）这两种编码方式的区别在于对空格的处理，urlencode()函数将空格编码为"＋"，而 rawurlencode()函数将空格编码为"%20"。

（4）urldecode()函数实现对编码的反向操作。

10.7 实战演练——PHP 与 Web 表单的综合应用

下面进行处理表单数据的讲解。此实例将假设一名网络浏览者在某酒店网站上登记房间，具体步骤如下。

步骤 **01** 在网站根目录下建立一个 HTML 文件 form.html，输入以下代码并保存。

```
<HTML>
<HEAD><h2>GoodHome online booking form. - GoodHome 在线订房表。</h2></HEAD>
<BODY>
<form action="formhandler.php" method="post">
<table>
<tr bgcolor="#3399FF">
    <td>客人姓名:</td>
    <td><input type="text" name="customername" size="10" /></td>
</tr>
<tr bgcolor="#CCCCCC" >
    <td>到达时间:</td>
    <td><input type="text" name="arrivaltime" size="3" />天内</td>
</tr>
<tr bgcolor="#3399FF" >
    <td>联系电话:</td>
    <td><input type="text" name="phone" size="15" /></td>
</tr>
<tr bgcolor="#666666" >
    <td align="center"><input type="submit" value="确认订房信息" /></td>
</tr>
</table>
</form>
</BODY>
</HTML>
```

步骤 **02** 在浏览器地址栏中输入"http://localhost/form.html"，并按 Enter 键确认，运行结果如图 10-15 所示。

图 10-15　在线订房表首页

步骤 03　在相同目录下建立一个 PHP 文件 formhandler.php，输入以下代码并保存。

```php
<?php
$customername = $_POST['customername'];
$arrivaltime = $_POST['arrivaltime'];
$phone = $_POST['phone'];
echo '<p>订房确认信息:</p>';
echo '客人 '.$customername.'，您将会在 '.$arrivaltime.'天内到达。 您的联系电话是
'.$phone.'。';
?>
```

步骤 04　回到在浏览器中打开的 form.html 页面。在表单中输入数据，【客人姓名】为"王小明"、【到达时间】为"3"、【联系电话】为"1359XXXX377"， 单击【确认订房信息】按钮，浏览器会自动跳转到 formhandler.php 页面，显示结果如图 10-16 所示。

图 10-16　生成订房信息

【案例分析】

（1）在 form.html 中，form 通过 POST 方法把 3 个<input type="text" …. />中的文本数据发送给 formhandler.php。

（2）在 formhandler.php 中，读取数组$_POST 中的具体变量$_POST['customername']、$_POST['arrivaltime']和$_POST['phone']，并赋值给本地变量$customername、$arrivaltime 和$phone。然后，通过 echo 命令使用本地变量把信息生成 HTML 后输出给浏览器。

（3）"echo'客人 '.$customername.'，您将会在 '.$arrivaltime.' 天内到达。您的联系电话是 '.$phone.'。';"中的"."是字符串连接操作符，把不同部分的字符串连接在一起，在使用 echo 命令的时候经常会用到。

10.8 高手甜点

甜点 1：调用 urlencode()和 rawurlencode()函数需要注意什么？

如果配合 JavaScript 处理页面信息，要注意，urlencode()函数调用后"+"与 JavaScript 的冲突。由于在 JavaScript 中"+"是字符串类型的连接操作符，因此 JavaScript 在处理 URL 时无法识别其中的"+"，这时可以调用 rawurlencode()函数对其进行处理。

甜点 2：理解 GET 和 POST 的区别和联系。

两者的区别与联系如下。

（1）POST 是向服务器传送数据；GET 是从服务器上获取数据。

（2）POST 是通过 HTTP POST 机制将表单内各个字段与其内容放置在 HTML HEADER 中一起传送到 ACTION 属性所指的 URL 地址，用户看不到这个过程；GET 是把参数数据队列添加到提交表单的 ACTION 属性所指的 URL 中，值和表单内各个字段一一对应，在 URL 中可以看到。

（3）对于 GET 方式，服务器端用 Request.QueryString 获取变量的值；对于 POST 方式，服务器端用 Request.Form 获取提交的数据。

（4）POST 传送的数据量较大，一般默认为不受限制，理论上 IIS4 中最大量为 80KB、IIS5 中最大量为 100KB；GET 传送的数据量较小，不能大于 2KB。

（5）POST 安全性较高；GET 安全性非常低，但是执行效率比 POST 方法好。

（6）在添加、修改或删除数据时，建议用 POST 方式；在查询数据时，建议用 GET 方式。

（7）对于机密的信息或数据，建议用 POST 的数据提交方式。

第 11 章　文件与目录操作

学习目标|Objective

在前面的章节中已经实现了用表单发送数据给 PHP，PHP 再处理数据并输出 HTML 给浏览器。在这样的流程里，数据会直接被 PHP 代码处理成 HTML。如果想把数据存储起来，并在需要的时候读取和处理，该怎么办呢？这就是本章需要解决的问题。在 PHP 开发网站的过程中，文件的操作大致分为对普通文件的操作和对数据库文件的操作。本章主要讲述如何对普通文件进行写入和读取、目录的操作、文件的上传等操作。

内容导航|Navigation

- 掌握文件的基本操作方法
- 掌握目录的操作方法
- 掌握文件的上传方法
- 掌握访客计算器的制作方法

11.1　文件操作

在不使用数据库系统的情况下，数据可以通过文件来实现数据的存储和读取。这个数据存取的过程也是 PHP 处理文件的过程。这里涉及的文件是文本文件。

11.1.1　文件数据的写入

对于一个文件的"读"或"写"操作，基本操作步骤如下。

步骤 01　打开文件。

步骤 02　从文件里读取数据，或者向文件内写入数据。

步骤 03　关闭文件。

打开文件的前提是，文件首先是存在的。如果不存在，则需要建立一个文件，并且在所在的系统环境中代码应该对文件具有"读"或"写"的权限。

以下实例介绍 PHP 如何处理文件数据。在这个实例中需要把客人订房填写的信息保存到文件中，以便以后使用。

【例 11.1】（实例文件：源文件\ch11\11.1.html 和 11.1.php）

步骤 01　在 PHP 文件同目录下建立一个名称为 booked.txt 的文本文件，然后创建 11.1.html，
　　　　　写入如下代码：

```
<html>
<HEAD><h2>GoodHome 在线订房表（文件存储）。</h2></HEAD>
<BODY>
<form action="11.1.php" method="post">
<table>
<tr bgcolor="#3399FF" >
    <td>客户姓名:</td>
    <td><input type="text" name="customername" size="20" /></td>
</tr>
<tr bgcolor="#CCCCCC" >
    <td>客户性别: </td>
    <td>
     <select name="gender">
       <option value="m">男</option>
       <option value="f">女</option>
     </select>
  </td>
 </tr>
<tr bgcolor="#3399FF" >
    <td>到达时间:</td>
    <td>
     <select name="arrivaltime">
       <option value="1">一天后</option>
       <option value="2">两天后</option>
       <option value="3">三天后</option>
       <option value="4">四天后</option>
       <option value="5">五天后</option>
     </select>
  </td>
 </tr>
<tr bgcolor="#CCCCCC" >
    <td>电话:</td>
    <td><input type="text" name="phone" size="20" /></td>
</tr>
<tr bgcolor="#3399FF" >
    <td>email:</td>
    <td><input type="text" name="email" size="30" /></td>
</tr>
<tr bgcolor="#666666" >
    <td align="center"><input type="submit" value="确认订房信息" /></td>
</tr>
</table>
</form>
</BODY>
</HTML>
```

步骤 02　在 11.1.html 文件的同目录下创建 11.1.php 文件，代码如下：

```php
<?php
$DOCUMENT_ROOT = $_SERVER['DOCUMENT_ROOT'];
$customername = trim($_POST['customername']);
$gender = $_POST['gender'];
$arrivaltime = $_POST['arrivaltime'];
$phone = trim($_POST['phone']);
$email = trim($_POST['email']);

  if( $gender == "m"){
    $customer = "先生";
  }else{
    $customer = "女士";
  }

  $date = date("H:i:s Y m d");
  $string_to_be_added = $date."\t".$customername."\t".$customer." 将在
".$arrivaltime." 天后到达\t 联系电话: ".$phone."\t Email: ".$email ."\n";
  $fp = fopen("$DOCUMENT_ROOT/booked.txt",'ab');
  if(fwrite($fp, $string_to_be_added, strlen($string_to_be_added))){
    echo $customername."\t".$customer." ,您的订房信息已经保存。我们会通过 email 和电
话和您联系。";
  }else{
      echo "信息存储出现错误。";
  }
  fclose($fp);
?>
```

步骤 03　运行 11.1.html 文件，最终效果如图 11-1 所示。

图 11-1　程序的运行效果

步骤 04　在表单中输入数据，设置【客户姓名】为 "李莉莉"、【客户性别】为 "女"、【到
达时间】为 "三天后"、【电话】为 "159XXXXX266"。单击【确认订房信息】按
钮，浏览器会自动跳转到 formfilehandler.php 页面，并且同时把数据写入 booked.txt。
如果之前没有创建 booked.txt 文件，PHP 会自动创建。这个程序的运行结果如图 11-2
所示。

189

图 11-2　程序的运行结果

连续写入几次不同的数据，保存到 booked.txt 中。用写字板打开 booked.txt，结果如图 11-3 所示。如果不能写入信息，请检查是否具有向硬盘的文件写入信息的权限。

图 11-3　打开 booked.txt

【案例分析】

（1）其中，"$DOCUMENT_ROOT = $_SERVER['DOCUMENT_ROOT']；"通过使用超全局数组$_SERVER 来确定本系统文件的根目录。在 Windows 桌面开发环境中的目录是 c:/wamp/www/。

（2）$customername、$arrivaltime、$phone 为 form4file.html 通过 POST 方法给 formfilehandler.php 传递的数据。

（3）$date 为调用 date()函数写入信息时的系统时间。

（4）$string_to_be_added 是要写入 booked.txt 文件的字符串数据。它的格式是通过"\t"和"\n"来完成的。其中，"\t"是 tab，"\n"是换新行。

（5）"$fp = fopen("$DOCUMENT_ROOT/booked.txt",'ab');"调用 fopen( )函数打开文件并赋值给变量 $fp。fopen( ) 函数的格式是 fopen("Path", "Parameter")。其中，"$DOCUMENT_ROOT/booked.txt"是路径（Path），'ab'是参数（Parameter）。'ab'中的 a 是指在原有文件上继续写入数据，b 是规定写入的数据是二进制（binary）的数据模式。

（6）"fwrite($fp, $string_to_be_added, strlen($string_to_be_added));"对已经打开的文件进行写入操作。strlen($string_to_be_added)通过调用 strlen()函数给出所要写入字符串数据的长度。

（7）在写入操作完成之后，调用 fclose()函数关闭文件。

11.1.2　文件数据的读取

到目前为止，数据写入到了文件中，而且文件可以直接被打开，以查看数据并对数据进行其他操作。学习 PHP 的一个重要目的是要通过浏览器对数据进行读取和使用，那么如何读取数据并且通过浏览器进行展示呢？

下面通过实例来介绍对文件数据的读取。

【例 11.2】（实例文件：源文件\ch11\11.2.php）

```php
<?php
// 确认文件路径
$DOCUMENT_ROOT = $_SERVER['DOCUMENT_ROOT'];
// 确认文件是否存在
@$fp = fopen("$DOCUMENT_ROOT/booked.txt",'rb');
if(!$fp){
    echo "没有订房信息。";
  exit;
}
// 循环输出文件内容
while (!feof($fp)){
    $order = fgets($fp, 2048);
    echo $order. "<br>";
}
fclose($fp);      // 关闭文件
?>
```

本程序的运行结果如图 11-4 所示。

图 11-4　程序的运行结果

【案例分析】

（1）"$DOCUMENT_ROOT = $_SERVER['DOCUMENT_ROOT'];"确认文件位置。

（2）fopen()通过参数 rb 打开 booked.txt 文件进行二进制读取。读取内容赋值给变量$fp。$fp 前的@符号用来排除错误提示。

（3）if 语句表示，如果变量$fp 为空，则显示"没有订房信息。"且退出。

（4）在 while 循环中，!feof($fp)表示只要不到文件尾就继续 while 循环。循环中 fgets()读取变量$fp 中的内容并赋值给$order。

（5）fgets()中的参数 2048 表示允许读取的最长字节数为 2048-1=2047 字节。

（6）fclose()关闭文件。

无论是读文件还是写文件，其实文件在调用 fopen()函数打开的时候就确定了文件模式，即打开某个特定的文件是用来做什么的。fopen()函数中的参数及其用途如表 11-1 所示。

表 11-1　fopen()函数中的参数及其用途

参数	含义	说明
r	读取	打开文件用于读取，且从文件头开始读取
r+	读取	打开文件用于读取和写入，且从文件头开始读取和写入
w	写入	打开文件用于写入，且从文件头开始写入。如果文件已经存在，则清空原有内容；如果文件不存在，则创建此文件
w+	写入	打开文件用于写入和读取，且从文件头开始写入。如果文件已经存在，则清空原有内容；如果文件不存在，则创建此文件
x	谨慎写入	打开文件用于写入，且从文件头开始写入。如果文件已经存在，则不会被打开，同时 fopen 返回 false，且 PHP 生成警告
x+	谨慎写入	打开文件用于写入和读取，且从文件头开始写入。如果文件已经存在，则不会被打开，同时 fopen 返回 false，且 PHP 生成警告
a	添加	打开文件仅用于添加写入，且在已存在的内容之后写入。如果文件不存在，则创建此文件
a+	添加	打开文件用于添加写入和读取，且在已存在的内容之后写入。如果文件不存在，则创建此文件
b	二进制（binary）	二进制文件模式无论是在 Linux 还是 Windows 下都可使用，一般情况下选择二进制模式
t	文本（text）	文本模式只能在 Windows 下使用

注：b 和 t 是文件模式，配合其他参数使用。

11.2　目录操作

在 PHP 中，利用相关函数可以实现对目录的操作。常见目录操作函数的使用方法和技巧如下。

1. string getcwd (void)

该函数主要用于获取当前的工作目录，返回的是字符串。下面举例说明此函数的使用方法。

【例 11.3】（实例文件：源文件\ch11\11.3.php）

```php
<?php
$d1=getcwd();        // 获取当前路径
echo getcwd();       // 输出当前目录
?>
```

本程序的运行结果如图 11-5 所示。

图 11-5　程序的运行效果

2. array scandir (string directory, [int sorting_order])

返回一个 array，包含 directory 中的文件和目录。如果 directory 不是一个目录，则返回布尔值 false，并产生一条 E_WARNING 级别的错误。在默认情况下，返回值是按照字母顺序升序排列的。如果使用了可选参数 sorting_order（设为 1），则按照字母顺序降序排列。

下面举例说明此函数的使用方法。

【例 11.4】（实例文件：源文件\ch11\11.4.php）

```php
<?php
$dir='C:\wamp\www\code\ch11';    // 定义指定的目录
$files1 = scandir($dir);         // 列出指定目录中的文件和目录
$files2 = scandir($dir, 1);
print_r($files1);                // 输出指定目录中的文件和目录
print_r($files2);
?>
```

本程序的运行结果如图 11-6 所示。

图 11-6　程序的运行效果

3. new dir(string directory)

此函数模仿面向对象机制，将指定的目录名转换为一个对象并返回，使用说明如下。

```
class dir {
   dir ( string directory)
   string path
   resource handle
   string read ( void )
   void rewind ( void )
   void close ( void )
}
```

其中，handle 属性的含义为目录句柄，path 属性的含义为打开目录的路径，read(void)函数的含义为读取目录，rewind(void)函数的含义为复位目录，close(void)函数的含义为关闭目录。

193

下面通过实例说明此函数的使用方法。

【例 11.5】（实例文件：源文件\ch11\11.5.php）

```php
<?php
$d2 = dir("C:\wamp\www\code\ch11");          // 定义目录
echo "Handle: ".$d2->handle."<br>\n";          // 输出目录句柄
echo "Path: ".$d2->path."<br>\n";              // 输出目录的路径
while (false !== ($entry = $d2->read())) {
    echo $entry."<br>\n";
}
$d2->close();
?>
```

本程序的运行结果如图 11-7 所示。

图 11-7　程序的运行效果

4. chdir（string directory）

此函数将 PHP 的当前目录改为 directory。如果成功就返回 true，失败则返回 false。下面举例说明此函数的使用方法。

【例 11.6】（实例文件：源文件\ch11\11.6.php）

```php
<?php
if(chdir("C:\wamp\www\code")){
    echo "当前目录更改为：C:\wamp\www\code <br>";
}else{
    echo "当前目录更改失败了";
}
?>
```

本程序的运行结果如图 11-8 所示。

图 11-8　程序的运行效果

5. void closedir(resource dir_handle)

此函数主要用于关闭由 dir_handle 指定的目录流，并且目录流必须已经被 opendir()函数打开。

6. resource opendir(string path)

此函数返回一个目录句柄，其中 path 为要打开的目录路径。如果 path 不是一个合法的目录或者因为权限限制或文件系统错误而不能打开目录，则返回 false 并产生一个 E_WARNING 级别的 PHP 错误信息。如果不想输出错误，可以在 opendir()前面加上"@"符号。

【例 11.7】（实例文件：源文件\ch11\11.7.php）

```php
<?php
$dir = "C:/wamp/www/code/ch11/";
// 打开一个目录，然后读取目录中的内容
if (is_dir($dir)) {
    if ($dh = opendir($dir)) {
        while (($file = readdir($dh)) !== false) {
            print "filename: $file : filetype: " . filetype($dir . $file) . "\n";
        }
        closedir($dh);
    }
}
```

本程序的运行结果如图 11-9 所示。

图 11-9　程序的运行效果

其中，is_dir()函数主要判断给定文件名是否是一个目录，readdir()函数从目录句柄中读取条目，closedir()函数关闭目录句柄。

7. string readdir(resource dir_handle)

该函数主要返回目录中下一个文件的文件名。文件名按照在文件系统中的排序返回。

【例 11.8】（实例文件：源文件\ch11\11.8.php）

```php
<?php
// 注意在 4.0.0-RC2 之前不存在"!=="运算符
if ($handle = opendir('C:\wamp\www\code\ch10')) {
    echo "Directory handle: $handle\n";
    echo "Files:\n";
    /* 这是正确遍历目录的方法 */
    while (false !== ($file = readdir($handle))) {
        echo "$file\n";
```

```
    }
    closedir($handle);
}
?>
```

本程序的运行结果如图 11-10 所示。

图 11-10　程序的运行效果

在遍历目录时，经常会写出下面类似的错误遍历方法。

```
/* 这是错误的遍历目录的方法 */
while ($file = readdir($handle)) {
    echo "$file\n";
}
```

11.3　文件的上传

在网络上，用户可以上传自己的文件。用户把一个文件上传到服务器，需要在客户端和服务器端建立一个通道来传递文件的字节流，并在服务器进行上传操作。实现这种功能的方法很多，下面介绍一种使用代码最少并且容易理解的方法。

11.3.1　全局变量$_FILES

通过使用 PHP 的全局变量$_FILES，用户可以从客户端向远程服务器上传文件。全局变量$_FILES 是一个二维数组，用于接收上传文件的信息，会保存表单中 type 值为 file 的提交信息，有 5 个主要字段，具体含义如下。

（1）$_FILES["file"]["name"]：存放上传文件的名称。
（2）$_FILES["file"]["type"]：存放上传文件的类型。
（3）$_FILES["file"]["size"]：存放上传文件的大小，以字节为单位。
（4）$_FILES["file"]["tmp_name"] ： 存放存储在服务器的文件的临时全路径。
（5）$_FILES["file"]["error"]：存放文件上传导致的错误代码。

在$_FILES["file"]["tmp_name"]中，/tmp 目录是默认的上传临时文件的存放地点，此时用户必须将文件从临时目录中删除或移到其他位置，如果没有，则上传的文件会自动被删除。可见，无论上传是否成功，程序最后都会自动删除临时目录中的文件，所以在删除前需要将上传的文件复制到其他位置，这样才算真正完成了上传文件的过程。

$_FILES["file"]["error"]中返回的错误代码常量对应的数值含义如下。

（1）UPLOAD_ERR_OK=0：表示没有发生任何错误。

（2）UPLOAD_ERR_INI_SIZE=1：表示上传文件的大小超过了约定值。

（3）UPLOAD_ERR_FORM_SIZE =2：表示上传文件的大小超过了 HTML 表单隐藏字段属性的 MAX_FILE_SIZE 元素所规定的最大值。

（4）UPLOAD_ERR_PARTIAL =3：表示文件只被部分上传。

（5）UPLOAD_ERR_NO_FILE =4：表示没有上传任何文件。

11.3.2　文件上传

在 PHP 中，调用 move_uploaded_file()函数可以将上传的文件移动到新位置。语法格式如下：

```
move_uploaded_file(file,newloc)
```

其中，file 为需要移动的文件，newloc 参数为文件的新位置。如果 file 指定的上传文件是合法的，则文件被移动到 newloc 指定的位置；如果 file 指定的上传文件不合法，则不会出现任何操作，move_uploaded_file()函数将返回 false；如果 file 指定的上传文件是合法的，但出于某些原因无法移动，不会出现任何操作，move_uploaded_file()函数将返回 false，此外还会发出一条警告。

> **提　示**
>
> move_uploaded_file()函数只能用于通过 HTTP POST 上传的文件。如果目标文件已经存在，则会被覆盖。

下面通过案例来学习上传图片文件的方法和技巧。

【例 11.9】（实例文件：源文件\ch11\11.9.html 和 11.9.php）

步骤 01　创建一个获取上传文件的页面，文件名为 11.9.html，代码如下：

```html
<html>
<head>
<title>上传图片文件</title>
</head>
<body>
<form action="11.9.php" method="post" enctype="multipart/form-data">
    <label for="file">文件名：</label>
    <input type="file" name="file" id="file"><br/>
    <input type="submit" name="submit" value="上传">
</form>
</body>
</html>
```

其中，<form action="11.9.php" method="post" enctype="multipart/form-data">语句中的 method 属性表示提交信息的方式是 post，即采用数据块；action 属性表示处理信息的页面为 11.9.php；ENCTYPE="multipart/form-data"表示以二进制的方式传递提交的数据。

步骤 02　创建一个实现文件上传功能的文件。为了设置和保存上传文件的路径，用户需要在创建文件的目录下新建一个名称为"upload"的文件夹。然后新建 11.9.php 文件，代码如下：

```php
<?php
// 允许上传的图片后缀
$allowedExts = array("gif", "jpeg", "jpg", "png");
$temp = explode(".", $_FILES["file"]["name"]);
echo $_FILES["file"]["size"];
$extension = end($temp);     // 获取文件后缀名
if ((($_FILES["file"]["type"] == "image/gif")
|| ($_FILES["file"]["type"] == "image/jpeg")
|| ($_FILES["file"]["type"] == "image/jpg")
|| ($_FILES["file"]["type"] == "image/pjpeg")
|| ($_FILES["file"]["type"] == "image/x-png")
|| ($_FILES["file"]["type"] == "image/png"))
&& ($_FILES["file"]["size"] < 204800)   // 小于 200 KB
&& in_array($extension, $allowedExts))
{
    if ($_FILES["file"]["error"] > 0)
    {
        echo "错误: : " . $_FILES["file"]["error"] . "<br/>";
    }
    else
    {
        echo "上传文件名: " . $_FILES["file"]["name"] . "<br/>";
        echo "文件类型: " . $_FILES["file"]["type"] . "<br/>";
        echo "文件大小: " . ($_FILES["file"]["size"] / 1024) . " KB<br/>";
        echo "文件临时存储的位置: " . $_FILES["file"]["tmp_name"] . "<br/>";

        // 判断当前目录下的 upload 目录是否存在该文件
        // 如果没有 upload 目录，就需要创建它，upload 目录权限为 777
        if (file_exists("upload/" . $_FILES["file"]["name"]))
        {
            echo $_FILES["file"]["name"] . " 文件已经存在。 ";
        }
        else
        {
            // 如果 upload 目录不存在该文件，则将文件上传到 upload 目录下
            move_uploaded_file($_FILES["file"]["tmp_name"], "upload/" .
$_FILES["file"]["name"]);
            echo "文件存储在: " . "upload/" . $_FILES["file"]["name"];
        }
    }
}
else
{
    echo "非法的文件格式";
}
?>
```

运行 11.9.html 网页程序，结果如图 11-11 所示。单击"浏览"按钮，选择需要上传的文件；单击"上传"按钮，跳转到 11.9.php 文件，如图 11-12 所示，实现了文件的上传操作。

图 11-11　上传文件

图 11-12　上传文件的信息

11.4　实战演练——编写文本类型的访客计算器

下面通过对文本文件的操作，利用相关函数编写一个简单的文本类型的访客计算器。

【例 11.10】（实例文件：源文件\ch11\11.10.php）

```php
<?php
if (!@$fp=fopen("coun.txt","r")){      // 以只读方式打开 coun.txt 文件
    echo "coun.txt 文件创建成功! <br>";
}
@$num=fgets($fp,12);                    // 读取 11 位数字
if ($num=="") $num=0;                   // 如果文件的内容为空，初始化为 0
    $num++;                             // 浏览次数加 1
    @fclose($fp);                       // 关闭文件
    $fp=fopen("coun.txt", "w");         // 以写入方式打开 coun.txt 文件
    fwrite($fp,$num);                   // 写入加 1 后的结果
    fclose($fp);                        // 关闭文件
    echo "您是第".$num."位浏览者!";      // 浏览器输出浏览次数
?>
```

程序第一次运行的结果如图 11-13 所示。

图 11-13　程序的运行效果

由结果可以看出，该程序首先创建一个 coun.txt 文本文件，用于保存浏览次数。打开这个文件，然后初始化数据为 0，并实现加 1 的操作。

11.5　高手甜点

甜点 1：如何批量上传多个文件？

本章讲述了如何上传单个文件，那么如何上传多个文件呢？只需要在表单中使用复选框，以数组方式提交语法即可。

提交的表单语句如下：

```
<form method="post" action="11.3.1.php" enctype="multipart/form-data">
    <table border=0 cellspacing=0 cellpadding=0 align=center width="100%">
        <input name="userfile[]" type="file"  value="浏览 1" >
        <input name=" userfile[]" type="file"  value="浏览 2" >
        <input name="f userfile[]" type="file"  value="浏览 3" >
        <input type="submit" value="上传" name="B1">
    </table>
</form>
```

甜点 2：如何从文件中读取一行？

在 PHP 网站开发中，支持从文件指针中读取一行。调用 string fgets(int handle, [int length])函数即可实现上述功能。其中，int handle 是要读入数据的文件流指针；int length 设置读取的字符个数，读入的字符个数为 length-1。如果没有指定 length，则默认为 1024 字节。

第 12 章 图形图像处理

📖📗 学习目标|Objective

PHP 不仅可以输出纯 HTML，还可以创建及操作多种不同图像格式的图像文件，包括 GIF、PNG、JPG、WBMP 和 XPM 等。更方便的是，PHP 可以直接将图像流输出到浏览器。要处理图像，需要在编译 PHP 时加上图像函数的 GD 库，另外还可以使用第三方的图形库。本章将讲述图形图像的处理方法和技巧。

📖📗 内容导航|Navigation

- 掌握在 PHP 中加载 GD 库的方法
- 掌握图形图像创建的基本方法
- 掌握 JpGraph 库的使用方法
- 掌握 3D 饼形图的制作方法

12.1 在 PHP 中加载 GD 库

PHP 中的图形图像处理功能要求有一个库文件的支持，即 GD2 库。PHP 7 自带此库。

在 Windows 10 系统环境下，删除 php.ini 文件中 extension=php_gd2.dll 前面的 ";" 即可，结果如图 12-1 所示。

图 12-1　修改 php.ini 配置文件

PHP 中常用图像函数的功能如表 12-1 所示。

表 12-1　图像函数的功能

函数	功能
gd_info	取得当前安装的 GD 库的信息
getimagesize	取得图像大小
image_type_to_mime_type	取得 getimagesize、exif_read_data、exif_thumbnail、exif_imagetype 所返回的图像类型的 MIME 类型
image2wbmp	以 WBMP 格式将图像输出到浏览器或文件

函数	功能
imagealphablending	设定图像的混色模式
imageantialias	是否使用 antialias 功能
imagearc	画椭圆弧
imagechar	水平地画一个字符
imagecharup	垂直地画一个字符
imagecolorallocate	为一幅图像分配颜色
imagecolorallocatealpha	为一幅图像分配颜色和透明度
imagecolorat	取得某像素的颜色索引值
imagecolorclosest	取得与指定的颜色最接近的颜色索引值
imagecolorclosestalpha	取得与指定的颜色最接近的颜色和透明度
imagecolorclosesthwb	取得与给定颜色最接近的色度的黑白色索引
imagecolordeallocate	取消图像颜色的分配
imagecolorexact	取得指定颜色的索引值
imagecolorexactalpha	取得指定颜色和透明度的索引值
imagecolormatch	使一幅图像中调色板版本的颜色与真彩色版本更能匹配
imagecolorresolve	取得指定颜色的索引值或有可能得到的最接近的替代值
imagecolorresolvealpha	取得指定颜色和透明度的索引值或有可能得到的最接近的替代值
imagecolorset	给指定调色板索引设定颜色
imagecolorsforindex	取得某索引的颜色
imagecolorstotal	取得一幅图像的调色板中颜色的数目
imagecolortransparent	将某个颜色定义为透明色
imagecopy	复制图像的一部分
imagecopymerge	复制并合并图像的一部分
imagecopymergegray	用灰度复制并合并图像的一部分
imagecopyresampled	重采样复制部分图像并调整大小
imagecopyresized	复制部分图像并调整大小
imagecreate	新建一幅基于调色板的图像
imagecreatefromgd2	从 GD2 文件或 URL 新建一幅图像
imagecreatefromgd2part	从给定的 GD2 文件或 URL 中的部分新建一幅图像
imagecreatefromgd	从 GD 文件或 URL 新建一幅图像
imagecreatefromgif	从 GIF 文件或 URL 新建一幅图像
imagecreatefromjpeg	从 JPEG 文件或 URL 新建一幅图像
imagecreatefrompng	从 PNG 文件或 URL 新建一幅图像
imagecreatefromstring	从字符串中的图像流新建一幅图像
imagecreatefromwbmp	从 WBMP 文件或 URL 新建一幅图像
imagecreatefromxbm	从 XBM 文件或 URL 新建一幅图像
imagecreatefromxpm	从 XPM 文件或 URL 新建一幅图像
imagecreatetruecolor	新建一幅真彩色图像
imagedashedline	画一条虚线
imagedestroy	销毁一幅图像
imageellipse	画一个椭圆
Imagefill	区域填充
imagefilledarc	画一个椭圆弧并填充
imagefilledellipse	画一个椭圆并填充
imagefilledpolygon	画一个多边形并填充

（续表）

函数	功能
imagefilledrectangle	画一个矩形并填充
imagefilltoborder	区域填充到指定颜色的边界为止
imagefontheight	取得字体高度
imagefontwidth	取得字体宽度
imageftbbox	取得使用 FreeType 2 字体的文本的范围
imagefttext	使用 FreeType 2 字体将文本写入图像
imagegd	将 GD 图像输出到浏览器或文件
imagegif	以 GIF 格式将图像输出到浏览器或文件
imagejpeg	以 JPEG 格式将图像输出到浏览器或文件
imageline	画一条直线
imagepng	将调色板从一幅图像复制到另一幅
imagepolygon	画一个多边形
imagerectangle	画一个矩形
imagerotate	用给定角度旋转图像
imagesetstyle	设定画线的风格
imagesetthickness	设定画线的宽度
imagesx	取得图像宽度
imagesy	取得图像高度
imagetruecolortopalette	将真彩色图像转换为调色板图像
imagettfbbox	取得使用 TrueType 字体的文本的范围
imagettftext	用 TrueType 字体向图像写入文本

12.2　图形图像的典型应用案例

下面讲述图形图像的经典应用案例。

12.2.1　创建一个简单的图像

使用 GD2 库文件，就像使用其他库文件一样。它是 PHP 的内置库文件，所以不需要在 PHP 文件中用 include 等函数进行调用。以下实例介绍图像的创建方法。

【例 12.1】（实例文件：源文件\ch12\12.1.php）

```php
<?php
$im = imagecreate(200,300);                   // 创建一个画布
$white = imagecolorallocate($im, 8,2,133);    // 设置画布的背景颜色为蓝色
imagegif($im);                                // 输出图像
?>
```

本程序的运行结果如图 12-2 所示。本实例调用 imagecreate()函数创建了一个宽为 200 像素、高为 300 像素的画布，并设置画布的 RGB 值为（8，2，133），最后输出一个 GIF 格式的图像。

图 12-2　程序的运行效果

提　示
调用 imagecreate(200,300)函数创建基于普通调色板的画布，支持 256 色，其中 200、300 为图像的宽度和高度，单位为像素。

上面的实例只是把图片输出到页面，那么如果保存需要的图片文件呢？下面通过实例进行介绍。

【例 12.2】（实例文件：源文件\ch12\12.2.php）

```php
<?php
$ysize =200;
$xsize =300;
$theimage = imagecreatetruecolor($xsize,$ysize);          // 创建图片画布大小
$color2 = imagecolorallocate($theimage, 8,2,133);         // 定义颜色 color2
$color3 = imagecolorallocate($theimage, 230,22,22);       // 定义颜色 color3
imagefill($theimage, 0, 0,$color2);
imagearc($theimage,100,100,150,200,0,270,$color3);         // 创建一个弧线
imagejpeg($theimage,"newimage.jpeg");                      // 生成 JPEG 格式的图片
// 输出 PNG 格式的图片
header('content-type: image/png');
imagepng($theimage);
imagedestroy($theimage);                                   // 清除对象，释放资源
?>
```

这个程序的运行结果如图 12-3 所示。同时，在程序所在的文件夹下生成一个名为 newimage.jpeg 的图片，其内容与页面显示相同。

图 12-3　程序的运行效果

【案例分析】

（1）imagecreatetruecolor()函数是用来创建图片画布的。它需要两个参数，一个是 x 轴的大小，另一个是 y 轴的大小。"$xsize =200;" 和 "$ysize =300;" 分别设置了两个参数的大小。"$theimage = imagecreatetruecolor($xsize,$ysize);" 使用这两个参数生成画布，并且赋值为$theimage。

（2）"imagearc($theimage,100,100,150,200,0,270,$color3);" 语句调用 imagearc()函数在画布上创建一个弧线。其中，$theimage 为目标画布；"100,100" 为弧线中心点的 x、y 坐标；"150,200" 为弧线的宽度和高度；"0,270" 为顺时针画弧线的起始度数和终点度数，在 0 到 360 度之间；$color3 为画弧线所使用的颜色。

（3）imagejpeg()函数生成 JPEG 格式的图片。"imagejpeg($theimage,"newimage.jpeg");" 把画布对象$theimage 生成一个名为 newimage.jpeg 的 JPEG 图像文件，并且直接存储在当前路径下。

（4）"header('content-type: image/png');" 和 "imagepng($theimage);" 向页面输出 PNG 格式的图片。

（5）最后，清除对象，释放资源。

12.2.2　使用 GD2 函数在照片上添加文字

在 12.2.1 节如果想在图片上添加文字，就需要修改图片，具体的过程为先读取图片再修改图片。

【例 12.3】（实例文件：源文件\ch12\12.3.php）

```php
<?php
$theimage = imagecreatefromjpeg('newimage.jpeg');// 读取图片并赋值给 theimage
$color1 = imagecolorallocate($theimage, 255,255,255);  // 创建颜色 color1
$color3 = imagecolorallocate($theimage, 230,22,22);    // 创建颜色 color3
// 向图片添加字符串
imagestring($theimage,5,60,100,'Text added to this image.',$color1);
// 处理输出到页面的 PNG 图片
header('content-type: image/png');
imagepng($theimage);
```

205

```
imagepng($theimage,'textimage.png');          // 创建 PNG 格式图片
imagedestroy($theimage);                       // 清除对象，释放资源
?>
```

本程序的运行结果如图 12-4 所示。同时，在程序所在的文件夹下生成一个名为 newimage.jpeg 的图片，其内容与页面显示相同。

图 12-4　程序的运行效果

【案例分析】

（1）"imagecreatefromjpeg('newimage.jpeg');"语句中的 imagecreatefromjpeg()函数从当前路径下读取 newimage.jpeg 图像文件，并且传递给$theimage 变量作为对象，以待操作。

（2）选取颜色后，"imagestring($theimage,5,60,100,'Text added to this image.',$color1);"语句中的 imagestring()函数向对象图片添加字符串'Text added to this image.'。在这些参数中，$theimage 为对象图片；"5"为字体类型，这个字体类型的参数从 1 到 5 代表不同的字体；"60,100"为字符串添加的起始 x 与 y 的坐标；'Text added to this image.'为要添加的字符串，现在的情况下只支持 asc 字符；$color1 为写字的颜色。

（3）"header('content-type: image/png');"和"imagepng($theimage);"语句共同处理输出到页面的 PNG 图片。之后"imagepng($theimage,'textimage.png');"语句创建文件名为 textimage.png 的 PNG 图片，并保存在当前路径下。

12.2.3　使用 TrueType 字体处理中文生成图片

字体处理在很大程度上是 PHP 图像处理经常要面对的问题。imagestring()函数默认的字体是十分有限的。这就要进入字体库文件，而 TrueType 字体是字体中极其常用的格式。比如在 Windows 下打开 C:\WINDOWS\Fonts 目录，就会出现很多字体文件，其中绝大部分是 TrueType 字体，如图 12-5 所示。

图 12-5　系统中的字体

PHP 使用 GD2 库，在 Windows 环境下，需要给出 TrueType 字体所在的文件夹路径，如在文件开头使用以下语句：

```
putenv('GDFONTPATH=C:\WINDOWS\Fonts');
```

使用 TrueType 字体也可以直接调用 imagettftext()函数，相当于调用 ttf 字体中的 imagestring()函数，imagettftext()函数的格式为：

```
Imagettftext(图片对象，字体大小，文字显示角度，起始 x 坐标，起始 y 坐标，文字颜色，
字体名称，文字信息)
```

另一个很重要的问题是，GD 库中的 imagettftext()函数默认无法支持中文字符并添加到图片中。这是因为 GD 库的 imagettftext()函数对于字符的编码采用的是 UTF-8 编码格式，而简体中文的默认格式为 GB2312。

下面介绍一个例子。

步骤01　把 C:\WINDOWS\Fonts 下的字体文件 simhei.ttf 复制到和文件 12.4.php 同一目录下。

步骤02　在网站目录下建立 12.4.php，输入以下代码并保存。

```php
<?php
$ysize =200;
$xsize =300;
$theimage = imagecreatetruecolor($xsize,$ysize);//创建画布、填充颜色color2
$color2 = imagecolorallocate($theimage, 8,2,133);   //定义颜色color2
$color3 = imagecolorallocate($theimage, 230,22,22); //定义颜色color3
imagefill($theimage, 0, 0,$color2);                 //给画布填充颜色color2
$fontname='simhei.ttf';                    //将黑体字的路径赋值给变量fontname
$zhtext = "这是一个把中文用黑体显示的图片。";
$text = iconv("GB2312", "UTF-8", $zhtext);      //中文编码转换为UTF-8
//将字符串写到画布上
imagettftext($theimage,12,0,20,100,$color3,$fontname,$text);
header('content-type: image/png');              //输出为png格式
imagepng($theimage);
```

207

```
    imagedestroy($theimage);                        //清除对象，释放资源
?>
```

本程序的运行结果如图 12-6 所示。

图 12-6　程序的运行效果

【案例分析】

（1）"imagefill($theimage, 0, 0,$color2);"语句用于创建画布、填充颜色。

（2）"$fontname='simhei.ttf';"语句确认当前目录下黑体字的 ttf 文件，并把路径赋值给$fontname 变量。

（3）$zhtext 中的字符为中文字符，编码为 GB2312。为了把其中的中文字符从 GB2312 编码转换为 UTF-8 编码，使用"$text =iconv("GB2312", "UTF-8", $zhtext);"语句，并把转换后的结果赋值给$text 变量。

（4）"imagettftext($theimage,12,0,20,100,$color3,$fontname,$text);"语句按照 imagettftext()函数的格式分别确认了参数。$theimage 为目标图片，"12"为字符的大小，"0"为显示的角度，"20,100"为字符串显示的初始 x 和 y 的值，$fontname 为已经设定的黑体，$text 为已经转换为 UTF-8 格式的中文字符。

12.3　JpGraph 库的使用

JpGraph 是一个功能强大且十分流行的 PHP 外部图形处理库文件，是建立在内部库文件 GD2 库之上的。它的优点是建立了很多方便操作的对象和函数，能够大大简化使用 GD 库对图形进行处理的编程过程。

12.3.1　JpGraph 的安装

JpGraph 的安装就是 PHP 对 JpGraph 类库的调用，可以采用多种形式。但是，首先都需要到 JpGraph 的官方网站下载类库文件的压缩包。到 http://jpgraph.net/download/下载最新的压缩包。解压以后，如果是 Linux 系统，可以把它放置在 lib 目录下，并且使用下面的语句重命名此类库的文件夹：

```
ln -s jpgraph-4.x jpgraph
```

如果是 Windows 系统，在本机 WAMP 的环境下，则可以把类库文件夹放在 www 目录下，或者放置在项目的文件夹下，如图 12-7 所示。

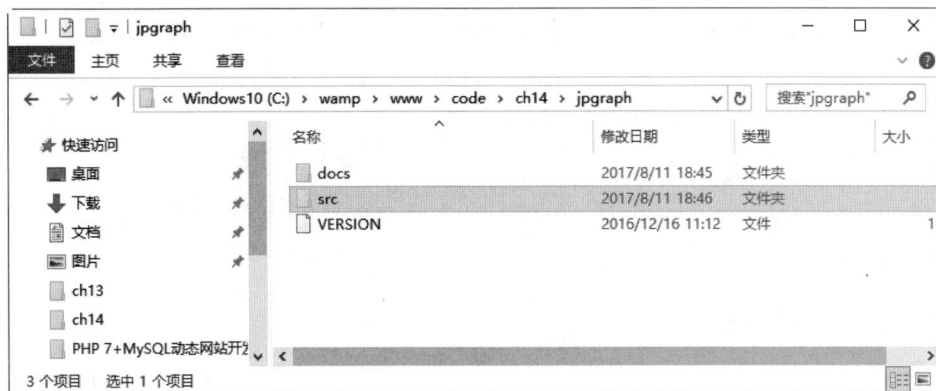

图 12-7　JpGraph 库的文件夹

其中各个文件的含义如下。

（1）docs 文件夹：包含 JpGraph 的开发文档。

（2）src 文件夹：图表生成所依赖的代码包。

（3）src\Examples 文件夹：里面包含许多实例，利用它们可以制作各种各样的图表。

（4）docs\chunkhtml 文件夹：里面有许多案例并附有图表。

在程序中引用的时候，直接使用 require_once()命令，并且指出 JpGraph 类库相对于此应用的路径。

在本机环境下，把 jpgraph 文件夹放置在 C:\wamp\www\code\ch12 文件夹下。在应用程序的文件中加载此库，使用"require_once ('jpgraph/src/jpgraph.php');"即可。

12.3.2　JpGraph 的配置

使用 JpGraph 类前，需要对 PHP 系统的一些限制性参数进行修改。具体修改以下 3 方面的内容。

● 需要到 php.ini 中修改内存限制，memory_limit 至少为 32MB，本机环境为 memory_limit = 128MB。

● 最大执行时间 max_execution_time 要增加，即 max_execution_time = 120。

● 用";"注释掉 output_buffering 选项。

安装设置生效以后，就可以使用此类库了。由于 JpGraph 有很多实例，因此读者可以轻松地通过实例来学习。

12.4　制作圆形统计图

JpGraph 库安装设置生效以后，就可以使用此类库了。由于 JpGraph 有很多实例，因此读者可以轻松地通过实例来学习。

下面通过圆形统计图的例子来了解 JpGraph 类的使用方法和技巧，具体步骤如下。

步骤 01 找到安装过的 jpgraph 类库文件夹，在其下的 src 文件夹下找到 Examples 文件夹。找到 balloonex1.php 文件，将其复制到 ch12 文件夹下。其代码如下：

```php
<?php
// content="text/plain; charset=utf-8"
// $Id: balloonex1.php,v 1.5 2002/12/15 16:08:51 aditus Exp $
date_default_timezone_set('Asia/Chongqing');
require_once ('jpgraph/jpgraph.php');
require_once ('jpgraph//jpgraph_scatter.php');

// Some data
$datax = array(1,2,3,4,5,6,7,8);
$datay = array(12,23,95,18,65,28,86,44);
// Callback for markers
// Must return array(width,color,fill_color)
// If any of the returned values are "" then the
// default value for that parameter will be used.
function FCallback($aVal) {
    // This callback will adjust the fill color and size of
    // the datapoint according to the data value according to
    if( $aVal < 30 ) $c = "blue";
    elseif( $aVal < 70 ) $c = "green";
    else $c="red";
    return array(floor($aVal/3),"",$c);
}

// Setup a basic graph
$graph = new Graph(400,300,'auto');
$graph->SetScale("linlin");
$graph->img->SetMargin(40,100,40,40);
$graph->SetShadow();
$graph->title->Set("Example of ballon scatter plot");
// Use a lot of grace to get large scales
$graph->yaxis->scale->SetGrace(50,10);

// Make sure X-axis as at the bottom of the graph
$graph->xaxis->SetPos('min');

// Create the scatter plot
$sp1 = new ScatterPlot($datay,$datax);
$sp1->mark->SetType(MARK_FILLEDCIRCLE);

// Uncomment the following two lines to display the values
$sp1->value->Show();
$sp1->value->SetFont(FF_FONT1,FS_BOLD);

// Specify the callback
$sp1->mark->SetCallback("FCallback");
```

```
// Setup the legend for plot
$sp1->SetLegend('Year 2002');

// Add the scatter plot to the graph
$graph->Add($sp1);

// ... and send to browser
$graph->Stroke();

?>
```

步骤 **02**　修改 "require_once('jpgraph/jpgraph.php');" 为 "require_once('jpgraph/src/jpgraph.php');"，修改 "require_once('jpgraph/jpgraph_scatter.php');" 为 "require_once('jpgraph/src/jpgraph_scatter.php');"，以加载本机 JpGraph 类库。

步骤 **03**　运行 balloonex1.php，结果如图 12-8 所示。

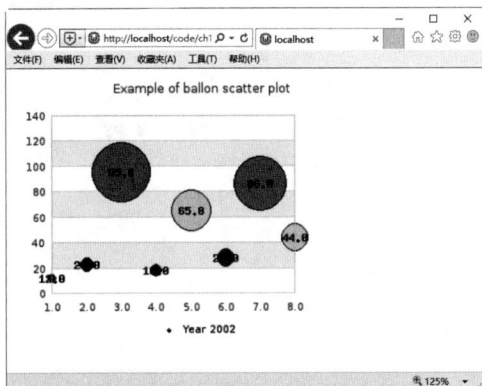

图 12-8　balloonex1.php 页面的效果

【案例分析】

（1）"require_once('jpgraph/src/jpgraph.php');" 语句和 "require_once('jpgraph/src/jpgraph_scatter.php');" 语句加载了 JpGraph 基本类库 jpgraph.php 和圆形图类库 jpgraph_bar.php。

（2）$datax 和 $datay 定义了两组要表现的数据。

（3）function FCallback($aVal){} 函数定义了不同数值范围内的图形的颜色。

（4）"$graph = new Graph(400,300,'auto');" 语句生成图形，"$graph->SetScale("linlin");" 生成刻度，"$graph->img->SetMargin(40,100,40,40);" 设置图形边框，"$graph->SetShadow();" 设置阴影，"$graph->title->Set("Example of ballon scatter plot");" 设置标题，"$graph->xaxis->SetPos('min');" 设置 x 轴的位置为初始值。

（5）"$sp1 = new ScatterPlot($datay,$datax);" 生成数据表示图，"$sp1->mark->SetType(MARK_FILLEDCIRCLE);" 设置数据表示图的类型，"$sp1->value->Show();" 展示数据表示图，"$sp1->value->SetFont(FF_FONT1,FS_BOLD);" 设置展示图的字体，"$sp1->SetLegend('Year 2002');" 设置标题。

（6）"$graph->Add($sp1);"添加数据展示图到整体图形中。

（7）"$graph->Stroke();"语句表示把此图传递到浏览器中显示。

12.5　实战演练——制作 3D 饼形统计图

下面通过 3D 饼形统计图的介绍来了解 JpGraph 类的使用方法和技巧。

步骤 01　找到安装过的 JpGraph 类库文件夹，在其下的 src 文件夹下找到 Examples 文件夹。找到 pie3dex3.php 文件，将其复制到 ch12 文件夹下。打开查看，代码如下：

```php
<?php
require_once('jpgraph/ jpgraph.php');
require_once('jpgraph/jpgraph_pie.php');
require_once('jpgraph/jpgaph_pie3d.php');
$data = array(20,27,45,75,90);
$graph = new PieGraph(450,200);
$graph->SetShadow();
$graph->title->Set("Example 1 3D Pie plot");
$graph->title->SetFont(FF_VERDANA,FS_BOLD,18);
$graph->title->SetColor("darkblue");
$graph->legend->Pos(0.5,0.8);
$p1 = new PiePlot3d($data);
$p1->SetTheme("sand");
$p1->SetCenter(0.4);
$p1->SetAngle(30);
$p1->value->SetFont(FF_ARIAL,FS_NORMAL,12);
$p1->SetLegends(array("Jan","Feb","Mar","Apr","May","Jun","Jul",
"Aug","Sep","Oct"));
$graph->Add($p1);
$graph->Stroke();
?>
```

步骤 02　修改"require_once('jpgraph/jpgraph.php');"为"require_once('jpgraph/src/jpgraph.php');"，修改"require_once('jpgraph/jpgraph_pie.php');"为"require_once('jpgraph/src/jpgraph_pie.php');"，修改"require_once('jpgraph/jpgraph_pie3d.php');"为"require_once('jpgraph/src/jpgraph_pie3d. php');"，目的是加载本机 JpGraph 类库。

步骤 03　运行 pie3dex3.php，结果如图 12-9 所示。

图 12-9　运行 pie3dex3.php 的页面效果

【案例分析】

（1）"require_once('jpgraph/src/jpgraph.php');"语句、"require_once('jpgraph/jpgraph_pie.php');"和"require_once('jpgraph/jpgraph_pie3d.php');"语句加载了 JpGraph 基本类库 jpgraph.php、饼形图类库 jpgraph_pie.php 和 3D 饼形图类库 jpgraph_pie3d.php。

（2）$data 定义了要表现的数据。

（3）"$graph = new PieGraph(450,200);"生成图形，"$graph->SetShadow();"设置阴影。

（4）"$graph->title->Set("Example 1 3D Pie plot");"设置标题，"$graph->title->SetFont(FF_VERDANA,FS_BOLD,18);"设置字体和字体大小，"$graph->title->SetColor("darkblue");"设置颜色，"$graph->legend->Pos(0.5,0.8);"设置图例在整个图形中的位置。

（5）"$p1 = new PiePlot3d($data);"生成饼形图，"$p1->SetTheme("sand");"设置饼形图模板，"$p1->SetCenter(0.4);"设置饼形图的中心，"$p1->SetAngle(30);"设置饼形图角度，"$p1->value->SetFont(FF_ARIAL,FS_NORMAL,12);"设置字体，"$p1->SetLegends(array("Jan",...,"Oct"));"设置图例文字信息。

（6）"$graph->Add($p1);"向整个图形添加饼形图，"$graph->Stroke();"把此图传递到浏览器进行显示。

12.6　高手甜点

甜点 1：不同格式的图片在使用上有何区别？

答：JPEG 格式是一个标准。JPEG 格式经常用来存储照片和拥有很多颜色的图片。它不强调压缩，强调的是对图片信息的保存。如果使用图形编辑软件缩小 JPEG 格式的图片，那么它原本所包含的一部分数据就会丢失，并且这种数据的丢失通过肉眼是可以察觉的。这种格式不适合包含简单图形颜色或文字的图片。

PNG 格式是指 Portable Network Graphics，这种图片格式是用来取代 GIF 格式的。同样，图片使用 PNG 格式的大小要小于使用 GIF 格式的大小。这种格式是一种低损失压缩的网络文件格式。这种格式的图片适合于包含文字、直线或色块的信息。PNG 支持透明、伽马校正等，但是 PNG 不像 GIF 一样支持动画功能，并且 IE 6 不支持 PNG 的透明功能。低损压缩意味着压缩比不高，所以它不适合这类的图片，否则文件将太大。

GIF 是指 Graphics Interchange Format，也是一种低损压缩的格式，适合用于包含文字、直线或色块的信息的图片。它使用的是 24 位 RGB 颜色中的 256 色。由于颜色有限，因此也不适合用于照片一类的大图片。对于其适合的图片，具有不丧失图片质量却能大幅压缩图片大小的优势。另外，它支持动画。

甜点 2：如何选择自己想要的 RGB 颜色呢？

可以使用 Photoshop 里面的颜色选取工具获取想要的颜色。如果使用的是 Linux 系统，可以使用开源的工具 GIMP 中的颜色选取工具。

第 13 章 Cookie 和会话管理

学习目标 | Objective

HTTP Web 协议是无状态协议,对于事务处理没有记忆能力。缺少状态意味着如果后续处理需要前面的信息,则它必须重传,这样可能导致每次连接传送的数据量增大。客户端与服务器进行动态交互的 Web 应用程序出现之后,HTTP 无状态的特性严重阻碍了这些应用程序的实现,毕竟交互是需要承前启后的,简单的购物车程序也要知道用户在之前到底选择了什么商品。于是,两种用于保持 HTTP 连接状态的技术就应运而生了,一个是 Cookie,另一个是 Session。其中,Cookie 将数据存储在客户端,并显示永久的数据存储;Session 将数据存储在服务器端,保证数据在程序的单次访问中持续有效。本章主要讲述 Cookie 和 Session 的使用方法和应用技巧。

内容导航 | Navigation

- 掌握 Cookie 的基本操作方法
- 熟悉 Session 的基本概念
- 熟悉 Cookie 和 Session 的区别和联系
- 掌握会话管理的基本操作

13.1 Cookie 的基本操作

下面介绍 Cookie 的含义和基本用法。

13.1.1 什么是 Cookie

Cookie 常用于识别用户。Cookie 是服务器留在用户计算机中的小文件。每当相同的计算机通过浏览器请求页面时,它同时会发送 Cookie。

Cookie 的工作原理是:当一个客户端浏览器连接到一个 URL 时,它会首先扫描本地存储的 Cookie,如果发现其中有和此 URL 相关联的 Cookie,将会把它们返回给服务器端。

Cookie 通常应用于以下几个方面。

(1)在页面之间传递变量。因为浏览器不会保存当前页面上的任何变量信息,如果页面被关闭,那么页面上的所有变量信息也会消失。通过 Cookie,可以把变量值在 Cookie 中保存下来,然后另外的页面可以重新读取这个值。

(2)记录访客的一些信息。利用 Cookie 可以记录客户曾经输入的信息或者访问网页的次数。

(3)把所查看的页面保存在 Cookie 临时文件夹中,可以提高以后的浏览速度。

用户可以通过 header 以如下格式在客户端生成 Cookie：

```
Set-cookie:NAME = VALUE;[expires=DATE;][path=PATH;][domain=DOMAIN_NAME;]
[secure]
```

NAME 为 Cookie 的名称，VALUE 为 Cookie 的值，expires=DATE 为到期日，path=PATH 和 domain=DOMAIN_NAME 是与某个地址相对应的路径和域名，secure 表示 Cookie 不能通过单一的 HTTP 连接传递。

13.1.2　创建 Cookie

通过 PHP，用户能够创建 Cookie。创建 Cookie 可调用 setcookie()函数，语法格式如下：

```
setcookie (名称, cookie值, 到期日, 路径, 域名, secure)
```

其中的参数与 set-cookie 中的参数意义相同。

提　示
setcookie()函数必须位于<html>标签之前。

在下面的例子中将创建名为 user 的 Cookie，赋值为"Cookie 保存的值"，并且规定此 Cookie 在一小时后过期。

【例 13.1】（实例文件：源文件\ch13\13.1.php）

```php
<?php
setcookie("user", " Cookie 保存的值", time()+3600);
?>
<html>
<body>
</body>
</html>
```

运行上述程序,会在Cookies文件夹下自动生成一个Cookie文件,有效期为一个小时,在Cookie 失效后，Cookies 文件自动被删除。

提　示
如果用户没有设置 Cookie 的到期时间，则在关闭浏览器时会自动删除 Cookie 数据。

13.1.3　读取 Cookie

在 PHP 中，可以使用$_COOKIE 变量取回 Cookie 的值。下面通过实例讲解如何取回上面创建的名为 user 的 Cookie 的值，并把它显示在页面上。

【例 13.2】（实例文件：源文件\ch13\13.2.php）

```php
<?php
// 输出一个 Cookie
```

```
echo $_COOKIE["user"];
// 显示所有的 Cookie
print_r($_COOKIE);
?>
```

本程序的运行效果如图 13-1 所示。

用户可以通过调用 isset()函数来确认是否已设置 Cookie。下面通过实例来讲解。

【例 13.3】（实例文件：源文件\ch13\13.3.php）

```
<?php
if (isset($_COOKIE["user"]))                    // 如果 Cookie 文件存在
  echo "Welcome " . $_COOKIE["user"] . "!<br>";
else                                            // 如果 Cookie 文件不存在
  echo "Welcome guest!<br>";
?>
```

本程序的运行效果如图 13-2 所示。

图 13-1　程序的运行效果

图 13-2　程序的运行效果

13.1.4　删除 Cookie

常见的删除 Cookie 的方法有两种，包括在浏览器中手动删除和调用函数删除。

1. 在浏览器中手动删除

Cookie 自动生成的文本会存在于 IE 浏览器的 Cookies 临时文件夹中，因此在浏览器中删除 Cookie 文件是比较快捷的方法，具体的操作步骤如下。

步骤01 在浏览器的菜单栏中选择"工具"→"Internet 选项"命令，如图 13-3 所示。

步骤02 打开【Internet 选项】对话框，在【常规】选项卡中单击【删除】按钮，如图 13-4 所示。

步骤03 打开【删除浏览历史记录】对话框，选中【Cookie 和网站数据】复选框，单击【删除】按钮即可，如图 13-5 所示。返回【Internet 选项】对话框，单击【确定】按钮即可完成删除 Cookie 的操作。

图 13-3　【Internet 选项】命令　　　　　　　图 13-4　【Internet 选项】对话框

图 13-5　【删除浏览历史记录】对话框

2. 调用函数删除

删除 Cookie 仍然可以调用 setcookie()函数，将第二个参数设置为空、第三个参数的过期时间设置为小于系统的当前时间即可。

【例 13.4】（实例文件：源文件\ch13\13.4.php）

```php
<?php
// 将 Cookie 的过期时间设置为比当前时间减少 10 秒
setcookie("user", "", time()-10);
```

```
?>
```

在上面的代码中，time()函数返回的是当前的系统时间，把过期时间减少 10 秒，这样过期时间就会变成过去的时间，从而删除 Cookie。如果将过期时间设置为 0，也可以直接删除 Cookie。

13.2　认识 Session

下面介绍 Session 的一些基本概念和使用方法。

13.2.1　什么是 Session

HTTP 是无状态协议，也就是说 HTTP 的工作过程是请求与回应的简单过程，所以 HTTP 没有一个内置的方法来存储这个过程中各方的状态。比如，当同一个用户向服务器发出两个不同的请求时，虽然服务器端都会给以相应的回应，但是它并没有办法知道这两个动作是由同一个用户发出的。

会话（Session）管理应运而生。通过使用一个会话，程序可以跟踪用户的身份和行为，并且根据这些状态数据给用户以相应的回应。

13.2.2　Session 的基本功能

在 PHP 中，每一个 Session 都有一个 ID。这个 SessionID 是一个由 PHP 随机生成的加密数字。这个 SessionID 通过 Cookie 存储在客户端浏览器中，或者直接通过 URL 传递到客户端，如果在某个 URL 后面看到一长串加密的数字，这很有可能就是 SessionID 了。

SessionID 就像一把钥匙，用来注册到 Session 变量中，而这些 Session 变量是存储在服务器端的。SessionID 是客户端唯一存在的会话数据。

使用 SessionID 打开服务器端相对应的 Session 变量，跟用户相关的会话数据便一目了然。默认情况下，在服务器端的 Session 变量数据是以文件的形式加以存储的，但是会话变量数据也经常通过数据库进行保存。

13.2.3　Cookie 与 Session

在浏览器中，有些用户出于安全性的考虑，关闭了其浏览器的 Cookie 功能。Cookie 将不能正常工作。

使用 Session 可以不需要手动设置 Cookie，PHP Session 可以自动处理。可以使用会话管理及 PHP 中的 session_get_cookie_params()函数来访问 Cookie 的内容。这个函数将返回一个数组，包括 Cookie 的生存周期、路径、域名、secure 等。它的格式为：

```
session_get_cookie_params(生存周期、路径、域名、secure)
```

13.2.4　在 Cookie 或 URL 中存储 SessionID

PHP 默认情况下会使用 Cookie 来存储 SessionID。如果客户端浏览器不能正常工作，就需要用 URL 方式传递 SessionID。如果将 php.ini 中的 session.use_trans_sid 设置为启用的状态，就可以自动通过 URL 来传递 SessionID。

不过通过 URL 传递 SessionID 会产生一些安全问题。如果这个连接被其他用户复制并使用，有可能造成用户判断错误。其他用户可能使用 SessionID 访问目标用户的数据。

或者可以通过程序把 SessionID 存储到常量 SID 中，然后通过一个连接传递。

13.3　会话管理

一个完整的会话包括创建会话、注册会话变量、使用会话变量和删除会话变量。下面介绍有关会话管理的基本操作。

13.3.1　创建会话

常见的创建会话方法有 3 种，包括 PHP 自动创建、调用 session_start()函数来创建和调用 session_register()函数来创建。

1. PHP 自动创建

用户可以在 php.ini 中设置 session.auto_start 为启用，但是使用这种方法的同时不能把 Session 变量对象化。应定义此对象的类，必须在创建会话之前加载，然后新创建的会话才能加载此对象。

2. 调用 session_start()函数来创建

这个函数首先检查当前是否已经存在一个会话，如果不存在，它将创建一个全新的会话，并且这个会话可以访问超全局变量$_SESSION 数组。如果已经有一个存在的会话，函数就会直接使用这个会话加载已经注册过的会话变量，然后使用。

session_start()函数的语法格式如下：

```
bool session_start(void);
```

提　示
session_start()函数必须位于<html>标签之前。

【例 13.5】（实例文件：源文件\ch13\13.5.php）

```
<?php
 session_start();
?>
<html>
<body>
</body>
</html>
```

上面的代码会向服务器注册用户的会话，以便可以开始保存用户信息，同时会为用户会话分配一个 UID。

3. 调用 session_register()函数来创建

在调用 session_register()函数之前，需要在 php.ini 文件中将 register_globals 设置为 on，然后需

要重启服务器。session_register()函数通过为会话登录一个变量来隐含地启动会话。

13.3.2　注册会话变量

会话变量被启动后，全部保存在数组$_SESSION 中。用户可以通过对$_SESSION 数组赋值来注册会话变量。

例如，启动会话，创建一个 Session 变量并赋予 xiaoli 的值，代码如下：

```php
<?php
session_start();                    // 启动 Session
$_SESSION['name']='xiaoli';         // 声明一个名为 name 的变量，并赋值 xiaoli
?>
```

这个会话变量值会在此会话结束或被注销后失效，或者根据 php.ini 中的 session.gc_maxlifetime（当前系统设置的 1440 秒，也就是 24 小时）所设置的会话最大生命周期数因过期而失效。

13.3.3　使用会话变量

使用会话变量，首先要判断会话变量是否存在一个会话 ID：如果不存在，就需要创建一个，并且能够通过$_SESSION 变量进行访问；如果已经存在，就将这个已经注册的会话变量载入以供用户使用。

在访问$_SESSION 数组时，先要调用 isset()或 empty()函数来确定$_SESSION 中会话变量是否为空。

如下面的代码所示：

```php
<?php
If（! empty（$_SESSION['session_name']））;    // 判断会话变量是否为空
$ssvalue=$_SESSION['session_name'];          // 声明一个名为 ssvalue 的变量
?>
```

下面通过实例讲解存储和取回$_SESSION 变量的方法。

【例 13.6】（实例文件：源文件\ch13\13.6.php）

```php
<?php
session_start();
// 存储会话变量的值
$_SESSION['views']=1;
?>
<html>
<body>
<?php
// 读取会话变量的值
echo "浏览量=". $_SESSION['views'];
?>
</body>
</html>
```

本程序的运行效果如图 13-6 所示。

图 13-6　程序的运行效果

13.3.4　注销和销毁会话变量

要注销会话变量，调用 unset()函数即可，如 unset（$_SESSION['name']），不再需要使用 php4 中的 session_unrgister()或 session_unset()。unset()函数用于释放指定的 Session 变量，代码如下：

```php
<?php
unset($_SESSION['views']);
?>
```

如果要注销所有会话变量，只需要向$_SESSION 赋值一个空数组即可，如$_SESSION = array()。注销完成后，调用 session_destroy()销毁会话即可，其实就是清除相应的 SessionID。其代码如下：

```php
<?php
session_destroy();
?>
```

13.4　实战演练——会话管理的综合应用

下面通过一个综合案例来讲述会话管理的综合应用。

步骤 01　在网站根目录下建立一个文件夹，名为 session。

步骤 02　在 session 文件夹下建立 opensession.php，输入以下代码并保存。

```php
<?php
 session_start();
 $_SESSION['name'] = "王小明";
 echo "会话变量为:".$_SESSION['name'];
?>
<a href='usesession.php'>下一页</a>
```

步骤 03　在 session 文件夹下建立 usesession.php，输入以下代码并保存。

```php
<?php
 session_start();
 echo "会话变量为:".$_SESSION['name']."<br>";
 echo $_SESSION['name'].",你好。";
?>
<a href='closesession.php'>下一页</a>
```

步骤 04　在 session 文件夹下建立 closesession.php，输入以下代码并保存。

```php
<?php
 session_start();
 unset($_SESSION['name']);
 if (isset($_SESSION['name'])){
    echo "会话变量为:".$_SESSION['name'];
 }else{
    echo "会话变量已注销。";
 }
 session_destroy();
?>
```

步骤 **05**　运行 opensession.php 文件，结果如图 13-7 所示。

步骤 **06**　单击页面中的"下一页"链接，运行结果如图 13-8 所示。

步骤 **07**　单击页面中的"下一页"链接，运行结果如图 13-9 所示。

图 13-7　程序的运行结果　　　图 13-8　程序的运行结果　　　图 13-9　程序的运行结果

13.5　高手甜点

甜点 1：如果浏览器不支持 Cookie，怎么办？

如果应用程序涉及不支持 Cookie 的浏览器，不得不采取其他方法在应用程序中从一张页面向另一张页面传递信息，那么可以从表单传递数据。

下面的表单在用户单击"提交"按钮时向 welcome.php 提交了用户输入：

```html
<html>
<body>
<form action="welcome.php" method="post">
Name: <input type="text" name="name" />
Age: <input type="text" name="age" />
<input type="submit" />
</form>
</body>
</html>
```

要取回 welcome.php 中的值，可以设置如下代码：

```html
<html>
<body>
Welcome <?php echo $_POST["name"]; ?>.<br>
You are <?php echo $_POST["age"]; ?> years old.
</body>
</html>
```

甜点 2：Cookie 的生命周期是多久？

如果 Cookie 不设置失效时间，就表示它的生命周期为未关闭浏览器前的时间段，一旦浏览器关闭，Cookie 就会自动消失。

如果设置了过期时间，那么浏览器会把 Cookie 保存到硬盘中，在超过有效期前，用户打开 IE 浏览器会依然有效。

由于浏览器最多存储 300 个 Cookie 文件，每个 Cookie 文件最大支持 4KB，因此一旦超过容量的限制，浏览器就会自动随机地删除 Cookie。

第 14 章 MySQL 数据库基础

📖✨ 学习目标 | Objective

MySQL 是一个小型关系数据库管理系统。与其他大型数据库管理系统如 Oracle、DB2、SQL Server 等相比，MySQL 规模小、功能有限，但是它体积小、速度快、成本低，且所提供的功能对稍微复杂的应用来说已经够用。这些特性使得 MySQL 成为世界上最受欢迎的开放源代码数据库。MySQL 支持在多种平台下工作。在 Windows 平台下可以使用二进制的安装软件包或免安装版的软件包进行安装：二进制的安装包提供了图形化的安装向导过程，免安装版直接解压缩即可使用。本书以 MySQL 8.0 为例进行讲解，主要讲述 MySQL 服务器的一些常见操作。

📖 内容导航 | Navigation

- 安装与配置 MySQL 8.0
- 掌握启动和登录 MySQL 的方法
- MySQL 常用图形管理工具

14.1 在 Windows 平台下安装与配置 MySQL 8.0

在 Windows 平台下安装 MySQL，可以使用图形化的安装包。图形化的安装包提供了详细的安装向导，可以让读者一步一步地完成对 MySQL 的安装。本节将介绍使用图形化安装包安装 MySQL 的步骤。

14.1.1 安装 MySQL 8.0

要想在 Windows 中运行 MySQL，需要 32 位或 64 位的 Windows 操作系统，例如 Windows 7、Windows 8、Windows 10、Windows Server 2012 等。Windows 可以将 MySQL 服务器作为服务来运行，通常在安装时需要具有系统的管理员权限。

Windows 平台下提供两种安装方式：MySQL 二进制分发版（.msi 安装文件）和免安装版（.zip 压缩文件）。一般来讲，应当使用二进制分发版，因为该版本比其他的分发版使用起来要简单，不再需要其他工具来启动就可以运行 MySQL。

1. 下载 MySQL 安装文件

下载 MySQL 安装文件的具体操作步骤如下。

步骤 01 打开 IE 浏览器，在地址栏中输入网址"https://dev.mysql.com/downloads/installer/"，单击【转到】按钮，打开 MySQL Community Server 8.0.13 下载页面。选择 Microsoft

Windows 平台，然后选择 32 位或者 64 位安装包，在这里选择 32 位，单击右侧【Download】按钮开始下载，如图 14-1 所示。

步骤 02 在弹出的页面中提示开始下载，这里单击【Login】按钮中，如图 14-2 所示。

图 14-1　MySQL 下载页面　　　　图 14-2　开始下载页面

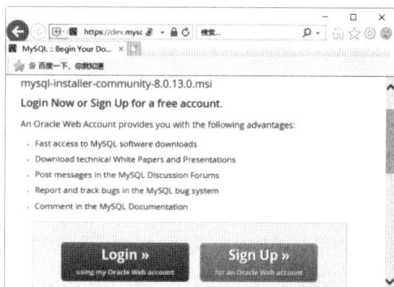

提　示

这里 32 位的安装程序有两个版本，分别为 mysql-installer-web-community 和 mysql-installer-communityl，其中 mysql-installer-web-community 为在线安装版本，mysql-installer-communityl 为离线安装版本。

步骤 03 弹出用户登录页面，输入用户名和密码后，单击【登录】按钮，如图 14-3 所示。

步骤 04 弹出开始下载页面，单击【Download Now】按钮，即可开始下载，如图 14-4 所示。

图 14-3　用户登录页面　　　　图 14-4　开始下载页面

提　示

如果没有用户名和密码，单击【创建账户】按钮进行注册即可。

---

2. 安装 MySQL 8.0

MySQL 下载完成后，找到下载文件，双击进行安装，具体操作步骤如下。

步骤 01 双击下载的 mysql-installer-community-8.0.13.0.msi 文件，如图 14-5 所示。

图 14-5　MySQL 安装文件名称

步骤 02 打开【License Agreement】（用户许可证协议）窗口，选中【I accept the license terms】

（我接受许可协议）复选框，单击【Next】（下一步）按钮，如图 14-6 所示。

图 14-6　用户许可证协议窗口

步骤 03　打开【Choosing a Setup Type】（安装类型选择）窗口，在其中列出了 5 种安装类型，分别是 Developer Default（默认安装类型）、Server only（仅作为服务器）、Client only（仅作为客户端）、Full（完全安装）和 Custom（自定义安装类型）。这里选中【Custom】（自定义安装类型）单选按钮，单击【Next】（下一步）按钮，如图 14-7 所示。

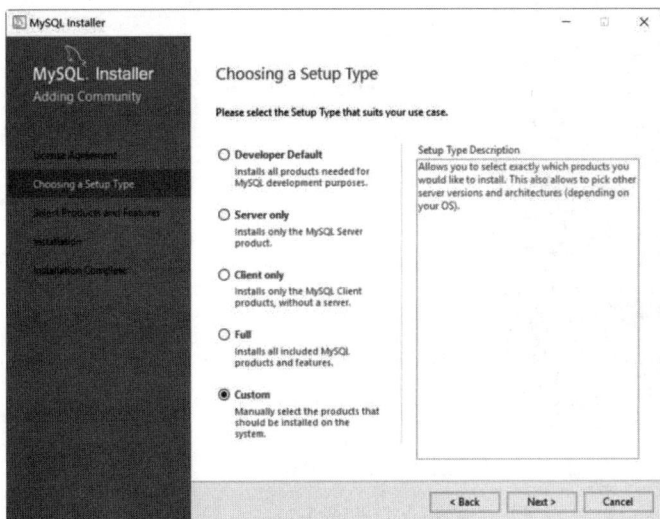

图 14-7　选择安装类型窗口

步骤 04　打开【Select Products and Features 】（产品定制选择）窗口，选择【MySQL Server 8.0.13-x86】后，单击【添加】按钮 ➡，即可选择安装 MySQL 服务器。采用同样的方法添加【Samples and Examples 8.0.13-x86】和【MySQL Documentation 8.0.13-x86】选项，如图 14-8 所示。

图 14-8　自定义安装组件窗口

步骤 05　单击【Next】（下一步）按钮，进入准备安装对话框，单击【Execute】（执行）按钮，如图 14-9 所示。

图 14-9　准备安装对话框

步骤 06　开始安装 MySQL 文件，安装完成后在【Status】（状态）列表下将显示 Complete（安装完成），如图 14-10 所示。

图 14-10　安装完成窗口

14.1.2　配置 MySQL 8.0

MySQL 安装完毕之后，需要对服务器进行配置。具体的配置步骤如下。

步骤 01 在上一节的最后一步中，单击【Next】（下一步）按钮，进入产品信息窗口，如图 14-11 所示。

图 14-11　产品信息窗口

步骤 02 单击【Next】（下一步）按钮，进入服务器配置窗口，如图 14-12 所示。

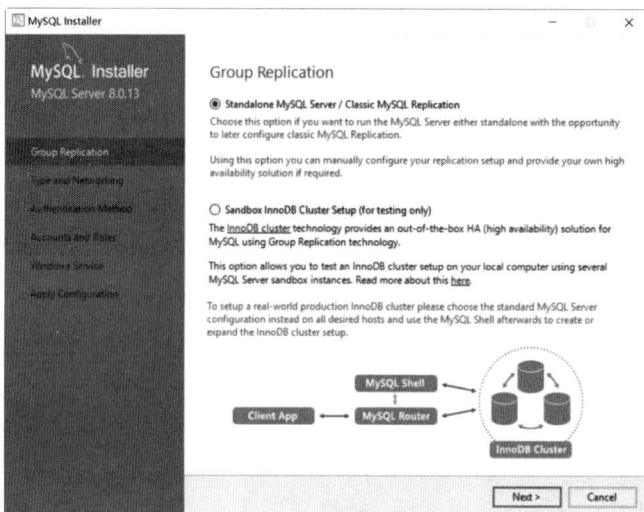

图 14-12　服务器配置窗口

步骤03 单击【Next】（下一步）按钮，进入 MySQL 服务器配置窗口，采用默认设置，如图 14-13 所示。

图 14-13　MySQL 服务器配置窗口

在 MySQL 服务器配置窗口中，【Config Type】选项用于设置服务器的类型。单击该选项的下三角按钮，即可看到 3 个选项，如图 14-14 所示，具体含义如下：

● Development Machine（开发机器）：该选项代表典型的个人用桌面工作站。假定机器上运行着多个桌面应用程序，将 MySQL 服务器配置成使用最少的系统资源。

● Server Machine（服务器）：该选项代表服务器。MySQL 服务器可以同其他应用程序一起运行，例如 FTP、Email 和 Web 服务器。MySQL 服务器配置成使用适当比例的系统资源。

● Dedicated Machine（专用服务器）：该选项代表只运行 MySQL 服务的服务器。假定没有运行其他服务程序，MySQL 服务器配置成使用所有可用系统资源。

<table>
<tr><td align="center">提 示</td></tr>
</table>

作为初学者，建议选择【Development Machine】（开发者机器）选项，这样占用系统
的资源比较少。

图 14-14 MySQL 服务器的类型

步骤 04 单击【Next】(下一步)按钮，打开设置授权方式窗口。其中，第一个单选项是 MySQL
8.0 提供的新的授权方式，采用 SHA256 基础的密码加密方法；第二个单选项是传统
授权方法（保留 5.x 版本兼容性）。这里选择第二个单选项，如图 14-15 所示。

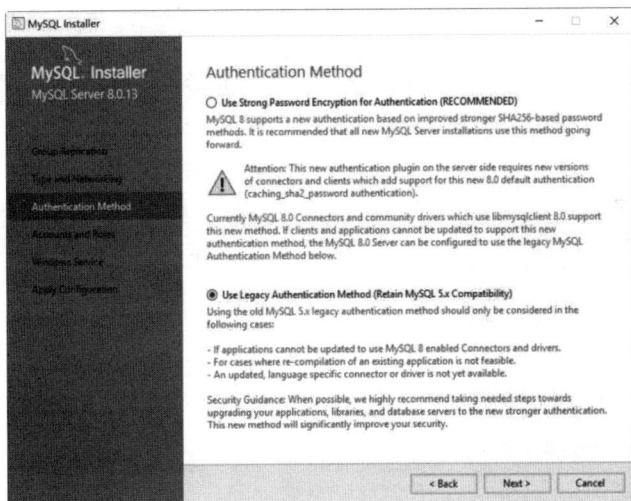

图 14-15 设置授权方式

步骤 05 单击【Next】（下一步）按钮，打开设置服务器的密码窗口，重复输入两次同样的
登录密码，如图 14-16 所示。

图 14-16　设置服务器的登录密码

<table>
<tr><td align="center">提　示</td></tr>
<tr><td>　　系统默认的用户名称为 root，如果想添加新用户，可以单击【Add User】（添加用户）
按钮进行添加。</td></tr>
</table>

步骤06 单击【Next】（下一步）按钮，打开设置服务器名称窗口，这里设置服务器名称为"MySQL"，如图 14-17 所示。

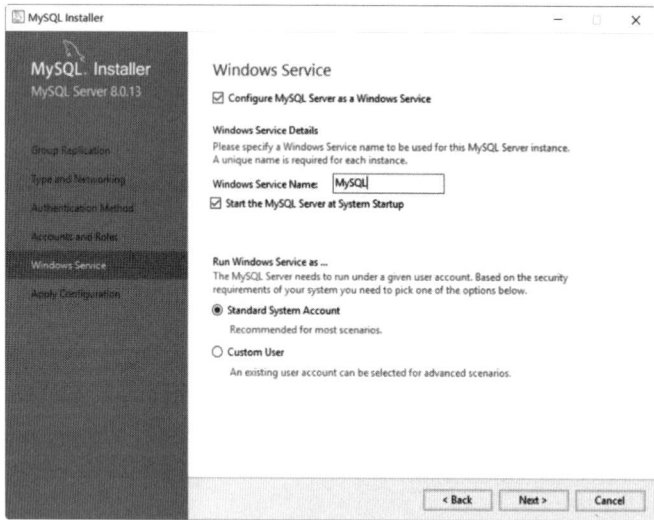

图 14-17　设置服务器的名称

步骤07 单击【Next】（下一步）按钮，打开确认设置服务器窗口，单击【Execute】（执行）按钮，如图 14-18 所示。

图 14-18　确认设置服务器

步骤 08 系统自动配置 MySQL 服务器。配置完成后，单击【Finish】（完成）按钮即可完成服务器的配置，如图 14-19 所示。

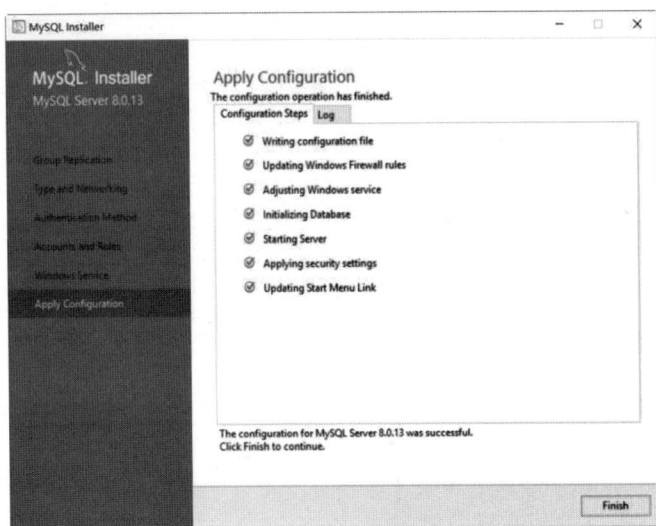

图 14-19　完成设置服务器

步骤 09 按键盘上的 Ctrl+Alt+Delete 组合键，打开【任务管理器】对话框，可以看到 MySQL服务进程 mysqld.exe 已经启动，如图 14-20 所示。

图 14-20　任务管理器窗口

至此，就完成了在 Windows 10 操作系统环境下安装 MySQL 的操作。

14.2　启动服务并登录 MySQL 数据库

MySQL 安装完毕之后，需要启动服务器进程，不然客户端无法连接数据库，客户端通过命令行工具登录数据库。本节将介绍如何启动 MySQL 服务器和登录 MySQL 的方法。

14.2.1　启动 MySQL 服务

在前面的配置过程中，已经将 MySQL 安装为 Windows 服务，当 Windows 启动、停止时，MySQL 也自动启动、停止。不过，用户还可以使用图形服务工具来控制 MySQL 服务器或从命令行使用 NET 命令。

可以通过 Windows 的服务管理器查看，具体的操作步骤如下。

步骤01　单击【开始】菜单，在搜索框中输入"services.msc"，按 Enter 键确认，如图 14-21 所示。

步骤02　打开 Windows 的【服务管理器】窗口，在其中可以看到服务名为"MySQL"的服务项，其右边状态为"已启动"，表明该服务已经启动，如图 14-22 所示。

图 14-21　【运行】对话框

图 14-22　服务管理器窗口

由于设置了 MySQL 为自动启动，因此在这里可以看到服务已经启动，而且启动类型为自动。如果没有"已启动"字样，说明 MySQL 服务未启动。启动方法为：单击【开始】菜单，在搜索框中输入"cmd"，按 Enter 键确认，弹出命令提示符界面。输入"net start MySQL"，按 Enter 键就能启动 MySQL 服务；输入命令"net stop MySQL"，按 Enter 键即可停止 MySQL 服务，如图 14-23 所示。

也可以直接双击 MySQL 服务，打开【MySQL 的属性】对话框，在其中通过单击【启动】或【停止】按钮来更改服务状态，如图 14-24 所示。

提　示

输入的 MySQL 是服务的名字。如果 MySQL 服务的名字是 DB 或其他名字，应该输入"net start DB"或者其他名称。

图 14-23　命令行中启动和停止 MySQL

图 14-24　MySQL 服务属性对话框

14.2.2　登录 MySQL 数据库

当 MySQL 服务启动完成后，便可以通过客户端来登录 MySQL 数据库。在 Windows 操作系统下，可以通过两种方式登录 MySQL 数据库。

1. 以 Windows 命令行方式登录

具体的操作步骤如下。

步骤 01　单击【开始】菜单，在搜索框中输入"cmd"，按 Enter 键确认，如图 14-25 所示。

步骤 02　打开 DOS 窗口（见图 14-26），输入以下命令并按 Enter 键确认。

```
cd C:\Program Files\MySQL\MySQL Server 8.0\bin\
```

图 14-25　运行对话框

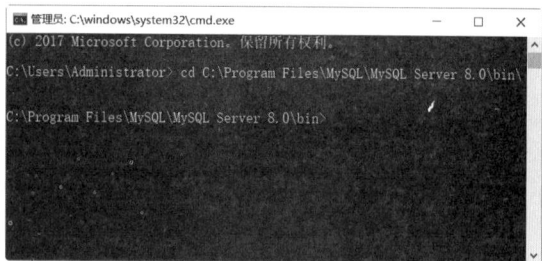

图 14-26　DOS 窗口

步骤 03 在 DOS 窗口中可以通过登录命令连接到 MySQL 数据库。连接 MySQL 的命令格式为：

```
mysql -h hostname -u username -p
```

其中，mysql 为登录命令，–h 后面的参数是服务器的主机地址，在这里客户端和服务器在同一台机器上，所以输入 localhost 或者 IP 地址 127.0.0.1，-u 后面跟登录数据库的用户名称，在这里为 root，-p 后面是用户登录密码。

接下来，输入如下命令：

```
mysql  -h localhost -u root -p
```

按 Enter 键，系统会提示输入密码（Enter password），这里输入在前面配置向导中自己设置的密码，验证正确后即可登录到 MySQL 数据库，如图 14-27 所示。

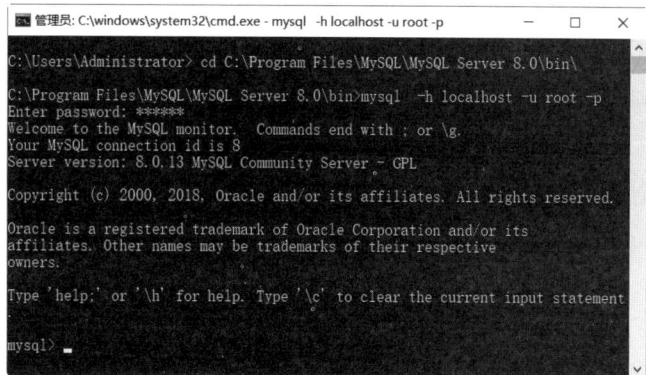

图 14-27　Windows 命令行登录窗口

提　示
当窗口中出现如图 14-27 所示的说明信息，命令提示符变为 "mysql>" 时，表明已经成功登录 MySQL 服务器，可以开始对数据库进行操作。

2. 使用 MySQL Command Line Client 登录

依次选择【开始】|【所有程序】|【MySQL】|【MySQL 8.0 Command Line Client】菜单命令，进入命令行登录窗口，如图 14-28 所示。

图 14-28　MySQL 命令行登录窗口

输入正确的密码之后就可以登录到 MySQL 数据库了。

14.2.3　配置 Path 变量

在前面登录 MySQL 服务器的时候，因为没有把 MySQL 的 bin 目录添加到系统的环境变量里面，所以不能直接输入 MySQL 登录命令。如果每次登录都输入"cd C:\Program Files\MySQL\MySQL Server 8.0\bin" 才能使用 MySQL 等其他命令工具，就太麻烦了。

下面介绍怎样手动配置 PATH 变量，具体的操作步骤如下。

步骤 01　在桌面上右击【此电脑】图标，在弹出的快捷菜单中选择【属性】菜单命令，如图 14-29 所示。

步骤 02　打开【系统】窗口，单击【高级系统设置】链接，如图 14-30 所示。

图 14-29　【此电脑】快捷菜单

图 14-30　【系统】窗口

步骤 03　打开【系统属性】对话框，选择【高级】选项卡，然后单击【环境变量】按钮，如图 14-31 所示。

步骤 04　打开【环境变量】对话框，在【系统变量】列表中选择【Path】变量，如图 14-32 所示。

图 14-31 【系统属性】对话框

图 14-32 【环境变量】对话框

步骤 05 单击【编辑】按钮,在【编辑环境变量】对话框中,将 MySQL 应用程序的 bin 目录 (C:\Program Files\MySQL\MySQL Server 8.0\bin)添加到变量值中,用分号将其与其 他路径分隔开,如图 14-33 所示。

图 14-33 【编辑环境变量】对话框

步骤 06 添加完成之后,单击【确定】按钮,完成配置 PATH 变量的操作,然后就可以直接 输入 MySQL 命令来登录数据库了。

14.3 MySQL 常用图形管理工具

MySQL 图形化管理工具极大地方便了数据库的操作与管理,比如 MySQL Workbench、 phpMyAdmin、Navicat、MySQLDumper、SQLyog、MySQL ODBC Connector。其中,phpMyAdmin

和 Navicat 提供中文操作界面；MySQL Workbench、MySQL ODBC Connector、MySQLDumper 为英文界面。下面介绍几个常用的图形管理工具。

1. MySQL Workbench

MySQL 官方提供的图形化管理工具 MySQL Workbench 完全支持 MySQL 5.0 以上的版本；在 5.0 版本中，有些功能将不能使用；在 4.x 以下的版本中，MySQL Workbench 分为社区版（完全免费）和商业版（按年收费）。

下载地址：http://dev.MySQL.com/downloads/workbench/。

2. phpMyAdmin

phpMyAdmin 使用 PHP 编写，必须安装在 Web 服务器中，通过 Web 方式控制和操作 MySQL 数据库。通过 phpMyAdmin 可以完全对数据库进行操作，例如建立、复制、删除数据等。phpMyAdmin 管理数据库非常方便，并支持中文，不足之处在于对大数据库的备份和恢复不方便。

下载地址：http://www.phpmyadmin.net/。

3. MySQLDumper

MySQLDumper 使用基于 PHP 开发的 MySQL 数据库备份恢复程序，解决了使用 PHP 进行大数据库备份和恢复的问题。数百兆的数据库都可以方便地备份恢复，不用担心网速太慢而导致中断的问题，非常方便易用。

下载地址：http://www.MySQLdumper.de/en/。

14.4　高手甜点

计算机技术具有很强的操作性，MySQL 的安装和配置是一件非常简单的事，但是在操作过程中也可能出现问题，读者需要多实践、多总结。

甜点 1：无法打开 MySQL 8.0 软件安装包，如何解决？

在安装 MySQL 8.0 软件安装包之前，用户需要确保系统中已经安装了.Net Framework 3.5 和.Net Framework 4.0，如果缺少这两个软件，将不能正常地安装 MySQL 8.0 软件。另外，还要确保 WindowsInstaller 正常安装。

甜点 2：MySQL 安装失败，如何解决？

安装过程失败多是由于重新安装 MySQL 的缘故，因为在删除的时候 MySQL 不能自动删除相关的信息。解决方法是，把以前安装的目录删除，即删除在 C 盘的 program file 文件夹中 MySQL 的安装目录文件夹，同时删除 MySQL 的 DATA 目录。DATA 目录一般为隐藏文件，一般在 "C:\Documents and Settings\All Users\Application Data\ MySQL"目录下。删除目录后重新安装即可。

第15章 操作数据库和数据表

学习目标 Objective

MySQL 安装好以后，首先需要创建数据库，这是使用 MySQL 各种功能的前提。在数据库中，数据表是数据库中最重要、最基本的操作对象，是数据存储的基本单位。本章将详细介绍数据库和数据表的基本操作。

内容导航 Navigation

- 掌握如何创建数据库
- 熟悉数据库的删除操作
- 掌握如何创建数据表
- 掌握查看数据表结构的方法
- 掌握如何修改数据表
- 熟悉删除数据表的方法
- 熟练操作综合案例数据表的基本操作

15.1 创建数据库

MySQL 安装完成之后，将会在其 data 目录下自动创建几个必需的数据库，可以使用 "SHOW DATABASES;" 语句来查看当前所有存在的数据库：

```
mysql> SHOW DATABASES;
+--------------------+
| Database           |
+--------------------+
| information_schema |
| mysql              |
| performance_schema |
| sakila             |
| sys                |
| world              |
+--------------------+
6 rows in set (0.04 sec)
```

可以看到，数据库列表中包含了 6 个数据库，其中 MySQL 是必需的，它描述用户访问权限，其他数据库在这里不做介绍。

创建数据库是在系统磁盘上划分一块区域用于数据的存储和管理，如果管理员在设置权限的时候为用户创建了数据库，则可以直接使用；否则，需要自己创建数据库。MySQL 中创建数据库的基本 SQL 语法格式为：

```
CREATE DATABASE database_name;
```

"database_name"为要创建的数据库的名称，不能与已经存在的数据库重名。

【例 15.1】创建测试数据库 test_db，输入如下语句：

```
CREATE DATABASE test_db;
```

数据库创建好之后，可以使用 SHOW CREATE DATABASE 声明查看数据库的定义。

【例 15.2】查看创建好的数据库 test_db 的定义，输入如下语句：

```
mysql> SHOW CREATE DATABASE test_db\G
*** 1. row ***
      Database: test_db
Create Database: CREATE DATABASE `test_db` /*!40100 DEFAULT CHARACTER SET utf8 */
1 row in set (0.00 sec)
```

可以看到，如果数据库创建成功，将显示数据库的创建信息。

再次使用"SHOW DATABASES;"语句来查看当前所有存在的数据库，输入如下语句：

```
mysql> SHOW databases;
mysql> SHOW databases;
+--------------------------+
| Database                 |
+--------------------------+
| information_schema       |
| mysql                    |
| performance_schema       |
| sakila                   |
| sys                      |
| test_db                  |
| world                    |
+--------------------------+
7 rows in set (0.05 sec)
```

可以看到，数据库列表中包含了刚刚创建的数据库 test_db 和其他已经存在的数据库的名称。

15.2　删除数据库

删除数据库是将已经存在的数据库从磁盘空间上清除，清除之后，数据库中的所有数据也将一同被删除。删除数据库语句和创建数据库的命令相似，MySQL 中删除数据库的基本语法格式为：

```
DROP DATABASE database_name;
```

"database_name"为要删除的数据库的名称，如果指定的数据库不存在，则删除出错。

【例 15.3】删除测试数据库 test_db，输入如下语句：

```
DROP DATABASE test_db;
```

语句执行完毕之后，数据库 test_db 将被删除，再次使用 SHOW CREATE DATABASE 声明查看数据库的定义，结果如下：

```
mysql> SHOW CREATE DATABASE test_db\G
ERROR 1049 (42000): Unknown database 'test_db'
ERROR:
```

```
No query specified
```

执行结果给出一条错误信息："ERROR 1049 (42000): Unknown database 'test_db'",即数据库 test_db 已不存在,删除成功。

提　示
使用 DROP DATABASE 命令时要非常谨慎,在执行该命令时,MySQL 不会给出任何提醒信息让用户确认,DROP DATABASE 声明删除数据库后,数据库中存储的所有数据表和数据也将一同被删除,而且不能恢复。

15.3　创建数据表

在创建完数据库之后,接下来的工作就是创建数据表。创建数据表指的是在已经创建好的数据库中建立新表。创建数据表的过程是规定数据列的属性的过程,同时也是实施数据完整性(包括实体完整性、引用完整性和域完整性等)约束的过程。本节将介绍创建数据表的语法形式,以及如何添加主键约束、外键约束、非空约束等。

15.3.1　创建表的语法形式

数据表属于数据库,在创建数据表之前,应该使用语句"USE <数据库名>"指定操作是在哪个数据库中进行,如果没有选择数据库,会抛出"No database selected"的错误。

创建数据表的语句为 CREATE TABLE,语法规则如下:

```
CREATE  TABLE <表名>
(
  字段名 1,数据类型 [列级别约束条件] [默认值],
  字段名 2,数据类型 [列级别约束条件] [默认值],
  ……
  [表级别约束条件]
);
```

使用 CREATE TABLE 创建表时,必须指定以下信息:

(1)要创建的表的名称,不区分字母大小写,不能使用 SQL 语言中的关键字,如 DROP、ALTER、INSERT 等。

(2)数据表中每一个列(字段)的名称和数据类型,如果创建多个列,要用逗号隔开。

【例 15.4】创建员工表 tb_emp1,结构如表 15-1 所示。

表 15-1　tb_emp1 表结构

字段名称	数据类型	备注
id	INT(11)	员工编号
name	VARCHAR(25)	员工名称
deptId	INT(11)	所在部门编号
salary	FLOAT	工资

首先创建数据库，SQL 语句如下：

```
CREATE  DATABASE test_db;
```

选择创建表的数据库，SQL 语句如下：

```
USE test_db;
```

创建 tb_emp1 表，SQL 语句为：

```
CREATE TABLE tb_emp1
(
  id      INT(11),
  name    VARCHAR(25),
  deptId  INT(11),
  salary  FLOAT
);
```

语句执行后，便创建了一个名为 tb_emp1 的数据表，使用"SHOW TABLES;"语句查看数据表是否创建成功，SQL 语句如下：

```
mysql> SHOW TABLES;
+----------------------+
| Tables_in_ test_db   |
+----------------------+
| tb_emp1              |
+----------------------+
```

可以看到，test_db 数据库中已经有了数据表 tb_tmp1，说明数据表创建成功。

15.3.2　使用主键约束

主键又称主码，是表中一列或多列的组合。主键约束（Primary Key Constraint）要求主键列的数据唯一，并且不允许为空。主键能够唯一地标识表中的一条记录，可以结合外键来定义不同数据表之间的关系，并且可以加快数据库查询的速度。主键和记录之间的关系如同身份证和人之间的关系，它们之间是一一对应的。主键分为两种类型：单字段主键和多字段联合主键。

1. 单字段主键

主键由一个字段组成，SQL 语句格式分为以下两种情况。

（1）在定义列的同时指定主键，语法规则如下：

```
字段名 数据类型 PRIMARY KEY [默认值]
```

【例 15.5】定义数据表 tb_emp 2，其主键为 id，SQL 语句如下：

```
CREATE TABLE tb_emp2
(
  id        INT(11) PRIMARY KEY,
  name      VARCHAR(25),
  deptId    INT(11),
  salary    FLOAT
```

```
);
```

（2）在定义完所有列之后指定主键。

```
[CONSTRAINT <约束名>] PRIMARY KEY [字段名]
```

【例 15.6】定义数据表 tb_emp 3，其主键为 id，SQL 语句如下：

```
CREATE TABLE tb_emp3
(
  id INT(11),
  name VARCHAR(25),
  deptId INT(11),
  salary FLOAT,
  PRIMARY KEY(id)
);
```

上述两个例子执行后的结果是一样的，都会在 id 字段上设置主键约束。

2. 多字段联合主键

主键由多个字段联合组成，语法规则如下：

```
PRIMARY KEY [字段1，字段2,……，字段 n]
```

【例 15.7】定义数据表 tb_emp4，假设表中间没有主键 id，为了唯一确定一个员工，可以把 name 和 deptId 联合起来作为主键，SQL 语句如下：

```
CREATE TABLE tb_emp4
(
  name VARCHAR(25),
  deptId INT(11),
  salary FLOAT,
  PRIMARY KEY(name,deptId)
);
```

语句执行后，便创建了一个名为 tb_emp4 的数据表，name 字段和 deptId 字段组合在一起成为 tb_emp4 的多字段联合主键。

15.3.3　使用外键约束

外键用来在两个表的数据之间建立连接，可以是一列或者多列。一个表可以有一个或多个外键。外键对应的是参照完整性，一个表的外键可以为空值，若不为空值，则每一个外键值必须等于另一个表中主键的某个值。

外键：首先它是表中的一个字段，可以不是本表的主键，但要对应另外一个表的主键。外键的主要作用是保证数据引用的完整性，定义外键后，不允许删除在另一个表中具有关联关系的行，保持数据的一致性和完整性。例如，部门表 tb_dept 的主键是 id，在员工表 tb_emp5 中有一个键 deptId 与这个 id 关联。

主表（父表）：对于两个具有关联关系的表而言，相关联字段中主键所在的表。

从表（子表）：对于两个具有关联关系的表而言，相关联字段中外键所在的表。

创建外键的语法规则如下：

```
[CONSTRAINT <外键名>] FOREIGN KEY 字段名1 [ ,字段名2,……]
REFERENCES <主表名> 主键列1 [ ,主键列2,……]
```

"外键名"为定义的外键约束的名称，一个表中不能有相同名称的外键；"字段名"表示子表需要添加外键约束的字段列；"主表名"表示被子表外键所依赖的表的名称；"主键列"表示主表中定义的主键列或者列组合。

【例 15.8】定义数据表 tb_emp5，并在 tb_emp5 表上创建外键约束。

创建一个部门表 tb_dept1，表结构如表 15-2 所示，SQL 语句如下：

```
CREATE TABLE tb_dept1
(
  id        INT(11) PRIMARY KEY,
  name      VARCHAR(22)  NOT NULL,
  location  VARCHAR(50)
);
```

表 15-2　tb_dept1 表结构

字段名称	数据类型	备注
id	INT(11)	部门编号
name	VARCHAR(22)	部门名称
location	VARCHAR(50)	部门位置

定义数据表 tb_emp5，让它的键 deptId 作为外键关联到 tb_dept1 的主键 id，SQL 语句为：

```
CREATE TABLE tb_emp5
(
  id        INT(11) PRIMARY KEY,
  name      VARCHAR(25),
  deptId    INT(11),
  salary    FLOAT,
  CONSTRAINT fk_emp_dept1 FOREIGN KEY(deptId) REFERENCES tb_dept1(id)
);
```

以上语句执行成功之后，在表 tb_emp5 上添加了名为 fk_emp_dept1 的外键约束，外键名为 deptId，其依赖于表 tb_dept1 的主键 id。

> **提　示**
>
> 关联指的是在关系型数据库中相关表之间的联系。它是通过相容或相同的属性或属性组来表示的。子表的外键必须关联父表的主键，且关联字段的数据类型必须匹配，如果类型不一样，则创建子表时会出现错误"ERROR 1005 (HY000): Can't create table 'database.tablename'(errno: 150)"。

15.3.4　使用非空约束

非空约束（Not Null Constraint）指字段的值不能为空。对于使用了非空约束的字段，如果用户在添加数据时没有指定值，数据库系统会报错。

非空约束的语法规则如下：

字段名 数据类型 not null

【例 15.9】定义数据表 tb_emp6，指定员工的名称不能为空，SQL 语句如下：

```
CREATE TABLE tb_emp6
(
  id     INT(11) PRIMARY KEY,
  name   VARCHAR(25) NOT NULL,
  deptId INT(11),
  salary FLOAT
);
```

执行后，在 tb_emp6 中创建了一个 Name 字段，其插入值不能为空（NOT NULL）。

15.3.5　使用唯一性约束

唯一性约束（Unique Constraint）要求该列唯一，允许为空，但只能出现一个空值。唯一性约束可以确保一列或者几列不出现重复值。

唯一性约束的语法规则如下：

（1）在定义完列之后直接指定唯一约束，语法规则如下：

字段名 数据类型 UNIQUE

【例 15.10】定义数据表 tb_dept2，指定部门的名称唯一，SQL 语句如下：

```
CREATE TABLE tb_dept2
(
  id       INT(11) PRIMARY KEY,
  name     VARCHAR(22) UNIQUE,
  location VARCHAR(50)
);
```

（2）在定义完所有列之后指定唯一约束，语法规则如下：

[CONSTRAINT <约束名>] UNIQUE(<字段名>)

【例 15.11】定义数据表 tb_dept3，指定部门的名称唯一，SQL 语句如下：

```
CREATE TABLE tb_dept3
(
  id       INT(11) PRIMARY KEY,
  name     VARCHAR(22),
  location VARCHAR(50),
  CONSTRAINT  STH UNIQUE(name)
);
```

UNIQUE 和 PRIMARY KEY 的区别：一个表中可以有多个字段声明为 UNIQUE，但只能有一个 PRIMARY KEY 声明；声明为 PRIMAY KEY 的列不允许有空值，但是声明为 UNIQUE 的字段允许空值（NULL）的存在。

15.3.6   使用默认约束

默认约束（Default Constraint）指定某列的默认值。例如，男同学较多，性别可以默认为'男'，如果插入一条新的记录时没有为这个字段赋值，那么系统会自动为这个字段赋值为'男'。

默认约束的语法规则如下：

字段名 数据类型 DEFAULT 默认值

【例 15.12】定义数据表 tb_emp7，指定员工的部门编号默认为 1111，SQL 语句如下：

```
CREATE TABLE tb_emp7
(
  id       INT(11) PRIMARY KEY,
  name     VARCHAR(25) NOT NULL,
  deptId   INT(11) DEFAULT 1111,
  salary   FLOAT
);
```

以上语句执行成功之后，表 tb_emp7 上的字段 deptId 拥有了一个默认的值 1111，新插入的记录如果没有指定部门编号，则默认都为 1111。

15.3.7   设置表的属性值自动增加

在数据库应用中，经常希望在每次插入新记录时系统自动生成字段的主键值。可以通过为表主键添加 AUTO_INCREMENT 关键字来实现。在 MySQL 中 AUTO_INCREMENT 默认的初始值是 1，每新增一条记录，字段值自动加 1。一个表只能有一个字段使用 AUTO_INCREMENT 约束，且该字段必须为主键的一部分。AUTO_INCREMENT 约束的字段可以是任何整数类型（TINYINT、SMALLINT、INT、BIGINT 等）。

设置表的属性值自动增加的语法规则如下：

字段名 数据类型 AUTO_INCREMENT

【例 15.13】定义数据表 tb_emp8，指定员工的编号自动递增，SQL 语句如下：

```
CREATE TABLE tb_emp8
(
  id       INT(11) PRIMARY KEY AUTO_INCREMENT,
  name     VARCHAR(25) NOT NULL,\
  deptId   INT(11),
  salary   FLOAT
);
```

上述例子执行后，会创建名为 tb_emp8 的数据表。表 tb_emp8 中的 id 字段的值在添加记录时会自动增加，在插入记录时，自增字段 id 的值从 1 开始，每次添加一条新记录，该值自动加 1。

例如，执行如下插入语句：

```
mysql> INSERT INTO tb_emp8 (name,salary)
-> VALUES('Lucy',1000), ('Lura',1200),('Kevin',1500);
```

语句执行完后，tb_emp8 表中增加 3 条记录，在这里并没有输入 id 的值，但系统已经自动添加该值，使用 SELECT 命令查看记录，如下所示。

```
mysql> SELECT * FROM tb_emp8;
+----+-------+--------+--------+
| id | name  | deptId | salary |
+----+-------+--------+--------+
|  1 | Lucy  | NULL   | 1000   |
|  2 | Lura  | NULL   | 1200   |
|  3 | Kevin | NULL   | 1500   |
+----+-------+--------+--------+
```

> **提　示**
>
> 这里使用 INSERT 声明向表中插入记录的方法并不是 SQL 的标准语法，这种语法不一定被其他的数据库支持，只能在 MySQL 中使用。

15.4　查看数据表结构

使用 SQL 语句创建好数据表之后，可以查看表结构的定义，以确认表的定义是否正确。在 MySQL 中，查看表结构可以使用 DESCRIBE 和 SHOW CREATE TABLE 语句。本节将针对这两个语句分别进行详细的讲解。

15.4.1　查看表基本结构的语句 DESCRIBE

DESCRIBE/DESC 语句可以查看表的字段信息，其中包括字段名、字段数据类型、是否为主键、是否有默认值等。语法规则如下：

```
DESCRIBE 表名;
```

或者简写为：

```
DESC 表名;
```

【例 15.14】分别使用 DESCRIBE 和 DESC 查看表 tb_dept1 和表 tb_emp1 的表结构。

查看 tb_dept1 表结构，SQL 语句如下：

```
mysql> DESCRIBE tb_dept1;
+----------+-------------+------+-----+---------+-------+
| Field    | Type        | Null | Key | Default | Extra |
+----------+-------------+------+-----+---------+-------+
| id       | int(11)     | NO   | PRI | NULL    |       |
| name     | varchar(22) | NO   |     | NULL    |       |
| location | varchar(50) | YES  |     | NULL    |       |
+----------+-------------+------+-----+---------+-------+
```

查看 tb_emp1 表结构，SQL 语句如下：

```
mysql> DESC tb_emp1;
+--------+-------------+------+-----+---------+-------+
| Field  | Type        | Null | Key | Default | Extra |
+--------+-------------+------+-----+---------+-------+
| id     | int (11)    | YES  |     | NULL    |       |
| name   | varchar(25) | YES  |     | NULL    |       |
| deptId | int (11)    | YES  |     | NULL    |       |
| salary | float       | YES  |     | NULL    |       |
+--------+-------------+------+-----+---------+-------+
```

其中，各个字段的含义分别解释如下：

● NULL：表示该列是否可以存储 NULL 值。

● Key：表示该列是否已编制索引。PRI 表示该列是表主键的一部分；UNI 表示该列是 UNIQUE 索引的一部分；MUL 表示该列中某个给定值允许出现多次。

● Default：表示该列是否有默认值，有的话值是多少。

● Extra：表示可以获取与给定列有关的附加信息，例如 AUTO_INCREMENT 等。

15.4.2 查看表详细结构的语句 SHOW CREATE TABLE

SHOW CREATE TABLE 语句可以用来显示创建表时执行的 CREATE TABLE 语句，语法格式如下：

```
SHOW CREATE TABLE <表名\G>;
```

提　示
执行 SHOW CREATE TABLE 语句不仅可以查看创建表时的详细语句，还可以查看存储引擎和字符编码。

不加 "\G" 参数，显示的结果可能非常混乱；加上参数 "\G" 之后，可使显示结果更加直观，更易于查看。

【例 15.15】使用 SHOW CREATE TABLE 查看表 tb_emp1 的详细信息，SQL 语句如下：

```
mysql> SHOW CREATE TABLE tb_emp1;
+--------+------------------------------------------------------------+
| Table  | Create Table                                               |
+--------+------------------------------------------------------------+
| fruits | CREATE TABLE `fruits` (
  `f_id` char(10) NOT NULL,
  `s_id` int(11) NOT NULL,
  `f_name` char(255) NOT NULL,
  `f_price` decimal(8,2) NOT NULL,
  PRIMARY KEY (`f_id`),
  KEY `index_name` (`f_name`),
  KEY `index_id_price` (`f_id`,`f_price`)
) ENGINE=InnoDB DEFAULT CHARSET=utf8mb4 COLLATE=utf8mb4_0900_ai_ci |
+--------+------------------------------------------------------------+
```

使用参数 "\G" 之后的结果如下：

```
mysql> SHOW CREATE TABLE tb_emp1\G
*** 1. row ***
      Table: tb_emp1
Create Table: CREATE TABLE `tb_emp1` (
  `id` int(11) DEFAULT NULL,
  `name` varchar(25) DEFAULT NULL,
  `deptId` int(11) DEFAULT NULL,
  `salary` float DEFAULT NULL
) ENGINE=InnoDB DEFAULT CHARSET=utf8mb4 COLLATE=utf8mb4_0900_ai_ci
```

15.5 修改数据表

修改表指的是修改数据库中已经存在的数据表的结构。MySQL 使用 ALTER TABLE 语句修改表。常用的修改表的操作有修改表名、修改字段数据类型或字段名、增加和删除字段、修改字段的排列位置、更改表的存储引擎、删除表的外键约束等。本节将对和修改表有关的操作进行讲解。

15.5.1 修改表名

MySQL 是通过 ALTER TABLE 语句来实现表名修改的，具体的语法规则如下：

```
ALTER TABLE <旧表名> RENAME [TO] <新表名>;
```

其中，TO 为可选参数，使用与否均不影响结果。

【例 15.16】将数据表 tb_dept3 改名为 tb_deptment3。

执行修改表名操作之前，使用 SHOW TABLES 查看数据库中所有的表。

```
mysql> SHOW TABLES;
+--------------------+
| Tables_in_test_db  |
+--------------------+
| tb_dept            |
| tb_dept2           |
| tb_dept3           |
……省略部分内容
```

使用 ALTER TABLE 将表 tb_dept3 改名为 tb_deptment3，SQL 语句如下：

```
ALTER TABLE tb_dept3 RENAME tb_deptment3;
```

语句执行之后，检验表 tb_dept3 是否改名成功。使用 SHOW TABLES 查看数据库中的表，结果如下：

```
mysql> SHOW TABLES;
+--------------------+
| Tables_in_test_db  |
+--------------------+
| tb_dept            |
| tb_dept2           |
| tb_deptment3       |
```

······省略部分内容

经过比较可以看到，数据表列表中已经有了名称为 tb_deptment3 的表。

提　示
可以在修改表名称时使用 DESC 命令查看修改前后两个表的结构，修改表名并不修改表的结构，因此修改名称后的表和修改名称前的表的结构必然是相同的。

15.5.2　修改字段的数据类型

修改字段的数据类型就是把字段的数据类型转换成另一种数据类型。在 MySQL 中修改字段数据类型的语法规则如下：

```
ALTER TABLE <表名> MODIFY <字段名> <数据类型>
```

其中，"表名" 指要修改数据类型的字段所在表的名称，"字段名" 指需要修改的字段，"数据类型" 指修改后字段的新数据类型。

【例 15.17】将数据表 tb_dept1 中 name 字段的数据类型由 VARCHAR(22) 修改成 VARCHAR(30)。

执行修改表名操作之前，使用 DESC 查看 tb_dept 1 表结构，结果如下：

```
mysql> DESC tb_dept1;
+----------+--------------+--------+--------+------------+-------+
| Field    | Type         | Null   | Key    |Default     | Extra |
+----------+--------------+--------+--------+------------+-------+
| id       | int(11)      | NO     | PRI    | NULL       |       |
| name     | varchar(22)  | YES    |        | NULL       |       |
| location | varchar(50)  | YES    |        | NULL       |       |
+----------+--------------+--------+--------+------------+-------+
```

可以看到现在 name 字段的数据类型为 VARCHAR(22)，下面修改其类型。输入如下 SQL 语句并执行：

```
ALTER TABLE tb_dept1 MODIFY name VARCHAR(30);
```

再次使用 DESC 查看表，结果如下：

```
mysql> DESC tb_dept1;
+----------+--------------+--------+--------+------------+-------+
| Field    | Type         | Null   | Key    |Default     | Extra |
+----------+--------------+--------+--------+------------+-------+
| id       | int(11)      | NO     | PRI    | NULL       |       |
| name     | varchar(30)  | YES    |        | NULL       |       |
| location | varchar(50)  | YES    |        | NULL       |       |
+----------+--------------+--------+--------+------------+-------+
```

语句执行之后，检验会发现表 tb_dept 表中 name 字段的数据类型已经修改成 VARCHAR(30)，修改成功。

15.5.3 修改字段名

MySQL 中修改表字段名的语法规则如下：

```
ALTER TABLE <表名> CHANGE <旧字段名> <新字段名> <新数据类型>;
```

其中，"旧字段名"指修改前的字段名；"新字段名"指修改后的字段名；"新数据类型"指修改后的数据类型，如果不需要修改字段的数据类型，将新数据类型设置成与原来一样即可，但数据类型不能为空。

【例 15.18】将数据表 tb_dept1 中的 location 字段名改为 loc，数据类型保持不变，SQL 语句如下：

```
ALTER TABLE tb_dept1 CHANGE location loc VARCHAR(50);
```

使用 DESC 查看表 tb_dept1，会发现字段的名称已经修改成功，结果如下：

```
mysql> DESC tb_dept1;
+---------+-------------+------+-----+---------+-------+
| Field   | Type        | Null | Key |Default  | Extra |
+---------+-------------+------+-----+---------+-------+
| id      | int(11)     | NO   | PRI | NULL    |       |
| name    | varchar(30) | YES  |     | NULL    |       |
| loc     | varchar(50) | YES  |     | NULL    |       |
+---------+-------------+------+-----+---------+-------+
```

【例 15.19】将数据表 tb_dept1 中的 loc 字段名改为 location，同时将数据类型变为 VARCHAR(60)，SQL 语句如下：

```
ALTER TABLE tb_dept1 CHANGE loc location VARCHAR(60);
```

使用 DESC 查看表 tb_dept1，会发现字段的名称和数据类型均已经修改成功，结果如下：

```
mysql> DESC tb_dept1;
+----------+-------------+------+-----+---------+-------+
| Field    | Type        | Null | Key |Default  | Extra |
+----------+-------------+------+-----+---------+-------+
| id       | int(11)     | NO   | PRI | NULL    |       |
| name     | varchar(30) | YES  |     | NULL    |       |
| location | varchar(60) | YES  |     | NULL    |       |
+----------+-------------+------+-----+---------+-------+
```

> **提　示**
>
> 　　CHANGE 也可以只修改数据类型，实现和 MODIFY 同样的效果，方法是将 SQL 语句中的"新字段名"和"旧字段名"设置为相同的名称，只改变"数据类型"。

由于不同类型的数据在机器中存储的方式及长度并不相同，修改数据类型可能会影响到数据表中已有的数据记录，因此当数据库表中已经有数据时，不要轻易修改数据类型。

15.5.4 添加字段

随着业务需求的变化，可能需要在已经存在的表中添加新的字段。一个完整字段包括字段名、数据类型、完整性约束。添加字段的语法格式如下：

```
ALTER TABLE <表名> ADD <新字段名> <数据类型>
[约束条件] [FIRST | AFTER 已存在字段名];
```

新字段名为需要添加的字段的名称；"FIRST"为可选参数，其作用是将新添加的字段设置为表的第一个字段；"AFTER"为可选参数，其作用是将新添加的字段添加到指定的"已存在字段名"的后面。

> **提　示**
>
> "FIRST"或"AFTER 已存在字段名"用于指定新增字段在表中的位置，如果 SQL 语句中没有这两个参数，则默认将新添加的字段设置为数据表的最后列。

1. 添加无完整性约束条件的字段

【例 15.20】在数据表 tb_dept1 中添加一个没有完整性约束的 INT 类型的字段 managerId（部门经理编号），SQL 语句如下：

```
ALTER TABLE tb_dept1 ADD managerId INT(10);
```

使用 DESC 查看表 tb_dept1，会发现在表的最后添加了一个名为 managerId 的 INT 类型的字段，结果如下：

```
mysql> DESC tb_dept1;
+-----------+-------------+------+-----+---------+-------+
| Field     | Type        | Null | Key | Default | Extra |
+-----------+-------------+------+-----+---------+-------+
| id        | int(11)     | NO   | PRI | NULL    |       |
| name      | varchar(30) | YES  |     | NULL    |       |
| location  | varchar(60) | YES  |     | NULL    |       |
| managerId | int(10)     | YES  |     | NULL    |       |
+-----------+-------------+------+-----+---------+-------+
```

2. 添加有完整性约束条件的字段

【例 15.21】在数据表 tb_dept1 中添加一个不能为空的 VARCHAR(12)类型的字段 column1，SQL 语句如下：

```
ALTER TABLE tb_dept1 ADD column1 VARCHAR(12) not null;
```

使用 DESC 查看表 tb_dept1，会发现在表的最后添加了一个名为 column1 的 VARCHAR(12)类型且不为空的字段，结果如下：

```
mysql> DESC tb_dept1;
+-----------+-------------+------+-----+---------+-------+
| Field     | Type        | Null | Key | Default | Extra |
+-----------+-------------+------+-----+---------+-------+
```

```
| id        | int(11)     | NO   | PRI | NULL  |        |
| name      | varchar(30) | YES  |     | NULL  |        |
| location  | varchar(60) | YES  |     | NULL  |        |
| managerId | int(10)     | YES  |     | NULL  |        |
| column1   | varchar(12) | NO   |     | NULL  |        |
+-----------+-------------+------+-----+-------+--------+
```

3. 在表的第一列添加一个字段

【例 15.22】在数据表 tb_dept1 中添加一个 INT 类型的字段 column2，SQL 语句如下：

```
ALTER TABLE tb_dept1 ADD column2 INT(11) FIRST;
```

使用 DESC 查看表 tb_dept1，会发现在表第一列添加了一个名为 column2 的 INT(11)类型字段，结果如下：

```
mysql> DESC tb_dept1;
+-------------+-------------+----------+---------+--------------+---------+
| Field       | Type        | Null     | Key     | Default      | Extra   |
+-------------+-------------+----------+---------+--------------+---------+
| column2     | int(11)     | YES      |         | NULL         |         |
| id          | int(11)     | NO       | PRI     | NULL         |         |
| name        | varchar(30) | YES      |         | NULL         |         |
| location    | varchar(60) | YES      |         | NULL         |         |
| managerId   | int(10)     | YES      |         | NULL         |         |
| column1     | varchar(12) | NO       |         | NULL         |         |
+-------------+-------------+----------+---------+--------------+---------+
```

4. 在表的指定列之后添加一个字段

【例 15.23】在数据表 tb_dept1 中 name 列后添加一个 INT 类型的字段 column3，SQL 语句如下：

```
ALTER TABLE tb_dept1 ADD column3 INT(11) AFTER name;
```

使用 DESC 查看表 tb_dept1，结果如下：

```
mysql> DESC tb_dept1;
+-----------+-------------+---------+--------+------------+---------+
| Field     | Type        | Null    | Key    | Default    | Extra   |
+-----------+-------------+---------+--------+------------+---------+
| column2   | int(11)     | YES     |        | NULL       |         |
| id        | int(11)     | NO      | PRI    | NULL       |         |
| name      | varchar(30) | YES     |        | NULL       |         |
| column3   | int(11)     | YES     |        | NULL       |         |
| location  | varchar(60) | YES     |        | NULL       |         |
| managerId | int(10)     | YES     |        | NULL       |         |
| column1   | varchar(12) | NO      |        | NULL       |         |
+-----------+-------------+---------+--------+------------+---------+
```

可以看到，tb_dept1 表中增加了一个名为 column3 的字段，其位置在指定的 name 字段后面，添加字段成功。

15.5.5　删除字段

删除字段是将数据表中的某个字段从表中移除，语法格式如下：

```
ALTER TABLE <表名> DROP <字段名>;
```

"字段名"指需要从表中删除的字段的名称。

【例 15.24】删除数据表 tb_dept1 表中的 column2 字段。

执行删除字段之前，使用 DESC 查看 tb_dept1 表结构，结果如下：

```
mysql> DESC tb_dept1;
+------------+-------------+------+-----+---------+-------+
| Field      | Type        | Null | Key | Default | Extr  |
+------------+-------------+------+-----+---------+-------+
| column2    | int(11)     | YES  |     | NULL    |       |
| id         | int(11)     | NO   | PRI | NULL    |       |
| name       | varchar(30) | YES  |     | NULL    |       |
| column3    | int(11)     | YES  |     | NULL    |       |
| location   | varchar(60) | YES  |     | NULL    |       |
| managerId  | int(10)     | YES  |     | NULL    |       |
| column1    | varchar(12) | NO   |     | NULL    |       |
+------------+-------------+------+-----+---------+-------+
```

删除 column2 字段，SQL 语句如下：

```
ALTER TABLE tb_dept1 DROP column2;
```

再次使用 DESC 查看表 tb_dept1，结果如下：

```
mysql> DESC tb_dept1;
+------------+-------------+------+-----+---------+-------+
| Field      | Type        | Null | Key | Default | Extr  |
+------------+-------------+------+-----+---------+-------+
| id         | int(11)     | NO   | PRI | NULL    |       |
| name       | varchar(30) | YES  |     | NULL    |       |
| column3    | int(11)     | YES  |     | NULL    |       |
| location   | varchar(60) | YES  |     | NULL    |       |
| managerId  | int(10)     | YES  |     | NULL    |       |
| column1    | varchar(12) | NO   |     | NULL    |       |
+------------+-------------+------+-----+---------+-------+
```

可以看到，tb_dept1 表中已经不存在名为 column2 的字段，删除字段成功。

15.5.6　修改字段的排列位置

对于一个数据表来说，在创建的时候，字段在表中的排列顺序就已经确定，但表的结构并不是完全不可以改变的，可以通过 ALTER TABLE 来改变表中字段的相对位置。语法格式如下：

```
ALTER TABLE <表名> MODIFY <字段 1> <数据类型> FIRST|AFTER <字段 2>;
```

"字段 1"指要修改位置的字段；"数据类型"指"字段 1"的数据类型；"FIRST"为可选

参数，指将"字段 1"修改为表的第一个字段；"AFTER 字段 2"指将"字段 1"插入到"字段 2"
后面。

1. 修改字段为表的第一个字段

【例 15.25】将数据表 tb_dept1 中的 column1 字段修改为表的第一个字段，SQL 语句如下：

```
ALTER TABLE tb_dept1 MODIFY column1 VARCHAR(12) FIRST;
```

使用 DESC 查看表 tb_dept1，发现字段 column1 已经被移至表的第一列，结果如下：

```
mysql> DESC tb_dept1;
+-----------+-------------+------+-----+---------+-------+
| Field     | Type        | Null | Key | Default | Extra |
+-----------+-------------+------+-----+---------+-------+
| column1   | varchar(12) | YES  |     | NULL    |       |
| id        | int(11)     | NO   | PRI | NULL    |       |
| name      | varchar(30) | YES  |     | NULL    |       |
| column3   | int(11)     | YES  |     | NULL    |       |
| location  | varchar(60) | YES  |     | NULL    |       |
| managerId | int(10)     | YES  |     | NULL    |       |
+-----------+-------------+------+-----+---------+-------+
```

2. 修改字段到表的指定列之后

【例 15.26】将数据表 tb_dept1 中的 column1 字段插入到 location 字段后面，SQL 语句如下：

```
ALTER TABLE tb_dept1 MODIFY column1 VARCHAR(12) AFTER location;
```

使用 DESC 查看表 tb_dept1，结果如下：

```
mysql> DESC tb_dept1;
+-----------+-------------+------+-----+---------+-------+
| Field     | Type        | Null | Key | Default | Extra |
+-----------+-------------+------+-----+---------+-------+
| id        | int(11)     | NO   | PRI | NULL    |       |
| name      | varchar(30) | YES  |     | NULL    |       |
| column3   | int(11)     | YES  |     | NULL    |       |
| location  | varchar(60) | YES  |     | NULL    |       |
| column1   | varchar(12) | YES  |     | NULL    |       |
| managerId | int(10)     | YES  |     | NULL    |       |
+-----------+-------------+------+-----+---------+-------+
```

可以看到，tb_dept1 表中的字段 column1 已经被移至 location 字段之后。

15.5.7　更改表的存储引擎

通过前面章节的学习，我们知道在 MySQL 中数据存储在文件中或者存储在内存中是由存储引擎采用的不同技术来实现的。我们可以根据自己的需要选择不同的引擎，甚至可以为每一张表选择不同的存储引擎。MySQL 中的主要存储引擎有 MyISAM、InnoDB、MEMORY（HEAP）、BDB、FEDERATED 等。可以使用"SHOW ENGINES;"语句查看系统支持的存储引擎。表 15-3 列出了 MySQL 所支持的存储引擎。

表 15-3　MySQL 支持的存储引擎

引擎名	是否支持
FEDERATED	否
MRG_MYISAM	是
MyISAM	是
BLACKHOLE	是
CSV	是
MEMORY	是
ARCHIVE	是
InnoDB	默认
PERFORMANCE_SCHEMA	是

更改表的存储引擎的语法格式如下：

```
ALTER TABLE <表名> ENGINE=<更改后的存储引擎名>;
```

【例 15.27】将数据表 tb_deptment3 的存储引擎修改为 MyISAM。

在修改存储引擎之前，使用 SHOW CREATE TABLE 来查看表 tb_deptment3 当前的存储引擎，结果如下：

```
mysql> SHOW CREATE TABLE tb_deptment3 \G
*** 1. row ***
    Table: tb_deptment3
Create Table: CREATE TABLE `tb_deptment3` (
 `id` int(11) NOT NULL,
 `name` varchar(22) DEFAULT NULL,
 `location` varchar(50) DEFAULT NULL,
 PRIMARY KEY (`id`),
 UNIQUE KEY `STH` (`name`)
) ENGINE=InnoDB DEFAULT CHARSET=utf8mb4 COLLATE=utf8mb4_0900_ai_ci
```

可以看到，表 tb_deptment3 当前的存储引擎为 ENGINE=InnoDB，接下来修改存储引擎类型，输入如下 SQL 语句并执行：

```
mysql> ALTER TABLE tb_deptment3 ENGINE=MyISAM;
```

使用 SHOW CREATE TABLE 再次查看表 tb_deptment3 的存储引擎，发现表 tb_dept 的存储引擎变成了"MyISAM"，结果如下：

```
mysql> SHOW CREATE TABLE tb_deptment3 \G
*** 1. row ***
    Table: tb_deptment3
Create Table: CREATE TABLE `tb_deptment3` (
 `id` int(11) NOT NULL,
 `name` varchar(22) DEFAULT NULL,
 `location` varchar(50) DEFAULT NULL,
 PRIMARY KEY (`id`),
```

```
    UNIQUE KEY `STH` (`name`)
) ENGINE=MyISAM DEFAULT CHARSET=utf8mb4 COLLATE=utf8mb4_0900_ai_ci
```

15.5.8 删除表的外键约束

对于数据库中定义的外键，如果不再需要，可以将其删除。外键一旦删除，就会解除主表和从表间的关联关系。MySQL 中删除外键的语法格式如下：

```
ALTER TABLE <表名> DROP FOREIGN KEY <外键约束名>
```

"外键约束名"指在定义表时 CONSTRAINT 关键字后面的参数，详细内容可参考 15.3.3 节的"使用外键约束"。

【例 15.28】删除数据表 tb_emp9 中的外键约束。

首先创建表 tb_emp9，创建外键 deptId 关联 tb_dept1 表的主键 id，SQL 语句如下：

```
CREATE TABLE tb_emp9
(
id      INT(11) PRIMARY KEY,
name    VARCHAR(25),
deptId  INT(11),
salary  FLOAT,
CONSTRAINT fk_emp_dept  FOREIGN KEY (deptId) REFERENCES tb_dept1(id)
);
```

使用 SHOW CREATE TABLE 查看表 tb_emp9 的结构，结果如下：

```
mysql> SHOW CREATE TABLE tb_emp9 \G
*** 1. row ***
      Table: tb_emp9
Create Table: CREATE TABLE `tb_emp9` (
  `id` int(11) NOT NULL,
  `name` varchar(25) DEFAULT NULL,
  `deptId` int(11) DEFAULT NULL,
  `salary` float DEFAULT NULL,
  PRIMARY KEY (`id`),
  KEY `fk_emp_dept` (`deptId`),
  CONSTRAINT `fk_emp_dept` FOREIGN KEY (`deptId`) REFERENCES `tb_dept1` (`id`)
) ENGINE=InnoDB DEFAULT CHARSET=utf8mb4 COLLATE=utf8mb4_0900_ai_ci
```

可以看到，已经成功添加了表的外键，下面删除外键约束，SQL 语句如下：

```
ALTER TABLE tb_emp9 DROP FOREIGN KEY fk_emp_dept;
```

执行完毕之后，将删除表 tb_emp9 的外键约束，使用 SHOW CREATE TABLE 再次查看表 tb_emp9 结构，结果如下：

```
mysql> SHOW CREATE TABLE tb_emp9 \G
*** 1. row ***
      Table: tb_emp9
Create Table: CREATE TABLE `tb_emp9` (
  `id` int(11) NOT NULL,
```

```
  `name` varchar(25) DEFAULT NULL,
  `deptId` int(11) DEFAULT NULL,
  `salary` float DEFAULT NULL,
  PRIMARY KEY (`id`),
  KEY `fk_emp_dept` (`deptId`)
) ENGINE=InnoDB DEFAULT CHARSET=utf8mb4 COLLATE=utf8mb4_0900_ai_ci
```

可以看到，tb_emp9 中已经不存在 FOREIGN KEY，原有的名为 fk_emp_dept 的外键约束删除成功。

15.6　删除数据表

删除数据表就是将数据库中已经存在的表从数据库中删除。注意，在删除表的同时，表的定义和表中所有的数据均会被删除。因此，在进行删除操作前，最好备份一下表中的数据，以免造成无法挽回的结果。本节将详细讲解数据库表的删除方法。

15.6.1　删除没有被关联的表

在 MySQL 中，使用 DROP TABLE 可以一次删除一个或多个没有被其他表关联的数据表。语法格式如下：

```
DROP TABLE [IF EXISTS]表1, 表2,…,表 n;
```

"表 n"指要删除的表的名称，后面可以同时删除多个表，只需将要删除的表名依次写在后面，相互之间用逗号隔开即可。如果要删除的数据表不存在，则 MySQL 会提示一条错误信息，"ERROR 1051 (42S02): Unknown table '表名'"。参数"IF EXISTS"用于在删除前判断删除的表是否存在，加上该参数后，再删除表的时候，如果表不存在，SQL 语句可以顺利执行，但是会发出警告。

在前面的例子中，已经创建了名为 tb_dept2 的数据表。如果没有，可以输入语句，创建该表，SQL 语句如例 15.10 所示。下面使用删除语句将该表删除。

【例 15.29】删除数据表 tb_dept2，SQL 语句如下：

```
DROP TABLE IF EXISTS tb_dept2;
```

语句执行完毕之后，使用 SHOW TABLES 命令查看当前数据库中所有的表，SQL 语句如下：

```
mysql> SHOW TABLES;
+--------------------+
| Tables_in_test_db  |
+--------------------+
| tb_dept            |
| tb_deptment3       |
……省略部分内容
```

从执行结果可以看到，数据表列表中已经不存在名为 tb_dept2 的表，说明删除操作成功。

15.6.2　删除被其他表关联的主表

在数据表之间存在外键关联的情况下，如果直接删除父表，结果就会显示失败，原因是直接删除将破坏表的引用完整性。如果必须要删除，可以先删除与它关联的子表，再删除父表，只是这样会同时删除两个表中的数据。有的情况下可能要保留子表、单独删除父表，先将关联的表的外键约束条件取消，然后就可以删除父表了。下面讲解这种方法。

在数据库中创建两个关联表。首先，创建表 tb_dept2，SQL 语句如下：

```
CREATE TABLE tb_dept2
(
  id        INT(11) PRIMARY KEY,
  name      VARCHAR(22),
  location  VARCHAR(50)
);
```

接下来创建表 tb_emp，SQL 语句如下：

```
CREATE TABLE tb_emp
(
  id        INT(11) PRIMARY KEY,
  name      VARCHAR(25),
  deptId    INT(11),
  salary    FLOAT,
  CONSTRAINT fk_emp_dept  FOREIGN KEY (deptId) REFERENCES tb_dept2(id)
);
```

使用 SHOW CREATE TABLE 命令查看表 tb_emp 的外键约束，结果如下：

```
mysql> SHOW CREATE TABLE tb_emp\G
*** 1. row ***
      Table: tb_emp
Create Table: CREATE TABLE `tb_emp` (
  `id` int(11) NOT NULL,
  `name` varchar(25) DEFAULT NULL,
  `deptId` int(11) DEFAULT NULL,
  `salary` float DEFAULT NULL,
  PRIMARY KEY (`id`),
  KEY `fk_emp_dept` (`deptId`),
  CONSTRAINT `fk_emp_dept` FOREIGN KEY (`deptId`) REFERENCES `tb_dept2` (`id`)
) ENGINE=InnoDB DEFAULT CHARSET=utf8mb4 COLLATE=utf8mb4_0900_ai_ci
1 row in set (0.00 sec)
```

可以看到，以上执行结果创建了两个关联表 tb_dept2 和 tb_emp。其中，tb_emp 表为子表，具有名为 fk_emp_dept 的外键约束；tb_dept2 为父表，其主键 id 被子表 tb_emp 所关联。

【例 15.30】删除被数据表 tb_emp 关联的数据表 tb_dept2。

首先，直接删除父表 tb_dept2，输入如下语句：

```
mysql> DROP TABLE tb_dept2;
ERROR 3730 (HY000): Cannot drop table 'tb_dept2' referenced by a foreign key
```

```
constraint 'fk_emp_dept' on table 'tb_emp'.
```

如前所述，存在外键约束时，主表不能被直接删除。

接下来，解除关联子表 tb_emp 的外键约束，SQL 语句如下：

```
ALTER TABLE tb_emp DROP FOREIGN KEY fk_emp_dept;
```

语句成功执行后，将取消表 tb_emp 和表 tb_dept2 之间的关联关系，此时可以输入删除语句，将原来的父表 tb_dept2 删除，SQL 语句如下：

```
DROP TABLE tb_dept2;
```

通过 "SHOW TABLES;" 查看数据表列表，如下所示：

```
mysql> show tables;
+--------------------+
| Tables_in_test_db  |
+--------------------+
| tb_dept            |
| tb_deptment3       |
......省略部分内容
```

可以看到，数据表列表中已经不存在名称为 tb_dept2 的表。

```
CREATE TABLE tb_dept2
(
  id        INT(11) PRIMARY KEY,
  name      VARCHAR(22),
  location  VARCHAR(50)
);
```

然后，创建表 tb_emp，SQL 语句如下：

```
CREATE TABLE tb_emp
(
  id       INT(11) PRIMARY KEY,
  name     VARCHAR(25),
  deptId   INT(11),
  salary   FLOAT,
  CONSTRAINT fk_emp_dept  FOREIGN KEY (deptId) REFERENCES tb_dept2(id)
);
```

使用 SHOW CREATE TABLE 命令查看表 tb_emp 的外键约束，结果如下：

```
mysql> SHOW CREATE TABLE tb_emp\G
*** 1. row ***
      Table: tb_emp
Create Table: CREATE TABLE `tb_emp` (
  `id` int(11) NOT NULL,
  `name` varchar(25) DEFAULT NULL,
  `deptId` int(11) DEFAULT NULL,
  `salary` float DEFAULT NULL,
  PRIMARY KEY (`id`),
  KEY `fk_emp_dept` (`deptId`),
```

```
    CONSTRAINT `fk_emp_dept` FOREIGN KEY (`deptId`) REFERENCES `tb_dept2` (`id`)
) ENGINE=InnoDB DEFAULT CHARSET=gb2312
1 row in set (0.00 sec)
```

可以看到，以上执行结果创建了两个关联表 tb_dept2 和表 tb_emp。其中，tb_emp 表为子表，具有名为 fk_emp_dept 的外键约束；tb_dept2 为父表，其主键 id 被子表 tb_emp 所关联。

【例 15.31】删除被数据表 tb_emp 关联的数据表 tb_dept2。

首先，直接删除父表 tb_dept2，输入如下语句：

```
mysql> DROP TABLE tb_dept2;
ERROR 1217 (23000): Cannot delete or update a parent row: a foreign key constraint
fails
```

如前所述，存在外键约束时，主表不能被直接删除。

接下来，解除关联子表 tb_emp 的外键约束，SQL 语句如下：

```
ALTER TABLE tb_emp DROP FOREIGN KEY fk_emp_dept;
```

该语句成功执行后，将取消表 tb_emp 和表 tb_dept2 之间的关联关系，此时可以输入删除语句，将原来的父表 tb_dept2 删除：

```
DROP TABLE tb_dept2;
```

最后，通过"SHOW TABLES;"查看数据表列表，如下所示：

```
mysql> show tables;
+---------------------+
| Tables_in_test_db   |
+---------------------+
| tb_dept             |
| tb_deptment3        |
……省略部分内容
```

数据表列表中已经不存在名为 tb_dept2 的表。

15.7 实战演练——数据表的基本操作

本章全面介绍了 MySQL 中数据表的各种操作，如创建表、添加各类约束、查看表结构、修改和删除表。掌握这些基本操作，为以后的学习打下坚实的基础。这里给出一个综合案例，全面回顾一下本章的知识要点，并通过这些操作来检验自己是否已经掌握了数据表的常用操作。

1. 案例目的

创建、修改和删除表，掌握数据表的基本操作。

创建数据库 company，按照表 15-4 和表 15-5 给出的表结构在 company 数据库中创建两个数据表 offices 和 employees，按照操作过程完成对数据表的基本操作。

表 15-4　offices 表结构

字段名	数据类型	主键	外键	非空	唯一	自增
officeCode	INT(10)	是	否	是	是	否
city	VARCHAR(50)	否	否	是	否	否
address	VARCHAR(50)	否	否	是	否	否
country	VARCHAR(50)	否	否	是	否	否
postalCode	VARCHAR(15)	否	否	是	否	否

表 15-5　employees 表结构

字段名	数据类型	主键	外键	非空	唯一	自增
employeeNumber	INT(11)	是	否	是	是	是
lastName	VARCHAR(50)	否	否	是	否	否
firstName	VARCHAR(50)	否	否	是	否	否
mobile	VARCHAR(25)	否	否	是	是	否
officeCode	INT(10)	否	是	是	否	否
jobTitle	VARCHAR(50)	否	否	是	否	否
birth	DATETIME	否	否	否	否	否
note	VARCHAR(255)	否	否	否	否	否
sex	VARCHAR(5)	否	否	否	否	否

2. 案例操作过程

步骤 01　登录 MySQL 数据库。

打开 Windows 命令行，输入用户名和密码进行登录：

```
C:\>mysql -h localhost -u root -p
Enter password: **
```

或者打开 MySQL 8.0 命令行客户端，只输入用户密码也可以登录。登录成功后显示如下信息：

```
Welcome to the MySQL monitor.  Commands end with ; or \g.
Your MySQL connection id is 2
Server version: 8.0.13 MySQL Community Server (GPL)

Copyright (c) 2000, 2018, Oracle and/or its affiliates. All rights reserved.

Oracle is a registered trademark of Oracle Corporation and/or its
affiliates. Other names may be trademarks of their respective
owners.

Type 'help;' or '\h' for help. Type '\c' to clear the current input statement.

mysql>
```

登录成功后，可以输入 SQL 语句进行操作。

步骤 02　创建数据库 company。

创建数据库 company 的语句如下：

```
mysql> CREATE DATABASE company;
Query OK, 1 row affected (0.00 sec)
```

结果显示创建成功。在 company 数据库中创建表，必须选择该数据库，输入语句如下：

```
mysql> USE company;
Database changed
```

结果显示选择数据库成功。

步骤 03　创建表 offices。

创建表 offices 的语句如下：

```
CREATE TABLE offices
(
  officeCode  INT(10) NOT NULL UNIQUE,
  city        VARCHAR(50) NOT NULL,
  address     VARCHAR(50) NOT NULL,
  country     VARCHAR(50) NOT NULL,
  postalCode  VARCHAR(15) NOT NULL,
  PRIMARY KEY  (officeCode)
);
```

执行成功之后，使用"SHOW TABLES;"语句查看数据库中的表，语句如下：

```
mysql> show tables;
+-----------------------+
| Tables_in_company     |
+-----------------------+
| offices               |
+-----------------------+
```

数据库中已经有了数据表 offices，创建成功。

步骤 04　创建表 employees。

创建表 employees 的语句如下：

```
CREATE TABLE employees
(
  employeeNumber  INT(11) NOT NULL PRIMARY KEY AUTO_INCREMENT,
  lastName        VARCHAR(50) NOT NULL,
  firstName       VARCHAR(50) NOT NULL,
  mobile          VARCHAR(25) NOT NULL,
  officeCode       INT(10) NOT NULL,
  jobTitle        VARCHAR(50) NOT NULL,
  birth           DATETIME,
  note            VARCHAR(255),
  sex             VARCHAR(5),
  CONSTRAINT office_fk FOREIGN KEY(officeCode)  REFERENCES
offices(officeCode)
);
```

执行成功之后，使用"SHOW TABLES;"语句查看数据库中的表，语句如下：

```
mysql> show tables;
+-----------------------+
| Tables_in_company     |
+-----------------------+
| employees             |
| offices               |
+-----------------------+
```

数据库中已经创建好 employees 和 offices 两个数据表。要检查表的结构是否按照要求创建，可使用 DESC 分别查看两个表的结构，如果语句正确，则显示结果如下：

```
mysql>DESC offices;
+-------------+-------------+------+-----+---------+-------+
| Field       | Type        | Null | Key | Default | Extra |
+-------------+-------------+------+-----+---------+-------+
| officeCode  | int(10)     | NO   | PRI | NULL    |       |
| city        | varchar(50) | NO   |     | NULL    |       |
| address     | varchar(50) | NO   |     | NULL    |       |
| country     | varchar(50) | NO   |     | NULL    |       |
| postalCode  | varchar(15) | NO   |     | NULL    |       |
+-------------+-------------+------+-----+---------+-------+

mysql>DESC employees;
+----------------+--------------+------+-----+---------+----------------+
| Field          | Type         | Null | Key | Default | Extra          |
+----------------+--------------+------+-----+---------+----------------+
| employeeNumber | int(11)      | NO   | PRI | NULL    | auto_increment |
| lastName       | varchar(50)  | NO   |     | NULL    |                |
| firstName      | varchar(50)  | NO   |     | NULL    |                |
| mobile         | varchar(25)  | NO   |     | NULL    |                |
| officeCode     | int(10)      | NO   | MUL | NULL    |                |
| jobTitle       | varchar(50)  | NO   |     | NULL    |                |
| birth          | datetime     | YES  |     | NULL    |                |
| note           | varchar(255) | YES  |     | NULL    |                |
| sex            | varchar(5)   | YES  |     | NULL    |                |
+----------------+--------------+------+-----+---------+----------------+
```

可以看到，两个表中字段分别满足表 15-4 和表 15-5 中要求的数据类型和约束类型。

步骤 05 将表 employees 的 mobile 字段修改到 officeCode 字段后面。

修改字段位置需要用到 ALTER TABLE 语句：

```
mysql> ALTER TABLE employees MODIFY mobile VARCHAR(25) AFTER officeCode;
```

结果显示执行成功。使用 DESC 查看修改后的结果如下：

```
mysql>DESC employees;
+----------------+--------------+------+-----+---------+----------------+
| Field          | Type         | Null | Key | Default | Extra          |
```

```
+----------------+--------------+------+-----+---------+----------------+
| employeeNumber | int(11)      | NO   | PRI | NULL    | auto_increment |
| lastName       | varchar(50)  | NO   |     | NULL    |                |
| firstName      | varchar(50)  | NO   |     | NULL    |                |
| officeCode     | int(10)      | NO   | MUL | NULL    |                |
| mobile         | varchar(25)  | YES  |     | NULL    |                |
| jobTitle       | varchar(50)  | NO   |     | NULL    |                |
| birth          | datetime     | YES  |     | NULL    |                |
| note           | varchar(255) | YES  |     | NULL    |                |
| sex            | varchar(5)   | YES  |     | NULL    |                |
+----------------+--------------+------+-----+---------+----------------+
```

可以看到，mobile 字段已经插入到 officeCode 字段的后面。

步骤 06 将表 employees 的 birth 字段改名为 employee_birth。

修改字段名需要用到 ALTER TABLE 语句：

```
ALTER TABLE employees CHANGE birth employee_birth DATETIME;
```

结果显示执行成功。使用 DESC 查看修改后的结果如下：

```
mysql>DESC employees;
+----------------+--------------+------+-----+---------+----------------+
| Field          | Type         | Null | Key | Default | Extra          |
+----------------+--------------+------+-----+---------+----------------+
| employeeNumber | int(11)      | NO   | PRI | NULL    | auto_increment |
| lastName       | varchar(50)  | NO   |     | NULL    |                |
| firstName      | varchar(50)  | NO   |     | NULL    |                |
| officeCode     | int(10)      | NO   | MUL | NULL    |                |
| mobile         | varchar(25)  | YES  |     | NULL    |                |
| jobTitle       | varchar(50)  | NO   |     | NULL    |                |
| employee_birth | datetime     | YES  |     | NULL    |                |
| note           | varchar(255) | YES  |     | NULL    |                |
| sex            | varchar(5)   | YES  |     | NULL    |                |
+----------------+--------------+------+-----+---------+----------------+
```

可以看到，表中只有 employee_birth 字段，已经没有名为 birth 的字段了，修改名称成功。

步骤 07 修改 sex 字段数据类型为 VARCHAR(1)、非空约束。

修改字段数据类型需要用到 ALTER TABLE 语句：

```
mysql>ALTER TABLE employees MODIFY sex CHAR(1) NOT NULL;
```

结果显示执行成功。使用 DESC 查看修改后的结果如下：

```
mysql>DESC employees;
+----------------+--------------+------+-----+---------+----------------+
| Field          | Type         | Null | Key | Default | Extra          |
+----------------+--------------+------+-----+---------+----------------+
| employeeNumber | int(11)      | NO   | PRI | NULL    | auto_increment |
| lastName       | varchar(50)  | NO   |     | NULL    |                |
```

```
| firstName      | varchar(50)  | NO  |     | NULL |      |
| officeCode     | int(10)      | NO  | MUL | NULL |      |
| mobile         | varchar(25)  | YES |     | NULL |      |
| jobTitle       | varchar(50)  | NO  |     | NULL |      |
| employee_birth | datetime     | YES |     | NULL |      |
| note           | varchar(255) | YES |     | NULL |      |
| sex            | varchar(1)   | NO  |     | NULL |      |
+----------------+--------------+-----+-----+--------+---------------+
```

从执行结果可以看到，sex 字段的数据类型由前面的 VARCHAR(5)修改为 VARCHAR(1)，且其 Null 列显示为 NO，表示该列不允许空值，修改成功。

步骤 08　删除字段 note。

删除字段需要用到 ALTER TABLE 语句：

```
mysql> ALTER TABLE employees DROP note;
Query OK, 0 rows affected (0.01 sec)
Records: 0  Duplicates: 0  Warnings: 0
```

结果显示执行语句成功。使用"DESC employees;"查看语句执行后的结果：

```
mysql> desc employees;
+----------------+--------------+------+-----+---------+----------------+
| Field          | Type         | Null | Key | Default | Extra          |
+----------------+--------------+------+-----+---------+----------------+
| employeeNumber | int(11)      | NO   | PRI | NULL    | auto_increment |
| lastName       | varchar(50)  | NO   |     | NULL    |                |
| firstName      | varchar(50)  | NO   |     | NULL    |                |
| officeCode     | int(10)      | NO   | MUL | NULL    |                |
| mobile         | varchar(25)  | YES  |     | NULL    |                |
| jobTitle       | varchar(50)  | NO   |     | NULL    |                |
| employee_birth | datetime     | YES  |     | NULL    |                |
| sex            | varchar(1)   | NO   |     | NULL    |                |
+----------------+--------------+------+-----+---------+----------------+
```

DESC 语句返回了 8 个列字段，note 字段已经不在表结构中，表明删除字段成功。

步骤 09　增加字段名 favoriate_activity，数据类型为 VARCHAR(100)。

增加字段需要用到 ALTER TABLE 语句：

```
mysql> ALTER TABLE employees ADD favoriate_activity VARCHAR(100);
```

结果显示执行语句成功。使用"DESC employees;"查看语句执行后的结果：

```
mysql> desc employees;
+----------------+--------------+------+-----+---------+----------------+
| Field          | Type         | Null | Key | Default | Extra          |
+----------------+--------------+------+-----+---------+----------------+
| employeeNumber | int(11)      | NO   | PRI | NULL    | auto_increment |
| lastName       | varchar(50)  | NO   |     | NULL    |                |
| firstName      | varchar(50)  | NO   |     | NULL    |                |
```

```
| officeCode          | int(10)       | NO  | MUL | NULL |      |
| mobile              | varchar(25)   | YES |     | NULL |      |
| jobTitle            | varchar(50)   | NO  |     | NULL |      |
| employee_birth      | datetime      | YES |     | NULL |      |
| sex                 | varchar(1)    | NO  |     | NULL |      |
| favoriate_activity  | varchar(100)  | YES |     | NULL |      |
+---------------------+---------------+-----+-----+------+------+
```

数据表 employees 中增加了一个新的列 favoriate_activity，数据类型为 VARCHAR(100)，允许空值，添加新字段成功。

步骤 10 删除表 offices。

在创建表 employees 时，设置了表的外键，并关联了父表的 officeCode 主键。如前面所述，删除关联表时，要先删除子表 employees 的外键约束，才能删除父表。因此，必须先删除 employees 表的外键约束。

（1）删除 employees 表的外键约束，输入如下语句：

```
mysql>ALTER TABLE employees DROP FOREIGN KEY office_fk;
```

其中，office_fk 为 employees 表的外键约束名称，即创建外键约束时 CONSTRAINT 关键字后面的参数。结果显示语句执行成功，可以删除 offices 父表了。

（2）删除表 offices，输入如下语句：

```
mysql>DROP TABLE offices;
Query OK, 0 rows affected (0.00 sec)
```

结果显示执行删除操作成功。使用"SHOW TABLES;"语句查看数据库中的表，结果如下：

```
mysql> show tables;
+---------------------+
| Tables_in_company   |
+---------------------+
| employees           |
+---------------------+
```

数据库中已经没有名为 offices 的表，表明删除表成功。

步骤 11 把表 employees 的存储引擎修改为 MyISAM。

修改表的存储引擎需要用到 ALTER TABLE 语句：

```
mysql>ALTER TABLE employees ENGINE=MyISAM;
Query OK, 0 rows affected (0.01 sec)
Records: 0  Duplicates: 0  Warnings: 0
```

结果显示执行修改存储引擎操作成功。使用 SHOW CREATE TABLE 语句查看表结构，结果如下：

```
mysql> SHOW CREATE TABLE employees\G
*** 1. row ***
```

```
     Table: employees
Create Table: CREATE TABLE `employees` (
 `employeeNumber` int(11) NOT NULL AUTO_INCREMENT,
 `lastName` varchar(50) NOT NULL,
 `firstName` varchar(50) NOT NULL,
 `officeCode` int(10) NOT NULL,
 `mobile` varchar(25) DEFAULT NULL,
 `jobTitle` varchar(50) NOT NULL,
 `employee_birth` datetime DEFAULT NULL,
 `sex` char(1) NOT NULL,
 `favoriate_activity` varchar(100) DEFAULT NULL,
 PRIMARY KEY (`employeeNumber`),
 KEY `office_fk` (`officeCode`)
) ENGINE=MyISAM DEFAULT CHARSET=utf8mb4 COLLATE=utf8mb4_0900_ai_ci
```

ENGINE 后面的参数已经修改为 MyISAM，表明修改成功。

步骤 12　将表 employees 的名称修改为 employees_info。

修改数据表名需要用到 ALTER TABLE 语句：

```
mysql>ALTER TABLE employees RENAME employees_info;
Query OK, 0 rows affected (0.00 sec)
```

结果显示执行语句成功。使用"SHOW TABLES;"语句查看执行结果：

```
mysql> show tables;
+----------------------+
| Tables_in_company    |
+----------------------+
| employees_info       |
+----------------------+
```

数据库中已经没有名为 employees 的数据表，拥有的是 employees_info 数据表，表明修改成功。

15.8　高手甜点

甜点 1：删除表时需要注意什么？

删除表的操作会把表的定义和表中的数据一起删除掉，并且 MySQL 在执行删除操作时不会有任何要求用户确认的提示信息，因此执行删除操作时应当慎重。在删除表之前，最好对表中的数据进行备份，当操作失误时可以对数据进行恢复，以免造成无法挽回的结果。

同样的，在使用 ALTER TABLE 对表执行基本的修改操作时，在执行操作之前也应该确保对数据进行完整的备份，因为数据库的改变是无法撤销的。如果添加了一个不需要的字段，可以将其删除；但是如果删除了一个需要的列，那么该列下面的所有数据就都丢失了。

甜点 2：每一个表中都要有一个主键吗？

并不是每一个表中都需要主键。多个表之间进行连接操作时，一般需要用到主键。因此，并不需要为每个表建立主键，而且某些情况下最好不使用主键。

甜点 3：并不是每个表都可以任意选择存储引擎。

外键约束（FOREIGN KEY）不能跨引擎使用。MySQL 支持多种存储引擎，每一个表都可以指定一个不同的存储引擎，但是要注意：外键约束是用来保证数据引用的完整性，如果表之间需要关联外键，却指定了不同的存储引擎，那么这些表之间就不能创建外键约束。所以说，存储引擎的选择也不完全是随意的。

甜点 4：带 AUTO_INCREMENT 约束的字段值是从 1 开始的吗？

在 MySQL 中，AUTO_INCREMENT 默认的初始值是 1，每新增一条记录，字段值自动加 1。设置自增属性（AUTO_INCREMENT）的时候，还可以指定第一条插入记录的自增字段值，这样新插入的记录的自增字段值从初始值开始递增，如在 tb_emp8 中插入第一条记录，同时指定 id 值为 5，则以后插入的记录的 id 值就会从 6 开始往上增加。添加唯一性的主键约束时，往往需要设置字段自动增加属性。

第 16 章 数据的基本操作

学习目标 | Objective

数据库管理系统的一个重要功能就是提供数据的各种操作，包括插入数据、更新数据、删除数据和查询数据等。其中，数据查询不是简单返回数据库中存储的数据，而是应该根据需要对数据进行筛选，以及将数据以一定的格式显示。MySQL 提供了功能强大、灵活的语句来实现这些操作。本章将介绍数据的这些基本操作方法和技巧。

内容导航 | Navigation

- 掌握如何插入数据
- 掌握如何更新数据
- 掌握如何删除数据
- 掌握如何查询数据
- 熟练运用综合案例中数据的基本操作

16.1 插入数据

在使用数据库之前，数据库中必须要有数据。在 MySQL 中，使用 INSERT 语句向数据表中插入新的数据记录。可以插入的方式有：插入完整的记录，插入记录的一部分，插入多条记录，以及插入另一个查询的结果。下面将介绍这些内容。

16.1.1 为表的所有字段插入数据

使用基本的 INSERT 语句插入数据要求指定表的名称和插入到新记录中的值，基本语法格式为：

```
INSERT INTO table_name (column_list) VALUES (value_list);
```

其中，table_name 指定要插入数据的表名，column_list 指定要插入数据的那些列，value_list 指定每个列对应插入的数据。注意，使用该语句时字段列和数据值的数量必须相同。

本章将使用样例表 person，创建语句如下：

```
CREATE TABLE person
(
    id    INT UNSIGNED NOT NULL AUTO_INCREMENT,
    name  CHAR(40) NOT NULL DEFAULT '',
    age   INT NOT NULL DEFAULT 0,
    info  CHAR(50) NULL,
```

```
    PRIMARY KEY (id)
);
```

向表中所有字段插入值的方法有两种：一种是指定所有字段名，另一种是完全不指定字段名。

【例 16.1】在表 person 中，插入一条新记录，id 值为 1，name 值为 Green，age 值为 21，info
值为 Lawyer。

执行插入操作之前，使用 SELECT 语句查看表中的数据：

```
mysql> SELECT * FROM person;
Empty set (0.00 sec)
```

结果显示当前表为空，没有数据。接下来执行插入操作：

```
mysql> INSERT INTO person (id ,name, age , info) VALUES (1,'Green', 21,
'Lawyer');
```

语句执行完毕，查看执行结果：

```
mysql> SELECT * FROM person;
+----+--------+-----+------------+
| id | name   | age | info       |
+----+--------+-----+------------+
|  1 | Green  |  21 | Lawyer     |
+----+--------+-----+------------+
```

插入记录成功。在插入数据时，指定了表 person 的所有字段，因此将为每一个字段插入新的
值。

INSERT 语句后面的列名称顺序可以不是表 person 定义时的顺序，即插入数据时不需要按
照表定义的顺序插入，只要保证值的顺序与列字段的顺序相同即可。

【例 16.2】在表 person 中，插入一条新记录，id 值为 2，name 值为 Suse，age 值为 22，info
值为 dancer，SQL 语句如下：

```
mysql> INSERT INTO person (age ,name, id , info) VALUES (22, 'Suse', 2,
'dancer');
```

语句执行完毕，查看执行结果：

```
mysql> SELECT * FROM person;
+----+--------+-----+------------+
| id | name   | age | info       |
+----+--------+-----+------------+
|  1 | Green  |  21 | Lawyer     |
|  2 | Suse   |  22 | dancer     |
+----+--------+-----+------------+
```

由结果可以看到，INSERT 语句成功插入了一条记录。

使用 INSERT 插入数据时，允许列名称列表 column_list 为空，此时值列表中需要为表的每一
个字段指定值，并且值的顺序必须和数据表中字段定义时的顺序相同。

【例 16.3】在表 person 中，插入一条新记录，SQL 语句如下：

```
mysql> INSERT INTO person  VALUES (3,'Mary', 24, 'Musician');
```

语句执行完毕，查看执行结果：

```
mysql> SELECT * FROM person;
+----+--------+-----+------------+
| id | name   | age | info       |
+----+--------+-----+------------+
|  1 | Green  |  21 | Lawyer     |
|  2 | Suse   |  22 | dancer     |
|  3 | Mary   |  24 | Musician   |
+----+--------+-----+------------+
```

可以看到插入记录成功。数据库中增加了一条 id 为 3 的记录，其他字段值为指定的插入值。本例的 INSERT 语句中没有指定插入列表，只有一个值列表。在这种情况下，值列表为每一个字段列指定插入值，并且这些值的顺序必须和表 person 中字段定义的顺序相同。

提　示

虽然使用 INSERT 插入数据时可以忽略插入数据的列名称，但是如果不包含列名称，那么 VALUES 关键字后面的值不但要求必须完整而且顺序必须和表定义时列的顺序相同。如果表的结构被修改，则对列进行增加、删除或者位置改变操作，使得用这种方式插入数据时的顺序也必须同时改变。如果指定列名称，则不会受到表结构改变的影响。

16.1.2　为表的指定字段插入数据

为表的指定字段插入数据，就是在 INSERT 语句中只向部分字段中插入值，而其他字段的值为表定义时的默认值。

【例 16.4】在表 person 中，插入一条新记录，name 值为 Willam，age 值为 20，info 值为 sports man，SQL 语句如下：

```
mysql>INSERT INTO person (name, age,info)  VALUES('Willam', 20, 'sports
man');
```

使用 SELECT 查询表中的记录，查询结果如下：

```
mysql> SELECT * FROM person;
+----+--------+-----+------------+
| id | name   | age | info       |
+----+--------+-----+------------+
|  1 | Green  |  21 | Lawyer     |
|  2 | Suse   |  22 | dancer     |
|  3 | Mary   |  24 | Musician   |
|  4 | Willam |  20 | sports man |
+----+--------+-----+------------+
```

可以看到插入记录成功。在这里，id 字段为表的主键不能为空，系统会自动为该字段插入自增的序列值，即 4。在插入记录时，如果某些字段没有指定插入值，MySQL 将插入该字段定义时的默认值；如下面的例子所示。

【例 16.5】在表 person 中，插入一条新记录，name 值为 Laura，age 值为 25，SQL 语句如下：

```
mysql> INSERT INTO person (name, age ) VALUES ('Laura', 25);
```

语句执行完毕，查看执行结果：

```
mysql> SELECT * FROM person;
+----+--------+-----+------------+
| id | name   | age | info       |
+----+--------+-----+------------+
| 1  | Green  | 21  | Lawyer     |
| 2  | Suse   | 22  | dancer     |
| 3  | Mary   | 24  | Musician   |
| 4  | Willam | 20  | sports man |
| 5  | Laura  | 25  | NULL       |
+----+--------+-----+------------+
```

在本例插入语句中没有指定 info 字段值，但是 info 字段在定义时指定了默认值为 NULL，因此系统自动为该字段插入 NULL（空值）。

提　示
要保证每个插入值的类型必须和对应列的数据类型匹配，如果类型不同，则无法插入，并且 MySQL 会产生错误。

16.1.3　同时插入多条记录

INSERT 语句可以同时向数据表中插入多条记录。插入时指定多个值列表，每个值列表之间用逗号分隔开，基本语法格式如下：

```
INSERT INTO table_name (column_list)
VALUES (value_list1), (value_list2),...,(value_listn);
```

"value_list1,value_list2,…,value_listn；"表示插入记录的字段值列表。

【例 16.6】在表 person 中，在 name、age 和 info 字段指定插入值，同时插入 3 条新记录，SQL 语句如下：

```
INSERT INTO person(name, age, info)
VALUES ('Evans',27, 'secretary'),
       ('Dale',22, 'cook'),
       ('Edison',28, 'singer');
```

语句执行完毕，查看执行结果：

```
mysql>  SELECT * FROM person;
+----+--------+-----+------------+
| id | name   | age | info       |
+----+--------+-----+------------+
| 1  | Green  | 21  | Lawyer     |
| 2  | Suse   | 22  | dancer     |
| 3  | Mary   | 24  | Musician   |
```

```
| 4 | Willam | 20 | sports man |
| 5 | Laura  | 25 | NULL       |
| 6 | Evans  | 27 | secretary  |
| 7 | Dale   | 22 | cook       |
| 8 | Edison | 28 | singer     |
+----+--------+-----+------------+
```

由结果可以看到，INSERT 语句执行后，表 person 中添加了 3 条记录，其 name 和 age 字段分别为指定的值，id 字段为 MySQL 添加的默认自增值。

使用 INSERT 同时插入多条记录时，MySQL 会返回一些在执行单行插入时没有的额外信息，这些包含数值的字符串的意思如下：

● Records：表明插入的记录条数。
● Duplicates：表明插入时被忽略的记录，原因可能是这些记录包含了重复的主键值。
● Warnings：表明有问题的数据值，例如发生数据类型转换。

【例 16.7】在表 person 中，不指定插入列表，同时插入两条新记录，SQL 语句如下：

```
INSERT INTO person
VALUES (9,'Harry',21, 'magician'),
       (NULL,'Harriet',19, 'pianist');
```

语句执行完毕，查看执行结果：

```
mysql> SELECT * FROM person;
+----+---------+-----+------------+
| id | name    | age | info       |
+----+---------+-----+------------+
|  1 | Green   | 21 | Lawyer     |
|  2 | Suse    | 22 | dancer     |
|  3 | Mary    | 24 | Musician   |
|  4 | Willam  | 20 | sports man |
|  5 | Laura   | 25 | NULL       |
|  6 | Evans   | 27 | secretary  |
|  7 | Dale    | 22 | cook       |
|  8 | Edison  | 28 | singer     |
|  9 | Harry   | 21 | magician   |
| 10 | Harriet | 19 | pianist    |
+----+---------+-----+------------+
```

由结果可以看到，INSERT 语句执行后表 person 中添加了两条记录。与前面介绍单个 INSERT 语法不同，person 表名后面没有指定插入字段列表，因此 VALUES 关键字后面的多个值列表都要为每一条记录的每一个字段列指定插入值，并且这些值的顺序必须和表 person 中字段定义的顺序相同，带有 AUTO_INCREMENT 属性的 id 字段插入 NULL（空值），系统会自动为该字段插入唯一的自增编号。

提 示

一个同时插入多行记录的 INSERT 语句可以等同于多个单行插入的 INSERT 语句，但是同时插入多行的 INSERT 语句在处理过程中效率更高。所以在插入多条记录时，最好选择使用单条 INSERT 语句的方式插入。

16.2　更新数据

表中有数据之后，接下来可以对数据进行更新操作。在 MySQL 中，使用 UPDATE 语句更新表中的记录时，可以更新特定的行或者同时更新所有的行。基本语法结构如下：

```
UPDATE table_name
SET column_name1 = value1,column_name2=value2,…,column_namen=valuen
WHERE (condition);
```

其中，"column_name1,column_name2,…,column_namen"为指定更新的字段的名称；"value1, value2,…,valuen"为相对应的指定字段的更新值；condition 指定更新的记录需要满足的条件。更新多个列时，每个"列-值"对之间用逗号隔开，最后一列之后不需要逗号。

【例 16.8】在表 person 中，更新 id 值为 10 的记录，将 age 字段值改为 15，将 name 字段值改为 LiMing，SQL 语句如下：

```
UPDATE person SET age = 15, name= 'LiMing' WHERE id = 10;
```

更新操作执行前可以使用 SELECT 语句查看当前的数据：

```
mysql> SELECT * FROM person WHERE id=10;
+----+-------+-----+---------+
| id | name  | age | info    |
+----+-------+-----+---------+
| 10 | Harry |  20 | student |
+----+-------+-----+---------+
```

在更新之前，id 等于 10 的记录的 name 字段值为 Harry，age 字段值为 20。下面使用 UPDATE 语句更新数据：

```
mysql> UPDATE person SET age = 15, name='LiMing' WHERE id = 10;
```

语句执行完毕，查看执行结果：

```
mysql> SELECT * FROM person WHERE id=10;
+----+--------+-----+---------+
| id | name   | age | info    |
+----+--------+-----+---------+
| 10 | LiMing |  15 | student |
+----+--------+-----+---------+
```

id 等于 10 的记录中的 name 和 age 字段值已经成功被修改为指定值。

> **提　示**
>
> 保证 UPDATE 以 WHERE 子句结束，通过 WHERE 子句指定被更新的记录所需要满足的条件。如果忽略 WHERE 子句，MySQL 将更新表中所有的行。

【例 16.9】在表 person 中，更新 age 值为 19 到 22 的记录，将 info 字段值都改为 student，SQL 语句如下：

```
UPDATE person SET info= 'student' WHERE id BETWEEN 19 AND 22;
```

更新操作执行前使用 SELECT 语句查看当前的数据：

```
mysql> SELECT * FROM person WHERE age BETWEEN 19 AND 22;
+----+---------+-----+------------+
| id | name    | age | info       |
+----+---------+-----+------------+
|  1 | Willam  |  20 | sports man |
|  3 | Green   |  21 | Lawyer     |
|  4 | Suse    |  22 | dancer     |
|  6 | Dale    |  22 | cook       |
|  8 | Harry   |  21 | magician   |
|  9 | Harriet |  19 | pianist    |
+----+---------+-----+------------+
```

可以看到，这些 age 字段值在 19 到 22 之间的记录的 info 字段值各不相同。下面使用 UPDATE
语句更新数据：

```
mysql> UPDATE person SET info='student' WHERE age BETWEEN 19 AND 22;
```

语句执行完毕，查看执行结果：

```
mysql> SELECT * FROM person WHERE age BETWEEN 19 AND 22;
+----+---------+-----+---------+
| id | name    | age | info    |
+----+---------+-----+---------+
|  1 | Willam  |  20 | student |
|  3 | Green   |  21 | student |
|  4 | Suse    |  22 | student |
|  6 | Dale    |  22 | student |
|  8 | Harry   |  21 | student |
|  9 | Harriet |  19 | student |
+----+---------+-----+---------+
```

由结果可以看到，UPDATE 语句执行后，成功地将表中符合条件记录的 info 字段值都改
成了 student。

16.3　删除数据

从数据表中删除数据使用 DELETE 语句。DELETE 语句允许 WHERE 子句指定删除条件，基
本语法格式如下：

```
DELETE FROM table_name [WHERE <condition>];
```

其中，table_name 指定要执行删除操作的表；"[WHERE <condition>]"为可选参数，指
定删除条件。如果没有 WHERE 子句，DELETE 语句将删除表中的所有记录。

【例 16.10】在表 person 中，删除 id 等于 10 的记录。

执行删除操作前使用 SELECT 语句查看当前 id=10 的记录：

```
mysql> SELECT * FROM person WHERE id=10;
```

```
+----+---------+-----+---------+
| id | name    | age | info    |
+----+---------+-----+---------+
| 10 | LiMing  | 15  | student |
+----+---------+-----+---------+
```

可以看到，现在表中有 id=10 的记录。下面使用 DELETE 语句删除这条记录：

```
mysql> DELETE FROM person WHERE id = 10;
```

语句执行完毕，查看执行结果：

```
mysql> SELECT * FROM person WHERE id=10;
Empty set (0.00 sec)
```

查询结果为空，说明删除操作成功。

【例 16.11】在 person 表中，使用 DELETE 语句同时删除多条记录。在前面 UPDATE 语句中将 age 字段值在 19 到 22 之间的记录的 info 字段值都修改成了 student，在这里删除这些记录。

执行删除操作前使用 SELECT 语句查看当前的数据：

```
mysql> SELECT * FROM person WHERE age BETWEEN 19 AND 22;
+----+---------+-----+---------+
| id | name    | age | info    |
+----+---------+-----+---------+
|  1 | Willam  | 20  | student |
|  3 | Green   | 21  | student |
|  4 | Suse    | 22  | student |
|  6 | Dale    | 22  | student |
|  8 | Harry   | 21  | student |
|  9 | Harriet | 19  | student |
+----+---------+-----+---------+
```

可以看到，这些 age 字段值在 19 到 22 之间的记录存在表中。下面使用 DELETE 删除这些记录：

```
mysql> DELETE FROM person WHERE age BETWEEN 19 AND 22;
```

语句执行完毕，查看执行结果：

```
mysql> SELECT * FROM person WHERE age BETWEEN 19 AND 22;
Empty set (0.00 sec)
```

查询结果为空，表明删除多条记录成功。

【例 16.12】删除 person 表中的所有记录。

执行删除操作前使用 SELECT 语句查看当前的数据：

```
mysql> SELECT * FROM person;
+----+---------+-----+-----------+
| id | name    | age | info      |
+----+---------+-----+-----------+
|  2 | Laura   | 25  | NULL      |
```

```
| 5 | Evans    | 27 | secretary |
| 7 | Edison   | 28 | singer    |
| 11| Beckham  | 31 | police    |
+----+---------+-----+----------+
```

结果显示 person 表中还有 4 条记录。执行 DELETE 语句删除这 4 条记录：

```
mysql> DELETE FROM person;
```

语句执行完毕，查看执行结果：

```
mysql> SELECT * FROM person;
Empty set (0.00 sec)
```

删除表中所有记录成功，现在 person 表中已经没有任何数据记录。

提　示
如果想删除表中的所有记录，还可以使用 TRUNCATE TABLE 语句。TRUNCATE 将直接删除原来的表并重新创建一个表，其语法结构为 TRUNCATE TABLE table_name。TRUNCATE 直接删除表而不是删除记录，因此执行速度比 DELETE 快。

16.4　查询数据

MySQL 从数据表中查询数据的基本语句为 SELECT 语句。SELECT 语句的基本格式是：

```
SELECT
        {* | <字段列表>}
        [
            FROM <表 1>,<表 2>...
            [WHERE <表达式>]
            [GROUP BY <group by definition>]
            [HAVING <expression> [{<operator> <expression>}...]]
            [ORDER BY <order by definition>]
            [LIMIT [<offset>,] <row count>]
        ]
SELECT [字段 1,字段 2,…,字段 n]
FROM [表或视图]
WHERE [查询条件];
```

- {* | <字段列表>}：包含星号通配符和字段列表。其中，"*"表示查询所有的字段；"字段列表"表示查询指定的字段。字段列表至少包含一个字段名称，如果要查询多个字段，多个字段之间用逗号隔开，最后一个字段后不要加逗号。
- FROM <表 1>,<表 2>...：表 1 和表 2 表示查询数据的来源，可以是单个或者多个。
- WHERE 子句：可选项，如果选择该项，[查询条件]将限定查询行必须满足的查询条件。
- GROUP BY <字段>：该子句告诉 MySQL 如何显示查询出来的数据，并按照指定的字段分组。
- [ORDER BY <字段 >]：该子句告诉 MySQL 按什么样的顺序显示查询出来的数据。可以进行的排序有升序（ASC）和降序（DESC）。

● [LIMIT [<offset>,] <row count>]：该子句告诉 MySQL 每次显示查询出来的数据条数。

SELECT 的可选参数比较多，接下来从最简单的开始，一步一步深入学习，之后就会对各个参数的作用有清晰的认识了。

下面首先创建数据表 fruits，该表中包含了后面需要用到的数据。

```
CREATE TABLE fruits
(
    f_id    char(10)      NOT NULL,
    s_id    INT           NOT NULL,
    f_name  char(255)     NOT NULL,
    f_price decimal(8,2)  NOT NULL,
    PRIMARY KEY(f_id)
);
```

为了演示如何使用 SELECT 语句，需要先插入如下的数据：

```
mysql> INSERT INTO fruits (f_id, s_id, f_name, f_price)
    -> VALUES('a1', 101,'apple',5.2),
    -> ('b1',101,'blackberry', 10.2),
    -> ('bs1',102,'orange', 11.2),
    -> ('bs2',105,'melon',8.2),
    -> ('t1',102,'banana', 10.3),
    -> ('t2',102,'grape', 5.3),
    -> ('o2',103,'coconut', 9.2),
    -> ('c0',101,'cherry', 3.2),
    -> ('a2',103, 'apricot',2.2),
    -> ('l2',104,'lemon', 6.4),
    -> ('b2',104,'berry', 7.6),
    -> ('m1',106,'mango', 15.6),
    -> ('m2',105,'xbabay', 2.6),
    -> ('t4',107,'xbababa', 3.6),
    -> ('m3',105,'xxtt', 11.6),
    -> ('b5',107,'xxxx', 3.6);
```

使用 SELECT 语句查询 f_id 和 f_name 字段的数据。

```
mysql> SELECT f_id, f_name FROM fruits;
+------+------------+
| f_id | f_name     |
+------+------------+
| a1   | apple      |
| a2   | apricot    |
| b1   | blackberry |
| b2   | berry      |
| b5   | xxxx       |
| bs1  | orange     |
| bs2  | melon      |
| c0   | cherry     |
| l2   | lemon      |
| m1   | mango      |
```

```
| m2     | xbabay     |
| m3     | xxtt       |
| o2     | coconut    |
| t1     | banana     |
| t2     | grape      |
| t4     | xbababa    |
+--------+------------+
```

该语句的执行过程是，SELECT 语句决定了要查询的列值，在这里查询 f_id 和 f_name 两个字段的值；FROM 子句指定了数据的来源，这里指定数据表 fruits。因此，返回结果为 fruits 表中 f_id 和 f_name 这两个字段下所有的数据。其显示顺序为添加到表中的顺序。

16.4.1 查询所有字段

1. 在 SELECT 语句中使用星号"*"通配符查询所有字段

SELECT 查询记录最简单的形式是从一个表中检索所有记录，实现的方法是使用星号（*）通配符来指定查找所有列的名称，语法格式如下：

```
SELECT * FROM 表名;
```

【例 16.13】从 fruits 表中检索所有字段的数据，SQL 语句如下：

```
mysql> SELECT * FROM fruits;
+--------+--------+------------+----------+
| f_id   | s_id   | f_name     | f_price  |
+--------+--------+------------+----------+
| a1     | 101    | apple      |    5.20  |
| a2     | 103    | apricot    |    2.20  |
| b1     | 101    | blackberry |   10.20  |
| b2     | 104    | berry      |    7.60  |
| b5     | 107    | xxxx       |    3.60  |
| bs1    | 102    | orange     |   11.20  |
| bs2    | 105    | melon      |    8.20  |
| c0     | 101    | cherry     |    3.20  |
| l2     | 104    | lemon      |    6.40  |
| m1     | 106    | mango      |   15.60  |
| m2     | 105    | xbabay     |    2.60  |
| m3     | 105    | xxtt       |   11.60  |
| o2     | 103    | coconut    |    9.20  |
| t1     | 102    | banana     |   10.30  |
| t2     | 102    | grape      |    5.30  |
| t4     | 107    | xbababa    |    3.60  |
+--------+--------+------------+----------+
```

可以看到，使用星号通配符时将返回所有列，并且按照定义表时的顺序显示。

2. 在 SELECT 语句中指定所有字段

这是另外一种查询所有字段值的方法。根据前面 SELECT 语句的格式，SELECT 关键字后面的字段名为将要查找的数据。如果忘记了字段名，可以使用 DESC 命令查看表的结构。有时候，可能表中的字段比较多，不一定能记得所有字段的名称，因此该方法有时候很不方便，不建议使用。例如，查询 fruits 表中的所有数据，也可以使用如下的 SQL 语句：

```
SELECT f_id, s_id ,f_name, f_price FROM fruits;
```

查询结果与例 16.13 相同。

提　示
一般情况下，最好不要使用通配符"*"，除非需要使用表中所有的字段数据。使用通配符虽然可以节省输入查询语句的时间，但是获取不需要的列数据会降低查询的效率和所使用的应用程序的效率。使用通配符的优势是，当不知道所需要的列的名称时，可以获取它们。

16.4.2　查询指定字段

1. 查询单个字段

查询表中的某一个字段，语法格式为：

```
SELECT 列名 FROM 表名;
```

【例 16.14】查询当前表中 f_name 列的所有水果名称，SQL 语句如下：

```
SELECT f_name FROM fruits;
```

该语句使用 SELECT 声明从 fruits 表中获取名为 f_name 字段下的所有水果名称，指定字段的名称紧跟在 SELECT 关键字之后，查询结果如下：

```
mysql> SELECT f_name FROM fruits;
+------------+
| f_name     |
+------------+
| apple      |
| apricot    |
| blackberry |
| berry      |
| xxxx       |
| orange     |
| melon      |
| cherry     |
| lemon      |
| mango      |
| xbabay     |
| xxtt       |
| coconut    |
| banana     |
| grape      |
| xbababa    |
+------------+
```

输出结果显示了 fruits 表中 f_name 字段下的所有数据。

2．查询多个字段

使用 SELECT 语句可以获取多个字段下的数据，方法是在关键字 SELECT 后面指定要查找的字段的名称，不同字段名称之间用逗号（,）分隔开，最后一个字段后面不需要加逗号，语法格式如下：

```
SELECT 字段名1,字段名2,…,字段名n FROM 表名;
```

【例 16.15】从 fruits 表中获取 f_name 和 f_price 两列，SQL 语句如下：

```
SELECT f_name, f_price FROM fruits;
```

该语句使用 SELECT 声明从 fruits 表中获取名为 f_name 和 f_price 两个字段下的所有水果名称和价格，两个字段之间用逗号分隔开，查询结果如下：

```
+------------+---------+
| f_name     | f_price |
+------------+---------+
| apple      |    5.20 |
| apricot    |    2.20 |
| blackberry |   10.20 |
| berry      |    7.60 |
| xxxx       |    3.60 |
| orange     |   11.20 |
| melon      |    8.20 |
| cherry     |    3.20 |
| lemon      |    6.40 |
| mango      |   15.60 |
| xbabay     |    2.60 |
| xxtt       |   11.60 |
| coconut    |    9.20 |
| banana     |   10.30 |
| grape      |    5.30 |
| xbababa    |    3.60 |
+------------+---------+
```

输出结果显示了 fruits 表中 f_name 和 f_price 两个字段下的所有数据。

> **提　示**
>
> MySQL 中的 SQL 语句是不区分字母大小写的，因此 SELECT 和 select 的作用是相同的。许多开发人员习惯将关键字大写、数据列和表名小写，读者也应该养成一个良好的编程习惯，这样写出来的代码便于阅读和维护。

16.4.3　查询指定记录

数据库中包含大量的数据，根据特殊要求，可能只需查询表中的指定数据，即对数据进行筛选。在 SELECT 语句中通过 WHERE 子句可对数据进行筛选，语法格式为：

```
SELECT 字段名 1,字段名 2,…,字段名 n
FROM 表名
WHERE 查询条件
```

在 WHERE 子句中，MySQL 提供了一系列的条件判断符，如表 16-1 所示。

表 16-1　WHERE 条件判断符

条件判断符（或操作符）	说明
=	相等
<> , !=	不相等
<	小于
<=	小于或者等于
>	大于
>=	大于或者等于
BETWEEN	位于两值之间

【例 16.16】查询价格为 10.20 元的水果名称，SQL 语句如下：

```
SELECT f_name, f_price FROM fruits WHERE f_price = 10.2;
```

该语句使用 SELECT 声明从 fruits 表中获取价格等于 10.20 的水果的数据。从查询结果可以看到价格是 10.20 元的水果的名称为 blackberry，其他的均不满足查询条件：

```
mysql> SELECT f_name, f_price FROM fruits WHERE f_price = 10.2;
+------------+---------+
| f_name     | f_price |
+------------+---------+
| blackberry |  10.20  |
+------------+---------+
```

本例采用了简单的相等筛选，查询一个指定列 f_price 具有值 10.20。

相等还可以用来比较字符串。

【例 16.17】查找名称为 apple 的水果的价格，SQL 语句如下：

```
SELECT f_name, f_price FROM fruits WHERE f_name = 'apple';
```

该语句使用 SELECT 声明从 fruits 表中获取名称为 apple 的水果的价格。从查询结果可以看到只有名称为 apple 的行被返回，其他的均不满足查询条件：

```
mysql> SELECT f_name, f_price FROM fruits WHERE f_name = 'apple';
+--------+---------+
| f_name | f_price |
+--------+---------+
| apple  |   5.20  |
+--------+---------+
```

【例 16.18】查询价格小于 10.00 元的水果的名称，SQL 语句如下：

```
SELECT f_name, f_price FROM fruits WHERE f_price < 10.00;
```

该语句使用 SELECT 声明从 fruits 表中获取价格低于 10.00 元的水果名称，即 f_price 小于 10.00 的水果信息被返回，查询结果如下：

```
mysql> SELECT f_name, f_price FROM fruits WHERE f_price < 10.00;
+---------+---------+
| f_name  | f_price |
+---------+---------+
| apple   |    5.20 |
| apricot |    2.20 |
| berry   |    7.60 |
| xxxx    |    3.60 |
| melon   |    8.20 |
| cherry  |    3.20 |
| lemon   |    6.40 |
| xbabay  |    2.60 |
| coconut |    9.20 |
| grape   |    5.30 |
| xbababa |    3.60 |
+---------+---------+
```

查询结果中所有记录的 f_price 字段的值均小于 10.00 元，而大于 10.00 元的记录没有被返回。

16.4.4　带 IN 关键字的查询

IN 操作符用来查询满足指定条件范围内的记录。使用 IN 操作符时，将所有检索条件用括号括起来，检索条件用逗号分隔开，只要满足条件范围内的一个值即为匹配项。

【例 16.19】查询 s_id 为 101 和 102 的记录，SQL 语句如下：

```
SELECT s_id,f_name, f_price FROM fruits WHERE s_id IN (101,102)
ORDER BY f_name;
```

查询结果如下：

```
+------+------------+---------+
| s_id | f_name     | f_price |
+------+------------+---------+
|  101 | apple      |    5.20 |
|  102 | banana     |   10.30 |
|  101 | blackberry |   10.20 |
|  101 | cherry     |    3.20 |
|  102 | grape      |    5.30 |
|  102 | orange     |   11.20 |
+------+------------+---------+
```

相反，可以使用关键字 NOT 来检索不在条件范围内的记录。

【例 16.20】查询所有 s_id 不等于 101 也不等于 102 的记录，SQL 语句如下：

```
SELECT s_id,f_name, f_price FROM fruits WHERE s_id NOT IN (101,102)
ORDER BY f_name;
```

查询结果如下：

```
+------+---------+---------+
| s_id | f_name  | f_price |
+------+---------+---------+
|  103 | apricot |    2.20 |
|  104 | berry   |    7.60 |
|  103 | coconut |    9.20 |
|  104 | lemon   |    6.40 |
|  106 | mango   |   15.60 |
|  105 | melon   |    8.20 |
|  107 | xbababa |    3.60 |
|  105 | xbabay  |    2.60 |
|  105 | xxtt    |   11.60 |
|  107 | xxxx    |    3.60 |
+------+---------+---------+
```

可以看到，该语句在 IN 关键字前面加上了 NOT 关键字，这使得查询的结果与前面一个的结果正好相反，前面检索了 s_id 等于 101 和 102 的记录，而这里所要求的查询的记录中的 s_id 字段值不等于这两个值中的任一个。

16.4.5　带 BETWEEN AND 的范围查询

BETWEEN AND 用来查询某个范围内的值。该操作符需要两个参数，即范围的开始值和结束值。如果记录的字段值满足指定的范围查询条件，则这些记录被返回。

【例 16.21】查询价格在 2.00 元到 10.20 元之间水果名称和价格，SQL 语句如下：

```
SELECT f_name, f_price FROM fruits WHERE f_price BETWEEN 2.00 AND 10.20;
```

查询结果如下：

```
mysql> SELECT f_name, f_price FROM fruits WHERE f_price BETWEEN 2.00 AND 1
0.20;
+------------+---------+
| f_name     | f_price |
+------------+---------+
| apple      |    5.20 |
| apricot    |    2.20 |
| blackberry |   10.20 |
| berry      |    7.60 |
| xxxx       |    3.60 |
| melon      |    8.20 |
| cherry     |    3.20 |
| lemon      |    6.40 |
| xbabay     |    2.60 |
| coconut    |    9.20 |
| grape      |    5.30 |
| xbababa    |    3.60 |
+------------+---------+
```

可以看到，返回结果包含了价格从 2.00 元到 10.20 元之间的字段值，并且端点值 10.20 也包括在返回结果中，即 BETWEEN 匹配范围中所有值，包括开始值和结束值。

BETWEEN AND 操作符前可以加关键字 NOT，表示指定范围之外的值，如果字段值不满足指定的范围内的值，则这些记录被返回。

【例 16.22】查询价格在 2.00 元到 10.20 元之外的水果名称和价格，SQL 语句如下：

```
SELECT f_name, f_price FROM fruits WHERE f_price NOT BETWEEN 2.00 AND
10.20;
```

查询结果如下：

```
+--------+---------+
| f_name | f_price |
+--------+---------+
| orange |   11.20 |
| mango  |   15.60 |
| xxtt   |   11.60 |
| banana |   10.30 |
+--------+---------+
```

由结果可以看到，返回的记录只有 f_price 字段大于 10.20 的。f_price 字段小于 2.00 的记录也满足查询条件，因此如果表中有 f_price 字段小于 2.00 的记录，也会作为查询结果返回。

16.4.6　带 LIKE 的字符匹配查询

在前面的检索操作中，讲述了如何查询多个字段的记录、如何进行比较查询或者查询一个条件范围内的记录，如果要查找所有的包含字符 "ge" 的水果名称，该如何操作呢？简单的比较操作在这里已经行不通了，需要使用通配符进行匹配查找，通过创建查找模式对表中的数据进行比较。执行这个任务的关键字是 LIKE。

通配符是一种在 SQL 的 WHERE 条件子句中拥有特殊意思的字符，SQL 语句中支持多种通配符，可以和 LIKE 一起使用的通配符有 '%' 和 '_'。

1. 百分号通配符 '%'，匹配任意长度的字符，甚至包括零个字符

【例 16.23】查找所有以 'b' 字母开头的水果，SQL 语句如下：

```
SELECT f_id, f_name
FROM fruits
WHERE f_name LIKE 'b%';
```

查询结果如下：

```
+------+------------+
| f_id | f_name     |
+------+------------+
| b1   | blackberry |
| b2   | berry      |
| t1   | banana     |
+------+------------+
```

该语句查询的结果返回所有以 'b' 开头的水果的 id 和 name, '%' 告诉 MySQL, 返回所有 f_name 字段以字母 'b' 开头的记录, 不管 'b' 后面有多少个字符。

在搜索匹配时通配符 '%' 可以放在不同位置。

【例 16.24】在 fruits 表中, 查询 f_name 中包含字母 'g' 的记录, SQL 语句如下:

```
SELECT f_id, f_name FROM fruits WHERE f_name LIKE '%g%';
```

查询结果如下:

```
+------+--------+
| f_id | f_name |
+------+--------+
| bs1  | orange |
| m1   | mango  |
| t2   | grape  |
+------+--------+
```

该语句查询包含字符串中包含字母 'g' 的水果名称, 只要名字中有字符 'g', 而前面或后面不管有多少个字符, 都满足查询的条件。

【例 16.25】查询以 'b' 开头并以 'y' 结尾的水果的名称, SQL 语句如下:

```
SELECT f_name FROM fruits WHERE f_name LIKE 'b%y';
```

查询结果如下:

```
+------------+
| f_name     |
+------------+
| blackberry |
| berry      |
+------------+
```

从以上查询结果可以看出, '%' 用于匹配在指定位置的任意数目的字符。

2. 下画线通配符 '_', 一次只能匹配任意一个字符

另一个非常有用的通配符是下画线通配符 '_', 该通配符的用法和 '%' 相同, 区别是 '%' 匹配多个字符, 而 '_' 只匹配任意单个字符, 如果要匹配多个字符, 则需要使用相同个数的 '_'。

【例 16.26】在 fruits 表中, 查询以字母 'y' 结尾且 'y' 前面只有 4 个字母的记录, SQL 语句如下:

```
SELECT f_id, f_name FROM fruits WHERE f_name LIKE '_ _ _ _y';
```

查询结果如下:

```
+------+--------+
| f_id | f_name |
+------+--------+
| b2   | berry  |
+------+--------+
```

从结果可以看到，以 'y' 结尾且前面只有 4 个字母的记录只有一条。其他记录的 f_name 字段也有以 'y' 结尾的，但总的字符串长度不为 5，因此不在返回结果中。

16.4.7　查询 NULL（空值）

创建数据表的时候，设计者可以指定某列中是否可以包含 NULL（空值），NULL 不同于 0，也不同于空字符串，NULL 一般表示数据未知、不适用或将在以后添加数据。在 SELECT 语句中使用 IS NULL 子句可以查询某字段内容为空记录。

【例 16.27】查询 customers 表中 c_email 为空的记录的 c_id、c_name 和 c_email 字段值，SQL 语句如下：

```
SELECT c_id, c_name,c_email FROM customers WHERE c_email IS NULL;
```

查询结果如下：

```
mysql> SELECT c_id, c_name,c_email FROM customers WHERE c_email IS NULL;
+-------+-----------+---------+
| c_id  | c_name    | c_email |
+-------+-----------+---------+
| 10003 | Netbhood  | NULL    |
+-------+-----------+---------+
```

显示出 customers 表中字段 c_email 的值为 NULL 的记录。

与 IS NULL 相反的是 NOT IS NULL，该关键字查找字段不为空的记录。

【例 16.28】查询 customers 表中 c_email 不为空的记录的 c_id、c_name 和 c_email 字段值，SQL 语句如下：

```
SELECT c_id, c_name,c_email FROM customers WHERE c_email IS NOT NULL;
```

查询结果如下：

```
mysql> SELECT c_id, c_name,c_email FROM customers WHERE c_email IS NOT
NULL;
+-------+---------+-------------------+
| c_id  | c_name  | c_email           |
+-------+---------+-------------------+
| 10001 | RedHook | LMing@163.com     |
| 10002 | Stars   | Jerry@hotmail.com |
| 10004 | JOTO    | sam@hotmail.com   |
+-------+---------+-------------------+
```

查询出来的记录的 c_email 字段都不为 NULL（空值）。

16.4.8　带 AND 的多条件查询

使用 SELECT 查询时，可以增加查询的限制条件，这样可以使查询的结果更加精确。MySQL 在 WHERE 子句中使用 AND 操作符限定只有满足所有查询条件的记录才会被返回。可以使用 AND 连接两个甚至多个查询条件，多个条件表达式之间用 AND 连接。

【例 16.29】在 fruits 表中查询 s_id = 101 并且 f_price 大于等于 5 的记录价格和名称，SQL 语句如下：

```
SELECT s_id, f_price, f_name FROM fruits WHERE s_id = '101' AND f_price >=5;
```

查询结果如下：

```
+------+---------+------------+
| s_id | f_price | f_name     |
+------+---------+------------+
| 101  |    5.20 | apple      |
| 101  |   10.20 | blackberry |
+------+---------+------------+
```

前面的语句检索了 s_id=101 的水果供应商所有价格大于等于 5 元的水果名称和价格。WHERE 子句中的条件分为两部分，AND 关键字指示 MySQL 返回所有同时满足两个条件的行。也可以说，s_id=101 的水果供应商提供的水果价格小于 5 元，或者 s_id 不等于 '101' 的水果供应商的水果不管其价格为多少，均不是要查询的结果。

> **提　示**
>
> 上述例子的 WHERE 子句中只用了一个 AND 语句把两个筛选条件组合在一起，实际上可以添加多个 AND 筛选条件，增加条件的同时增加一个 AND 关键字。

【例 16.30】在 fruits 表中查询 s_id = 101 或者 102，并且 f_price 大于等于 5、f_name='apple' 的记录的价格和名称，SQL 语句如下：

```
SELECT f_id, f_price, f_name FROM fruits
WHERE s_id IN('101', '102') AND f_price >= 5 AND f_name = 'apple';
```

查询结果如下：

```
+------+---------+--------+
| s_id | f_price | f_name |
+------+---------+--------+
| 101  |    5.20 | apple  |
+------+---------+--------+
```

可以看到符合查询条件的记录只有一条。

16.5　实战演练——数据表综合应用案例

此案例根据不同的条件对表进行查询操作，涉及的表如表 16-2~表 16-5 所示。

表 16-2　employee 表结构

字段名	字段说明	数据类型	主键	外键	非空	唯一	自增
e_no	员工编号	INT	是	否	是	是	否
e_name	员工姓名	VARCHAR(100)	否	否	是	否	否
e_gender	员工性别	CHAR(2)	否	否	否	否	否
dept_no	部门编号	INT	否	是	是	否	否

（续表）

字段名	字段说明	数据类型	主键	外键	非空	唯一	自增
e_job	职位	VARCHAR(100)	否	否	是	否	否
e_salary	薪水	SMALLINT	否	否	是	否	否
hireDate	入职日期	DATE	否	否	否	否	否

表 16-3　dept 表结构

字段名	字段说明	数据类型	主键	外键	非空	唯一	自增
d_no	部门编号	INT	是	是	是	是	是
d_name	部门名称	VARCHAR(50)	否	否	是	否	否
d_location	部门地址	VARCHAR(100)	否	否	否	否	否

表 16-4　employee 表中的记录

e_no	e_name	e_gender	dept_no	e_job	e_salary	hireDate
1001	SMITH	m	20	CLERK	800	2005-11-12
1002	ALLEN	f	30	SALESMAN	1600	2003-05-12
1003	WARD	f	30	SALESMAN	1250	2003-05-12
1004	JONES	m	20	MANAGER	2975	1998-05-18
1005	MARTIN	m	30	SALESMAN	1250	2001-06-12
1006	BLAKE	f	30	MANAGER	2850	1997-02-15
1007	CLARK	m	10	MANAGER	2450	2002-09-12
1008	SCOTT	m	20	ANALYST	3000	2003-05-12
1009	KING	f	10	PRESIDENT	5000	1995-01-01
1010	TURNER	f	30	SALESMAN	1500	1997-10-12
1011	ADAMS	m	20	CLERK	1100	1999-10-05
1012	JAMES	m	30	CLERK	950	2008-06-15

表 16-5　dept 表中的记录

d_no	d_name	d_location
10	ACCOUNTING	ShangHai
20	RESEARCH	BeiJing
30	SALES	ShenZhen
40	OPERATIONS	FuJian

案例操作过程如下。

步骤 01　创建数据表 employee 和 dept。

```
CREATE TABLE dept
(
    d_no        INT NOT NULL PRIMARY KEY AUTO_INCREMENT,
    d_name      VARCHAR(50)NOT NULL,
    d_location  VARCHAR(100)
);
```

由于 employee 表中的 dept_no 依赖于父表 dept 的主键 d_no，因此需要先创建 dept 表，然后创建 employee 表。

```
CREATE TABLE employee
(
    e_no        INT NOT NULL PRIMARY KEY,
    e_name      VARCHAR(100) NOT NULL,
    e_gender    CHAR(2) NOT NULL,
    dept_no     INT NOT NULL,
    e_job       VARCHAR(100) NOT NULL,
    e_salary    SMALLINT NOT NULL,
    hireDate    DATE,
    CONSTRAINT dno_fk FOREIGN KEY(dept_no)
    REFERENCES dept(d_no)
);
```

步骤02 将指定记录分别插入两个表中。

向 dept 表中插入数据，SQL 语句如下：

```
INSERT INTO dept
VALUES (10, 'ACCOUNTING', 'ShangHai'),
       (20, 'RESEARCH ', 'BeiJing '),
       (30, 'SALES ', 'ShenZhen '),
       (40, 'OPERATIONS ', 'FuJian ');
```

向 employee 表中插入数据，SQL 语句如下：

```
INSERT INTO employee
VALUES (1001, 'SMITH', 'm',20, 'CLERK',800,'2005-11-12'),
       (1002, 'ALLEN', 'f',30, 'SALESMAN', 1600,'2003-05-12'),
       (1003, 'WARD', 'f',30, 'SALESMAN', 1250,'2003-05-12'),
       (1004, 'JONES', 'm',20, 'MANAGER', 2975,'1998-05-18'),
       (1005, 'MARTIN', 'm',30, 'SALESMAN', 1250,'2001-06-12'),
       (1006, 'BLAKE', 'f',30, 'MANAGER', 2850,'1997-02-15'),
       (1007, 'CLARK', 'm',10, 'MANAGER', 2450,'2002-09-12'),
       (1008, 'SCOTT', 'm',20, 'ANALYST', 3000,'2003-05-12'),
       (1009, 'KING', 'f',10, 'PRESIDENT', 5000,'1995-01-01'),
       (1010, 'TURNER', 'f',30, 'SALESMAN', 1500,'1997-10-12'),
       (1011, 'ADAMS', 'm',20, 'CLERK', 1100,'1999-10-05'),
       (1012, 'JAMES', 'm',30, 'CLERK', 950,'2008-06-15');
```

步骤03 在 employee 表中，查询所有记录的 e_no、e_name 和 e_salary 字段值。

```
SELECT e_no, e_name, e_salary FROM employee;
```

执行结果如下：

```
mysql> SELECT e_no, e_name, e_salary FROM employee;
+------+--------+----------+
| e_no | e_name | e_salary |
+------+--------+----------+
| 1001 | SMITH  |      800 |
```

```
| 1002 | ALLEN  |     1600 |
| 1003 | WARD   |     1250 |
| 1004 | JONES  |     2975 |
| 1005 | MARTIN |     1250 |
| 1006 | BLAKE  |     2850 |
| 1007 | CLARK  |     2450 |
| 1008 | SCOTT  |     3000 |
| 1009 | KING   |     5000 |
| 1010 | TURNER |     1500 |
| 1011 | ADAMS  |     1100 |
| 1012 | JAMES  |      950 |
+------+--------+----------+
12 rows in set (0.00 sec)
```

步骤 **04**　在 employee 表中，查询 dept_no 等于 10 和 20 的所有记录。

```
SELECT * FROM employee WHERE dept_no IN (10, 20);
```

执行结果如下：

```
mysql> SELECT * FROM employee WHERE dept_no IN (10, 20);
+------+--------+----------+---------+-----------+----------+------------+
| e_no | e_name | e_gender | dept_no | e_job     | e_salary | hireDate   |
+------+--------+----------+---------+-----------+----------+------------+
| 1001 | SMITH  | m        |      20 | CLERK     |      800 | 2005-11-12 |
| 1004 | JONES  | m        |      20 | MANAGER   |     2975 | 1998-05-18 |
| 1007 | CLARK  | m        |      10 | MANAGER   |     2450 | 2002-09-12 |
| 1008 | SCOTT  | m        |      20 | ANALYST   |     3000 | 2003-05-12 |
| 1009 | KING   | f        |      10 | PRESIDENT |     5000 | 1995-01-01 |
| 1011 | ADAMS  | m        |      20 | CLERK     |     1100 | 1999-10-05 |
+------+--------+----------+---------+-----------+----------+------------+
```

步骤 **05**　在 employee 表中，查询工资范围在 800 到 2500 之间的员工信息。

```
SELECT * FROM employee WHERE e_salary BETWEEN 800 AND 2500;
```

执行结果如下：

```
+------+--------+----------+---------+----------+----------+------------+
| e_no | e_name | e_gender | dept_no | e_job    | e_salary | hireDate   |
+------+--------+----------+---------+----------+----------+------------+
| 1001 | SMITH  | m        |      20 | CLERK    |      800 | 2005-11-12 |
| 1002 | ALLEN  | f        |      30 | SALESMAN |     1600 | 2003-05-12 |
| 1003 | WARD   | f        |      30 | SALESMAN |     1250 | 2003-05-12 |
| 1005 | MARTIN | m        |      30 | SALESMAN |     1250 | 2001-06-12 |
| 1007 | CLARK  | m        |      10 | MANAGER  |     2450 | 2002-09-12 |
| 1010 | TURNER | f        |      30 | SALESMAN |     1500 | 1997-10-12 |
| 1011 | ADAMS  | m        |      20 | CLERK    |     1100 | 1999-10-05 |
| 1012 | JAMES  | m        |      30 | CLERK    |      950 | 2008-06-15 |
+------+--------+----------+---------+----------+----------+------------+
```

步骤 **06**　在 employee 表中，查询部门编号为 20 的部门中的员工信息。

```
SELECT * FROM employee WHERE dept_no = 20;
```

执行结果如下：

```
+------+--------+----------+---------+---------+----------+------------+
| e_no | e_name | e_gender | dept_no | e_job   | e_salary | hireDate   |
+------+--------+----------+---------+---------+----------+------------+
| 1001 | SMITH  | m        |      20 | CLERK   |      800 | 2005-11-12 |
| 1004 | JONES  | m        |      20 | MANAGER |     2975 | 1998-05-18 |
| 1008 | SCOTT  | m        |      20 | ANALYST |     3000 | 2003-05-12 |
| 1011 | ADAMS  | m        |      20 | CLERK   |     1100 | 1999-10-05 |
+------+--------+----------+---------+---------+----------+------------+
```

步骤 07 在 employee 表中，查询每个部门最高工资的员工信息。

```
SELECT dept_no, MAX(e_salary) FROM employee GROUP BY dept_no;
```

执行结果如下：

```
+---------+---------------+
| dept_no | MAX(e_salary) |
+---------+---------------+
|      10 |          5000 |
|      20 |          3000 |
|      30 |          2850 |
+---------+---------------+
3 rows in set (0.00 sec)
```

步骤 08 查询员工 BLAKE 所在部门和部门所在地。

```
SELECT d_no, d_location  FROM dept WHERE d_no=
    (SELECT dept_no FROM employee WHERE e_name='BLAKE');
```

执行结果如下：

```
+------+------------+
| d_no | d_location |
+------+------------+
|   30 | ShenZhen   |
+------+------------+
1 row in set (0.00 sec)
```

步骤 09 使用连接查询，查询所有员工的部门和部门信息。

```
SELECT e_no, e_name, dept_no, d_name, d_location
FROM employee, dept WHERE dept.d_no=employee.dept_no;
```

执行结果如下：

```
+------+--------+---------+------------+------------+
| e_no | e_name | dept_no | d_name     | d_location |
+------+--------+---------+------------+------------+
| 1001 | SMITH  |      20 | RESEARCH   | BeiJing    |
| 1002 | ALLEN  |      30 | SALES      | ShenZhen   |
| 1003 | WARD   |      30 | SALES      | ShenZhen   |
```

```
| 1004 | JONES  |     20 | RESEARCH   | BeiJing    |
| 1005 | MARTIN |     30 | SALES      | ShenZhen   |
| 1006 | BLAKE  |     30 | SALES      | ShenZhen   |
| 1007 | CLARK  |     10 | ACCOUNTING | ShangHai   |
| 1008 | SCOTT  |     20 | RESEARCH   | BeiJing    |
| 1009 | KING   |     10 | ACCOUNTING | ShangHai   |
| 1010 | TURNER |     30 | SALES      | ShenZhen   |
| 1011 | ADAMS  |     20 | RESEARCH   | BeiJing    |
| 1012 | JAMES  |     30 | SALES      | ShenZhen   |
+------+--------+--------+------------+------------+
12 rows in set (0.00 sec)
```

步骤⑩　在 employee 表中，计算每个部门各有多少名员工。

```
SELECT dept_no, COUNT(*) FROM employee GROUP BY dept_no;
```

执行结果如下：

```
+---------+----------+
| dept_no | COUNT(*) |
+---------+----------+
|      10 |        2 |
|      20 |        4 |
|      30 |        6 |
+---------+----------+
```

步骤⑪　在 employee 表中，计算不同类型职工的总工资数。

```
SELECT e_job, SUM(e_salary) FROM employee GROUP BY e_job;
```

执行结果如下：

```
+-----------+---------------+
| e_job     | SUM(e_salary) |
+-----------+---------------+
| ANALYST   |          3000 |
| CLERK     |          2850 |
| MANAGER   |          8275 |
| PRESIDENT |          5000 |
| SALESMAN  |          5600 |
+-----------+---------------+
```

步骤⑫　在 employee 表中，计算不同部门的平均工资。

```
SELECT dept_no, AVG(e_salary) FROM employee GROUP BY dept_no;
```

执行结果如下：

```
+---------+---------------+
| dept_no | AVG(e_salary) |
+---------+---------------+
|      10 |     3725.0000 |
|      20 |     1968.7500 |
|      30 |     1566.6667 |
```

```
+---------+---------------+
```

步骤 13 在 employee 表中，查询工资低于 1500 的员工信息。

```
SELECT * FROM employee WHERE e_salary < 1500;
```

执行过程如下：

```
+------+--------+----------+---------+----------+---------+------------+
| e_no | e_name | e_gender | dept_no | e_job    | e_salary| hireDate   |
+------+--------+----------+---------+----------+---------+------------+
| 1001 | SMITH  | m        |      20 | CLERK    |     800 | 2005-11-12 |
| 1003 | WARD   | f        |      30 | SALESMAN |    1250 | 2003-05-12 |
| 1005 | MARTIN | m        |      30 | SALESMAN |    1250 | 2001-06-12 |
| 1011 | ADAMS  | m        |      20 | CLERK    |    1100 | 1999-10-05 |
| 1012 | JAMES  | m        |      30 | CLERK    |     950 | 2008-06-15 |
+------+--------+----------+---------+----------+---------+------------+
```

步骤 14 在 employee 表中，将查询记录先按部门编号由高到低排列，再按员工工资由高到低排列。

```
SELECT e_name, dept_no, e_salary FROM employee ORDER BY dept_no DESC,
e_salary DESC;
```

执行过程如下：

```
+--------+---------+----------+
| e_name | dept_no | e_salary |
+--------+---------+----------+
| BLAKE  |      30 |     2850 |
| ALLEN  |      30 |     1600 |
| TURNER |      30 |     1500 |
| WARD   |      30 |     1250 |
| MARTIN |      30 |     1250 |
| JAMES  |      30 |      950 |
| SCOTT  |      20 |     3000 |
| JONES  |      20 |     2975 |
| ADAMS  |      20 |     1100 |
| SMITH  |      20 |      800 |
| KING   |      10 |     5000 |
| CLARK  |      10 |     2450 |
+--------+---------+----------+
```

步骤 15 在 employee 表中，查询员工姓名以字母 'A' 或 'S' 开头的员工的信息。

```
SELECT * FROM employee WHERE e_name REGEXP '^[as]';
```

执行过程如下：

```
+------+--------+----------+---------+----------+----------+------------+
| e_no | e_name | e_gender | dept_no | e_job    | e_salary | hireDate   |
+------+--------+----------+---------+----------+----------+------------+
| 1001 | SMITH  | m        |      20 | CLERK    |      800 | 2005-11-12 |
| 1002 | ALLEN  | f        |      30 | SALESMAN |     1600 | 2003-05-12 |
| 1008 | SCOTT  | m        |      20 | ANALYST  |     3000 | 2003-05-12 |
| 1011 | ADAMS  | m        |      20 | CLERK    |     1100 | 1999-10-05 |
```

```
+------+--------+---------+---------+----------+----------+------------+
```

步骤 16   在 employee 表中，查询到目前为止工龄大于等于 18 年的员工信息。

```
SELECT * FROM employee where YEAR(CURDATE()) -YEAR(hireDate) >= 18;
```

执行过程如下：

```
+------+--------+---------+---------+-----------+----------+------------+
| e_no | e_name | e_gender | dept_no | e_job     | e_salary | hireDate   |
+------+--------+---------+---------+-----------+----------+------------+
| 1004 | JONES  | m       |      20 | MANAGER   |     2975 | 1998-05-18 |
| 1006 | BLAKE  | f       |      30 | MANAGER   |     2850 | 1997-02-15 |
| 1009 | KING   | f       |      10 | PRESIDENT |     5000 | 1995-01-01 |
| 1010 | TURNER | f       |      30 | SALESMAN  |     1500 | 1997-10-12 |
| 1011 | ADAMS  | m       |      20 | CLERK     |     1100 | 1999-10-05 |
+------+--------+---------+---------+-----------+----------+------------+
```

16.6   高手甜点

甜点 1：插入记录时可以不指定字段名称吗？

不管使用哪种 INSERT 语法，都必须给出 VALUES 的正确数目。如果提供字段名，则不必给每个字段都提供一个值；如果不提供字段名，则必须为每个字段提供一个值，否则将产生一条错误消息。如果要在 INSERT 操作中省略某些字段，这些字段需要满足一定条件：该列定义为允许 NULL（空值）；或者表定义时给出默认值，如果不给出值，将使用默认值。

甜点 2：更新或者删除表时必须指定 WHERE 子句吗？

从前面的章节中可以看到，所有的 UPDATE 和 DELETE 语句全都在 WHERE 子句中指定了条件。如果省略 WHERE 子句，则 UPDATE 或 DELETE 将被应用到表中所有的行。因此，除非确实打算更新或者删除所有记录，否则绝对要注意使用不带 WHERE 子句的 UPDATE 或 DELETE 语句。建议在对表进行更新和删除操作之前使用 SELECT 语句确认需要删除的记录，以免造成无法挽回的结果。

甜点 3：什么时候使用引号？

在查询的时候会看到在 WHERE 子句中使用了条件，有的值加上了单引号，而有的值未加。单引号用来限定字符串，如果将值与字符串类型的列进行比较，则需要限定引号，用来与数值进行比较的值则不需要用引号。

甜点 4：为什么使用通配符格式正确，却没有查找出符合条件的记录？

在 MySQL 中存储字符串数据时可能会不小心把两端带有空格的字符串保存到记录中，而在查看表中记录时，MySQL 不能明确地显示空格，数据库操作者不能直观地确定字符串两端是否有空格。例如，使用 LIKE '%e' 匹配以字母 e 结尾的水果的名称，如果字母 e 后面多了一个空格，则 LIKE 语句不能将该记录查找出来。解决的方法是使用 TRIM 函数，将字符串两端的空格删除之后再进行匹配。

第 17 章 PHP 操 作 MySQL 数 据 库

学习目标|Objective

PHP 是一种简单、面向对象、解释型、健壮、安全、性能非常高、独立于架构、可移植的动态脚本语言。MySQL 是快速和开源的网络数据库系统。PHP 和 MySQL 的结合是目前 Web 开发的黄金组合，那么 PHP 是如何操作 MySQL 数据库的呢？本章将开始学习使用 PHP 操作 MySQL 数据库的各种函数和技巧。

内容导航|Navigation

- 熟悉 PHP 访问 MySQL 数据库的一般步骤
- 熟悉数据库连接前的准备方法
- 掌握 PHP 操作 MySQL 数据库的基本操作
- 掌握添加动态用户信息的方法
- 掌握查询数据信息的方法

17.1 PHP 访问 MySQL 数据库的一般步骤

通过 Web 访问数据库的过程一般分为以下几个步骤。

（1）用户使用浏览器对某个页面发出 HTTP 请求。

（2）服务器端接收到请求，并发送给 PHP 程序进行处理。

（3）PHP 解析代码。在代码中有连接 MySQL 数据库的命令和存取指定数据库中某些特定数据的 SQL 命令。根据这些代码，PHP 打开一个和 MySQL 的连接，并且发送 SQL 命令到 MySQL 数据库。

（4）MySQL 接收到 SQL 语句之后加以执行。执行完毕后，把执行结果返回给 PHP 程序。

（5）PHP 执行代码并根据 MySQL 返回的结果数据生成特定格式的 HTML 文件，且传递给浏览器。HTML 经过浏览器的渲染把结果数据展示给发出 HTTP 请求的用户。

17.2 连接数据库前的准备工作

默认情况下，从 PHP 5 开始不再自动开启对 MySQL 的支持，而是放到扩展函数库中，所以用户需要在扩展函数库中开启 MySQL 函数库。

首先打开 php.ini，找到 ";extension=php_mysqli.dll"，去掉该语句前的分号 ";"，如图 17-1 所示。保存 php.ini 文件，重新启动 IIS 或 APACHE 服务器即可。

图 17-1　修改 PHP.ini 文件

配置文件设置完成后，可以调用 phpinfo() 函数来检查是否配置成功，如果显示出的 PHP 环境配置信息中有 mysql 的项目，就表示已经开启了对 MySQL 数据库的支持，如图 17-2 所示。

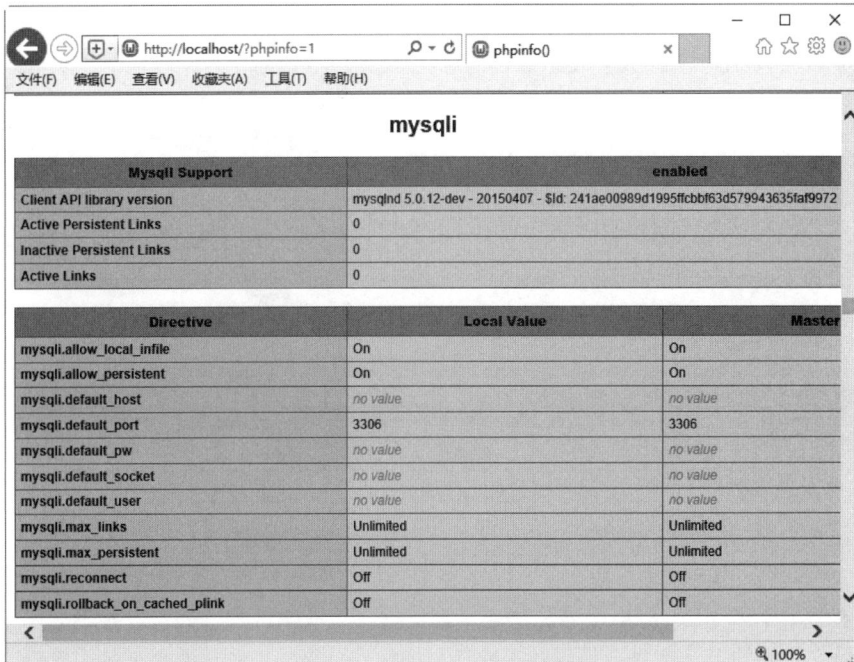

图 17-2　PHP 的环境配置页面

17.3　访问数据库

PHP 和 MySQL 数据库是开发动态网站的黄金搭档，本节将讲述 PHP 如何访问 MySQL 数据库。

17.3.1　调用 mysqli_connect() 函数连接 MySQL 服务器

PHP 调用 mysqli_connect() 函数来连接 MySQL 数据库。

mysqli_connect() 函数的格式如下：

```
mysqli_connect('MYSQL 服务器地址', '用户名', '用户密码', '要连接的数据库名')
```

【例 17.1】（实例文件：源文件\ch17\17.1.php）

```php
<?php
$db=mysqli_connect('localhost','root','753951','adatabase'); //连接数据库
?>
```

该语句通过调用 mysqli_connect()函数连接到 MySQL 数据库，并且把此连接生成的对象传递给名为$db 的变量，也就是对象$db。其中，"MySQL 服务器地址"为 localhost，"用户名"为 root，"用户密码"为本环境 root 设置的密码 753951，"要连接的数据库名"为 adatabase。

在默认情况下，MySQL 服务的端口号为 3306，如果采用默认的端口号，可以不用指定，如果采用了其他的端口号，比如采用 3308 端口，则需要特别指定，例如 127.0.0.1:3308，表示 MySQL 服务于本地机器的 3308 端口。

提　示

其中，localhost 换成本地地址或者 127.0.0.1 都能实现同样的效果。

如果数据库连接失败，PHP 会发出警告信息，如图 17-3 所示。

图 17-3　警告信息

在警告信息中，提示用 root 账号无法连接到数据库服务器，并且该警告并不会停止脚本的继续执行。可见，这样的提示信息会暴露数据库连接的敏感问题，不利于数据库的安全性。如果想提高安全性，避免错误信息的输出，可以加上@屏蔽错误信息，然后加上 die()函数执行屏蔽的错误处理机制。

【例 17.2】（实例文件：源文件\ch17\17.2.php）

```php
<?php
$db=@mysqli_connect('localhost','root','666666','adatabase')
or die("无法连接到服务器"); //连接数据库
print("成功连接到服务器");
mysqli_close($db);
?>
```

如果数据库连接失败，PHP 会发出警告信息，如图 17-4 所示。这是安全连接 MySQL 数据库服务器的方法。

图 17-4　警告信息

17.3.2　调用 mysqli_select_db()函数更改默认的数据库

连接到数据库以后，如果需要更改默认的数据库，就调用函数 mysqli_select_db()。它的格式为：

```
mysqli_select_db(数据库服务器连接对象，要更改的数据库)
```

在 17.3.1 小节实例中的 "$db = mysqli_connect('localhost','root','753951','adatabase');" 语句已经通过传递参数值 adatabase 确定了需要操作的默认数据库。如果不传递此参数，mysqli_connect()函数只提供 "MYSQL 服务器地址" "用户名" 和 "用户密码"，一样可以连接到 MySQL 数据库服务器并且以相应的用户登录。如果上例的语句变为 "$db = mysqli_connect('localhost','root','753951');"，一样是可以成立的。但是，在这样的情况下，必须继续选择具体的数据库来进行操作。

如果把 17.1.php 文件中的语句：

```
$db = mysqli_connect('localhost','root','753951','adatabase');
```

修改为以下两条语句：

```
$db = mysqli_connect('localhost','root','753951');
mysqli_select_db($db,'adatabase');
```

程序运行效果将完全一样。

在新的语句中，"mysqli_select_db($db,'adatabase');" 语句确定了 "数据库服务器连接对象" 为 $db、"目标数据库名" 为 adatabase。

17.3.3　调用 mysqli_close()函数关闭 MySQL 连接

在连接数据库时，可以调用 mysqli_connect()函数。与之相对应，在完成了一次对服务器的使用的情况下，需要关闭此连接，以免对 MySQL 服务器中的数据进行误操作并对资源进行释放。一个服务器的连接也是一个对象型的数据类型。

mysqli_close()函数的格式为：

```
mysqli_close(需要关闭的数据库连接对象)
```

在 17.3.1 小节的实例程序中，"mysqli_close($db);" 语句关闭的$db 对象，就是 "需要关闭的数据库连接对象"。

17.3.4 调用 mysqli_query()函数执行 SQL 语句

调用 mysqli_query()函数执行 SQL 语句，需要向此函数中传递两个参数：一个是 MySQL 数据库服务器连接对象；另一个是以字符串表示的 SQL 语句。mysqli_query()函数的格式如下：

```
mysqli_query(数据库服务器连接对象,SQL 语句)
```

在运行本实例前，用户可以参照前面章节的知识在 MySQL 服务器上创建 adatabase 数据库，添加数据表 user，数据表 user 主要包括 Id（工号）、Name（姓名）、Age（年龄）、Gender（性别）和 Info（个人信息）字段，然后添加一些演示数据即可。

【例 17.3】（实例文件：源文件\ch17\17.3.php）

```php
<?php
$db=@mysqli_connect('localhost','root','753951','adatabase')
or die("无法连接到服务器"); // 连接数据库
// 执行插入数据操作
$sq = "insert into user(Id,Name,Age,Gender,Info)
 values(4,'fangfang',18,'female','She is a 18 years lady')";
$result = mysqli_query($db,$sq); //$result 为 boolean 类型
if ($result) {
    echo "插入数据成功! <br/>";
} else {
    echo "插入数据失败! <br/>";
}
// 执行更新数据操作
$sq = "update user set Name='张芳' where Name='fangfang'";
$result = mysqli_query($db,$sq);
if($result) {
    echo "更新数据成功!<br/>";
} else {
    echo "更新数据失败!<br/>";
}
// 执行查询数据操作
$sq = "select * from user";
$result = mysqli_query($db,$sq);//如果查询成功,$result 为资源类型,保存查询结果集

mysqli_close($db);
?>
```

本程序的运行结果如图 17-5 所示。

图 17-5　程序的运行结果

可见，mysqli_query()函数执行 SQL 语句之后会把结果返回。上例中就是返回结果并且赋值给 $result 变量。

17.3.5　获取查询结果集中的记录数

调用 mysqli_num_rows()函数用于获取查询结果包含的数据记录的条数，需要提供返回的数据对象作为参数。语法格式如下：

```
mysqli_num_rows(result);
```

其中，result 是指查询数据库返回结果的对象，此函数只对 select 语句有效。

如果想获取查询、插入、更新和删除操作所影响的行数，需要调用 mysqli_affected_rows()函数。mysqli_affected_rows()函数返回前一次 MySQL 操作所影响的行数。语法格式如下：

```
mysqli_affected_rows(connection)
```

其中，connection 为必需参数，表示当前的 MySQL 连接。返回结果为 0，就表示没有受影响的记录；返回结果为-1，表示查询返回错误。

下面通过实例来讲解这两个函数的使用方法和区别。

【例 17.4】（实例文件：源文件\ch17\17.4.php）

```php
<?php
$db=@mysqli_connect('localhost','root','753951','adatabase')
or die("无法连接到服务器");  // 连接数据库
// 执行查询数据的操作
$sq = "select * from user";
$result = mysqli_query($db,$sq);//如果查询成功, $result 为资源类型, 保存查询结果集
echo"查询结果有".mysqli_num_rows($result)."条记录" <br/>;// 输出查询记录集的行数
// 执行更新数据的操作
$sq = "update user set Name='mingming' where Name='张芳'";
$result = mysqli_query($db,$sq);
echo "更新了".mysqli_affected_rows($db). "条记录";  // 输出更新记录集的行数
mysqli_close($db);
?>
```

本程序的运行结果如图 17-6 所示。

图 17-6　程序的运行结果

17.3.6　获取结果集中的一条记录作为枚举数组

执行 select 查询操作后，调用 mysqli_fetch_rows()函数可以从查询结果中取出数据，如果想逐

行取出每条数据，可以结合循环语句循环输出。

mysqli_fetch_rows()函数的语法格式如下：

```
mysqli_fetch_rows (result);
```

其中，result 是指查询数据库后返回结果的对象。

【例 17.5】（实例文件：源文件\ch17\17.5.php）

```php
<?php
$db=@mysqli_connect('localhost','root','753951','adatabase')
or die("无法连接到服务器");  // 连接数据库
mysqli_query("set names utf8");  // 设置 MySQL 的字符集，以屏蔽乱码
// 执行查询数据的操作
$sq = "select * from user";
$result = mysqli_query($db,$sq);//如果查询成功，$result 为资源类型，保存查询结果集
?>
<table width="370" border="1" cellspacing="0" cellpadding="0">
  <tr><th>编号</th><th>姓名</th><th>年龄</th><th>性别</th><th>个人信息
</th></tr>
  <?php
  while($row = mysqli_fetch_row($result)){//逐行获取结果集中的记录，并显示在表格中
?>
  <tr>
    <td><?php echo $row[0] ?></td>            <!-- 显示第一列 -->
    <td><?php echo $row[1] ?></td>            <!-- 显示第二列 -->
    <td><?php echo $row[2] ?></td>            <!-- 显示第三列 -->
    <td><?php echo $row[3] ?></td>            <!-- 显示第四列 -->
    <td><?php echo $row[4] ?></td>            <!-- 显示第五列 -->
</tr>
  <?php
mysqli_close($db);
?>
```

本程序的运行结果如图 17-7 所示。

图 17-7　程序的运行结果

17.3.7　获取结果集中的记录作为关联数组

调用 mysqli_fetch_assoc()函数从数组结果集中获取信息，只要确定 SQL 请求返回的对象即可。语法格式如下：

```
mysqli_fetch_assoc (result);
```

此函数与 mysqli_fetch_rows()函数的不同之处就是返回的每一条记录都是关联数组。注意，该
函数返回的字段名是区分字母大小写的。

【例 17.6】（实例文件：源文件\ch17\17.6.php）

```php
<?php
 while($row = mysqli_fetch_assoc($result)) {          // 逐行获取结果集中的记录
?>
 <tr>
  <td><?php echo $row["Id"] ?></td>          <!-- 获取当前行 "Id" 字段值 -->
  <td><?php echo $row["Name"] ?></td>        <!-- 获取当前行 "Name" 字段值 -->
  <td><?php echo $row["Age"] ?></td>         <!-- 获取当前行 "Age" 字段值 -->
  <td><?php echo $row["Gender"] ?></td>      <!-- 获取当前行 "Gender" 字段值 -->
  <td><?php echo $row["Info"] ?></td>        <!-- 获取当前行 "Info" 字段值 -->
 </tr>
<?php
 }
?>
```

"$row = mysqli_fetch_assoc($result);" 语句直接从$result 结果中取得一行，并且以关联数组的
形式返回给$row。由于获得的是关联数组，因此在读取数组元素时要通过字段名称确定数组元素。

17.3.8　获取结果集中的记录作为对象

调用 mysqli_fetch_object()函数从结果中获取一行记录作为对象。语法格式如下：

```
mysqli_ fetch_ object (result);
```

【例 17.7】（实例文件：源文件\ch17\17.7.php）

```php
<?php
 while($row = mysqli_fetch_object($result)) { // 逐行获取结果集中的记录
?>
 <tr>
  <td><?php echo $row->Id ?></td>             <!-- 获取当前行 "Id" 字段值 -->
  <td><?php echo $row->Name ?></td>           <!-- 获取当前行 "Name" 字段值 -->
  <td><?php echo $row->Age ?></td>            <!-- 获取当前行 "Age" 字段值 -->
  <td><?php echo $row->Gender ?></td>         <!-- 获取当前行 "Gender" 字段值 -->
  <td><?php echo $row->Info ?></td>           <!-- 获取当前行 "Info" 字段值 -->
 </tr>
<?php
 }
?>
```

该程序的整体运行结果和上一节案例相同。不同的是，这里的程序采用了对象和对象属性的
表示方法，但是最后输出的数据结果是相同的。

17.3.9　调用 mysqli_fetch_array()函数获取结果集中的记录

mysqli_fetch_array ()函数的语法格式如下：

```
mysqli_fetch_array (result[,resuilt_type])
```

参数 resuilt_type 是可选参数，表示一个常量，可以选择 MYSQL_ASSOC（关联数组）、MYSQL_NUM（数字数组）和 MYSQL_BOTH（二者兼有），本参数的默认值为 MYSQL_BOTH。

【例 17.8】（实例文件：源文件\ch17\17.8.php）

```php
<?php
  while($row = mysqli_fetch_array($result)) {   // 逐行获取结果集中的记录
?>
  <tr>
    <td><?php echo $row["Id"] ?></td>            // 使用字段名作为索引显示字段值
    <td><?php echo $row["1"] ?></td>             // 使用数字为索引显示字段值
    <td><?php echo $row["Age"] ?></td>
    <td><?php echo $row["3"] ?></td>
    <td><?php echo $row["Info"] ?></td>
  </tr>
 <?php
  }
?>
```

17.3.10　调用 mysqli_free_result()函数释放资源

释放资源的函数为 mysqli_free_result()，函数的格式为：

```
mysqli_free_result(SQL 请求所返回的数据库对象)
```

在一切操作都基本完成以后，程序通过"mysqli_free_result($result);"语句释放了 SQL 请求所返回的对象$result 所占用的资源。

17.4　实战演练 1——PHP 操作数据库

下面以通过 Web 向 user 数据库请求数据为例，介绍如何使用 PHP 函数处理 MySQL 数据库数据，具体步骤如下。

步骤 01　在网址主目录下创建 phpmysql 文件夹。

步骤 02　在 phpmysql 文件夹下建立文件 htmlform.html，输入如下代码：

```html
<html>
<head>
  <title>Finding User</title>
</head>
<body>
  <h2>Finding users from mysql database.</h2>
  <form action="formhandler.php" method="post">
    Fill user name:
```

```
      <input name="username" type="text" size="20"/> <br>
      <input name="submit" type="submit" value="Find"/>
   </form>
</body>
</html>
```

步骤 03　在 phpmysql 文件夹下建立文件 formhandler.php，输入如下代码：

```
<html>
<head>
   <title>User found</title>
</head>
<body>
   <h2>User found from mysql database.</h2>
<?php
   $username = $_POST['username'];
   if(!$username){
       echo "Error: There is no data passed.";
       exit;
   }

   if(!get_magic_quotes_gpc()){
       $username = addslashes($username);
   }
       @ $db = mysqli_connect('localhost','root','753951','adatabase');

       if(mysqli_connect_errno()){
       echo "Error: Could not connect to mysql database.";
       exit;
       }

        $q = "SELECT * FROM user WHERE name = '".$username."'";

       $result = mysqli_query($db,$q);
       $rownum = mysqli_num_rows($result);

       for($i=0; $i<$rownum; $i++){
         $row = mysqli_fetch_assoc($result);
         echo "Id:".$row['id']."<br>";
         echo "Name:".$row['name']."<br>";
         echo "Age:".$row['age']."<br>";
         echo "Gender:".$row['gender']."<br>";
         echo "Info:".$row['info']."<br>";
       }
       mysqli_free_result($result);

       mysqli_close($db);

?>
</body>
```

```
</html>
```

步骤 **04** 运行 htmlform.html，结果如图 17-8 所示。

步骤 **05** 在输入框中输入用户名 lilili，单击 Find 按钮，页面跳转至 formhandler.php，并且返回请求结果，如图 17-9 所示。

图 17-8　htmlform.html 页面

图 17-9　formhandler.php 页面

17.5　实战演练 2——使用 insert 语句动态添加用户信息

在前面的实例中，程序通过 form 查询了特定用户名的用户信息。下面将使用其他 SQL 语句实现 PHP 的数据请求。

下面通过使用 adatabase 的 user 数据库表格添加新的用户信息，具体操作步骤如下。

步骤 **01** 在 phpmysql 文件夹下建立文件 insertform.html，并且输入如下代码：

```html
<html>
<head>
  <title>Adding User</title>
</head>
<body>
  <h2>Adding users to mysql database.</h2>
  <form action="formhandler.php" method="post">
    Select gender:
    <select name="gender">
      <option value="male">man</option>
      <option value="female">woman</option>
    </select><br>
    Fill user name:
    <input name="username" type="text" size="20"/> <br>
    Fill user age:
    <input name="age" type="text" size="3"/> <br>
    Fill user info:
    <input name="info" type="text" size="60"/> <br>
    <input name="submit" type="submit" value="Add"/>
  </form>
</body>
</html>
```

步骤 **02** 在 phpmysql 文件夹下建立文件 insertformhandler.php，并且输入如下代码：

```
<html>
<head>
  <title>User adding</title>
</head>
<body>
  <h2>adding new user.</h2>
<?php
    $username = $_POST['username'];
    $gender = $_POST['gender'];
    $age = $_POST['age'];
    $info = $_POST['info'];
    if(!$username and !$gender and !$age and !$info){
        echo "Error: There is no data passed.";
        exit;
    }
    if(!$username or !$gender or !$age or !$info){
        echo "Error: Some data did not be passed.";
        exit;
    }
    if(!get_magic_quotes_gpc()){
        $username = addslashes($username);
        $gender = addslashes($gender);
        $age = addslashes($age);
        $info = addslashes($info);
    }
        @ $db = mysqli_connect('localhost','root','753951', 'adatabase');
        if(mysqli_connect_errno()){
        echo "Error: Could not connect to mysql database.";
        exit;
        }
        $q = "INSERT INTO user( Name, Age, Gender, Info)
VALUES ('$username',$age,'$gender', '$info')";
        if( !mysqli_query($db,$q)){
            echo "no new user has been added to database.";
        }else{
            echo "New user has been added to database.";
        };
        mysqli_close($db);
?>
</body>
</html>
```

步骤 03　运行 insertform.html，结果如图 17-10 所示。

步骤 04　单击 Add 按钮，页面跳转至 insertformhandler.php，并且返回信息结果，如图 17-11 所示。

图 17-10　insertform.html 运行结果　　　　图 17-11　insertformhandler.php 页面

【案例分析】

这时数据库 user 表格中就添加了一个新的元素。

（1）在 insertform.html 文件中建立了 user 表格中除 Id 外的每个字段信息的输入框。

（2）在 insertformhandler.php 文件中建立 MySQL 连接。生成连接对象等操作都与前面的程序相同。只是改变了 SQL 请求语句的内容为 "$q = "INSERT INTO user(Name, Age, Gender, Info) VALUES ('$username',$age,'$gender', '$info')";" 插入语句。

（3）Name、Gender 和 Info 字段为字符串型，所以'$username'、'$gender' 和 '$info' 这 3 个变量要以字符串形式加入。

17.6　实战演练 3——使用 select 语句查询数据信息

本案例讲述如何使用 select 语句查询数据信息，具体操作步骤如下。

步骤 01　在 phpmysql 文件夹下建立文件 selectform.html，并且输入如下代码：

```html
<html>
<head>
  <title>Finding User</title>
</head>
<body>
 <h2>Finding users from mysql database.</h2>
 <form action="selectformhandler.php" method="post">
   Select gender:
   <select name="gender">
     <option value="male">man</option>
     <option value="female">woman</option>
   </select><br>
   <input name="submit" type="submit" value="Find"/>
 </form>
</body>
</html>
```

步骤 02　在 phpmysql 文件夹下建立文件 selectformhandler.php，并且输入如下代码：

```html
<html>
<head>
  <title>User found</title>
</head>
```

```
<body>
  <h2>User found from mysql database.</h2>
<?php
  $gender = $_POST['gender'];
  if(!$gender){
     echo "Error: There is no data passed.";
     exit;
  }
  if(!get_magic_quotes_gpc()){
     $gender = addslashes($gender);
  }
     @ $db = mysqli_connect('localhost','root','753951');
     mysqli_select_db($db,'adatabase');
     if(mysqli_connect_errno()){
      echo "Error: Could not connect to mysql database.";
      exit;
     }
     $q = "SELECT * FROM user WHERE gender = '".$gender."'";
     $result = mysqli_query($db,$q);
     $rownum = mysqli_num_rows($result);
     for($i=0; $i<$rownum; $i++){
        $row = mysqli_fetch_assoc($result);
        echo "Id:".$row['id']."<br>";
        echo "Name:".$row['name']."<br>";
        echo "Age:".$row['age']."<br>";
        echo "Gender:".$row['gender']."<br>";
        echo "Info:".$row['info']."<br>";
     }
     mysqli_free_result($result);
     mysqli_close($db);
?>
</body>
</html>
```

步骤 **03**　运行 selectform.html，结果如图 17-12 所示。

步骤 **04**　单击 Find 按钮，页面跳转至 selectformhandler.php，返回信息，如图 17-13 所示。

图 17-12　selectform.html 运行结果

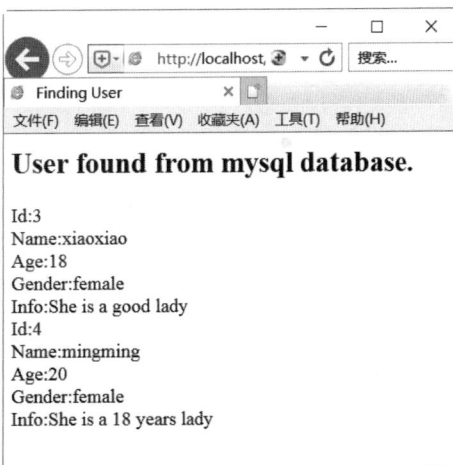

图 17-13　selectformhandler.php 页面

311

这样程序就给出了所有 Gender 为 female 的用户信息。

17.7　高手甜点

甜点 1：修改 php.ini 文件后仍然不能调用 MySQL 数据库怎么办？

有时候修改 php.ini 文件不能保证一定可以加载 MySQL 函数库。此时，如果调用 phpinfo()函数不能显示 MySQL 的信息，就说明配置失败了。重新按照 17.2 节的内容检查配置是否正确，如果正确，就把 PHP 安装目录下的 libmysql.dll 库文件直接复制到系统的 system32 目录下，然后重新启动 IIS 或 APACHE，最好再次调用 phpinfo()进行验证，看到 MySQL 信息时表示已经配置成功。

甜点 2：为什么尽量省略 MySQL 语句中的分号？

在 MySQL 语句中，每一行的命令都使用分号（;）作为结束，但是当一行 MySQL 被插入 PHP 代码中时，最好把后面的分号省略掉。这主要是因为 PHP 也是以分号作为一行语句的结束，额外的分号有时会让 PHP 的语法分析器搞不明白。在这种情况下，虽然省略了分号，但是 PHP 在执行 MySQL 命令时会自动加上。

另外，还有不要加分号的情况。当用户想把字段竖着排列显示而不是像通常那样横着排列时，可以用 G 来结束一行 SQL 语句，这时就用不上分号了，例如：

```
SELECT * FROM paper WHERE USER_ID =1G
```

第 18 章 PDO 数据库抽象类库

学习目标 | Objective

PHP 的数据库抽象类的出现是 PHP 发展过程中重要的一步。PDO 扩展为 PHP 访问数据库定义了一个轻量级、一致性的接口，提供了一个数据访问抽象层。这样无论使用什么数据库，都可以通过一致的函数执行查询和获取数据。PDO 随 PHP 5.1 发行，在 PHP 5.0 的 PECL 扩展中也可以使用，但无法运行于之前的 PHP 版本中。本章主要讲述 PDO 数据库抽象类库的使用方法。

内容导航 | Navigation

- 熟悉 PDO 的基本概念
- 熟悉 PDO 的安装方法
- 掌握 PDO 操作 MySQL 数据库的方法
- 掌握 PDO 的 prepare 表述

18.1 PDO 概述

随着 PHP 应用的快速增长和通过 PHP 开发跨平台的应用，使用不同的数据库是十分常见的。PHP 需要支持从 MySQL、MS SQL 到 Oracle 数据库的多种数据库。

如果只是通过单一的接口针对单一的数据库编写程序，比如用 MySQL 函数处理 MySQL 数据库、用其他函数处理 Oracle 数据库，会在很大程度上降低 PHP 程序在数据库支持方面的灵活性，同时增加了编程的复杂性和工作量。

如果使用 PHP 开发一个跨数据库平台的应用，当需要在两个不同平台的数据库中调用数据时，需要开发连接不同平台的数据库程序，而且还要在调用不同平台的数据库时进行协调操作，从而增加了工作的难度。

为了解决这个问题，程序员开发出"数据库抽象层"。通过这个抽象层，把数据处理业务逻辑和数据库连接区分开来。也就是说，无论 PHP 连接的是什么数据库，都不影响 PHP 业务逻辑的程序。这样对于一个应用来说，可以采用若干不同的数据库支持方案。

PDO 就是 PHP 中最为主流的实现"数据库抽象层"的数据库抽象类。PDO 类是 PHP 5 中最为突出的功能之一。在 PHP 5 版本以前，PHP 只能通过针对 MySQL 的类库、PgSQL 的类库、MS SQL 的类库等分别实现各个不同数据库的连接。

PDO 通过数据库抽象层实现了以下特性。

- 灵活性，可以在 PHP 运行期间直接加载新的数据库，而不需要在新的数据库使用时重新设置和编译。

- 面向对象特性，这个特性完全配合了 PHP 5，通过对象来控制数据库的使用。
- 速度极快，由于 PDO 是使用 C 语言编写、编译并且加到 PHP 中的，因此比那些用 PHP 编写的抽象类要快得多。

18.2　PDO 的安装

由于 PDO 类库是 PHP 自带的类库，因此要使用 PDO 类库，只需在 php.ini 中把关于 PDO 类库的语句前面的注释符号去掉即可。

首先启用 extension=php_pdo.dll 类库，这个类库是 PDO 类库本身。然后设置不同的数据库驱动类库选项。extension=php_pdo_mysql.dll 适用于 MySQL 数据库的连接。如果使用 MS SQL，可以启用 extension=php_pdo_mssql.dll 类库。如果使用 Oracle 数据库，可以启用 extension=php_pdo_oci.dll 类库。除了这些类库之外，还有支持 PgSQL 和 SQLite 等的类库。

本书实验环境下启用的类库为 extension=php_pdo.dll 和 extension=php_pdo_mysql.dll。

18.3　使用 PDO 操作 MySQL

如果在本机环境下使用的数据库是 MySQL，那么在使用 PDO 操作数据库之前，首先需要连接到 MySQL 服务器和特定的 MySQL 数据库。

实现这个操作是通过 PDO 类库内部的构造函数来完成的。PDO 构造函数的结构是：

```
PDO::__construct(DSN, username, password, driver_options)
```

其中，DSN 是一个"数据源名称"，username 是接入数据源的用户名，password 是用户密码，driver_options 是特定连接要求的其他参数。

DSN 是一个字符串，是由"数据库服务器类型""数据库服务器地址"和"数据库名称"组成的。它们组合的格式为：

```
'数据库服务器类型:host=数据库服务器地址;dbname=数据库名称'
```

driver_options 是一个数组，它有很多选项。

- PDO::ATTR_AUTOCOMMIT: 此选项定义 PDO 在执行时是否注释每条请求。
- PDO::ATTR_CASE: 通过此选项可以控制在数据库中取得字段数据时字母的大小写。也就是说，可以通过 PDO::CASE_UPPER 强制所读取字段数据中的字母为大写，可以通过 PDO::CASE_LOWER 强制所读取字段数据的字母为小写，可以通过 PDO::CASE_NATURAL 使所读取字段数据的字母大小写保持原样，即是与数据库字段设计时的大小写保持一致。
- PDO::ATTR_EMULATE_PREPARES: 使用此选项可以利用 MySQL 的请求缓存功能。
- PDO::ATTR_ERRMODE: 使用此选项定义 PDO 的错误报告模型。具体的 3 种模式分别为 PDO::ERRMODE_EXCEPTION（异常模式，出错会抛出一个异常）、PDO::ERRMODE_SILENT（静默模式，出错不会报错）和 PDO::ERRMODE_WARNING（警告模式，出错会给出一个警告）。
- PDO::ATTR_ORACLE_NULLS: 使用此选项，在使用 Oracle 数据库时，会把空字符串转换为 NULL（空值）。一般情况下，此选项默认为关闭。

- PDO::ATTR_PERSISTENT：使用此选项来确定此数据库连接是否可持续。其默认值为 false，不启用。
- PDO::ATTR_PREFETCH：此选项确定是否要使用数据库预取（Prefetch）功能。此功能 是在用户取得一条记录操作之前就取得多条记录，以准备给下一次数据请求操作提供数据，目的是减少执行数据库数据请求的次数，以提高效率。
- PDO::ATTR_TIMEOUT：此选项设置超时时间为多少秒，但是 MySQL 不支持此功能。
- PDO::DEFAULT_FETCH_MODE：此选项可以设置默认的取数（Fetch）模型，是以联 合数据的形式取得数据，或是以数字索引数组的形式取得数据，还是以对象的形式取得 数据。

18.3.1　连接 MySQL 数据库的方法

当建立一个连接对象的时候，只需要使用 new 关键字创建一个 PDO 的数据库连接实例。例如，使用 MySQL 作为数据库生成一个数据库连接，代码如下：

```php
<?php
$dbms='mysql';                  // 数据库类型
$host='localhost';              // 数据库主机名
$dbName=' pdodatabase ';        // 使用的数据库
$user='root';                   // 数据库连接用户名
$pass=' ';                      // 对应的密码
$dsn="$dbms:host=$host;dbname=$dbName";
$dbh = new PDO($dsn, $user, $pass); // 初始化一个 PDO 对象
?>
```

另外，用户也可以使用简洁的方式连接数据库，代码如下：

```php
$dbconnect = new PDO('mysql:host=localhost;dbname=pdodatabase', 'root',
                     '753951')
```

18.3.2　使用 PDO 时的 try catch 异常处理结构

使用 PDO 时经常伴随着 PHP 中的 try catch 异常处理结构，如下所示：

```php
<?php
try {
  $dbconnect = new PDO($dsn, $user, $pass);
} catch (PDOException $exception) {
  echo "Connection error message: " . $exception->getMessage();
}
?>
```

使用这样的异常处理结构，PDO 可以配合其他的对象属性获得更多的信息。

以下案例通过对数据库请求的错误处理来说明此结构。

步骤01　在 MySQL 数据库中建立 pdodatabase 数据库，并且在 SQL 编辑框中执行以下 SQL 语句。

```
CREATE TABLE IF NOT EXISTS 'user' (
  'id' int(10) NOT NULL AUTO_INCREMENT,
  'name' varchar(30) DEFAULT NULL,
  'age' int(10) NOT NULL,
  'gender' varchar(10) NOT NULL,
  'info' varchar(255) NOT NULL,
  PRIMARY KEY (`id`)
) ENGINE=MyISAM  DEFAULT CHARSET=utf8 AUTO_INCREMENT=8 ;
```

插入数据，SQL 语句如下：

```
INSERT INTO 'user' ('id', 'name', 'age', 'gender', 'info') VALUES
(1, 'wangxiaoming', 32, 'male', 'He is a man'),
(2, 'lilili', 23, 'female', 'She is a woman'),
(3, 'fangfanfang', 18, 'female', 'She is a 18 years old lady.'),
(7, 'liuxiaoyong', 17, 'male', 'He is a young boy.');
```

至此，数据库 pdodatabase 和数据库表格 user 以及其中的数据都已创建。

步骤 02　在网站下建立 pdodemo.php 文件，输入如下代码：

```php
<?php
$dbms='mysql';                    // 数据库类型
$host='localhost';                // 数据库主机名
$dbName=' pdodatabase ';          // 使用的数据库
$user='root';                     // 数据库连接用户名
$pass=' ';                        // 对应的密码
$dsn="$dbms:host=$host;dbname=$dbName";
try {
    $dbconnect = new PDO($dsn, $user, $pass);
} catch (PDOException $exception) {
  echo "Connection error message: " . $exception->getMessage();
}
?>
```

步骤 03　运行 pdodemo.php 网页，结果如图 18-1 所示。

图 18-1　程序的运行结果

【案例分析】

（1）在创建 PDO 实例的过程中由于密码是错误的，因此 PDO 通过 try catch 结构抛出异常信息。

（2）在 pdodemo.php 文件中，catch (PDOException $exception){}使用了 PDOException 类。前面提到的 PDO::ATTR_ERRMODE 选项的 PDO:: ERRMODE_EXCEPTION 异常模式是使用 PDOException 类来抛出异常信息的，如果抛出了异常，就会即时终止程序的执行，并输出异常信息。这个类在此程序中的实例是$exception。

以上是建立 PDO 数据库连接时发生错误时获得的异常信息。如果 SQL 请求在执行的过程中出错，其错误信息应当如何获取呢？具体步骤如下。

步骤 01　在网站下建立 pdodemo2.php 文件，输入如下代码：

```php
<?php
try {
    $dbconnect = new
PDO('mysql:host=localhost;dbname=pdodatabase','root','753951');
} catch (PDOException $exception) {
    echo "Connection error message: " . $exception->getMessage();
}
$sqlquery = "SELECT * FROM users";
$dbconnect->exec($sqlquery);
echo $dbconnect->errorCode()."<br>";
print_r($dbconnect->errorInfo());
?>
```

步骤 02　运行 pdodemo2.php 网页，结果如图 18-2 所示。

图 18-2　程序的运行结果

【案例分析】

（1）$sqlquery 定义了 SQL 请求语句。"$dbconnect->exec($sqlquery);"语句通过实例$dbconnect 的实例方法 exec()执行$sqlquery 的 SQL 请求语句。

（2）由于 $sqlquery 定义的 SQL 请求语句中的 'users' 不正确（应为 'user'），因此 "$dbconnect->errorCode();"语句直接输出 SQL 请求的错误代码 42S02，表示目标数据库不存在。

（3）"$dbconnect-> errorInfo();"语句获得错误信息的所有信息，包括错误代码。由于类方法 error::Info()返回的是一个数字索引数组，因此调用 print_r()显示错误信息。此数组拥有 3 个数组元素：第一个元素为遵循 SQL 标准的状态码，第二个元素为遵循数据库标准的错误代码，第三个元素为具体的错误信息。

（4）实例$dbconnect 其实是调用 PDO 类的类方法 PDOStatment::errorCode()来获得 SQL 错误代码的，错误信息则是通过 PDO 类的类方法 PDOStatment:: errorInfo()来获得的。

18.3.3　使用 PDO 执行 SQL 的选择语句

PDO 执行 SQL 的选择语句会返回结果对象，可以通过 foreach 来遍历对象内容，具体步骤如下。

步骤 01　在网站下建立 pdoselect.php 文件，输入如下代码：

```php
<?php
try {
    $dbconnect = new
PDO('mysql:host=localhost;dbname=pdodatabase','root','753951');
} catch (PDOException $exception) {
    echo "Connection error message: " . $exception->getMessage();
}
$sqlquery = "SELECT * FROM user";
$result = $dbconnect->query($sqlquery);
foreach ($result as $row){
    $name = $row['name'];
    $gender = $row['gender'];
    $age = $row['age'];
    echo "user $name , is $gender ,and is $age years old. <br>";
}
?>
```

步骤 02 运行 pdoselect.php 网页，结果如图 18-3 所示。

图 18-3　程序的运行结果

【案例分析】

（1）其中，$sqlquery 定义了 SQL 请求语句；"$dbconnect->query($sqlquery);"语句通过实例 $dbconnect 的实例方法 query()执行$sqlquery 的 SQL 请求语句。在执行 SQL 语句的 select 操作时，一定要调用 query()方法，而不能调用执行其他操作时调用的 exec()方法。

（2）foreach ($result as $row)语句以默认的方法获取$result 这一返回数据对象的所有数据，并且以关联数组的形式表现出来。

18.3.4　使用 PDO 获取返回数据的类方法

当使用 select 语句向数据库请求数据以后，query()方法会返回一个包含所有请求数据的对象。如何对这个对象的数据进行读取操作呢？下面将通过类方法来讲解。

通过调用 fetch()方法读取请求所返回的数据对象的一条记录。PDOStatement::fetch()类方法在实例化之后调用 Fetch()方法，可以选择 fetch_style 的选项作为其参数。例如，PDO::FETCH_ASSOC 选项是把返回的数据读取为关联数组，PDO::FETCH_NUM 选项是把返回的数据读取为数字索引数组，PDO_FETCH_BOTH 选项是把返回的数据读取为数组，包括数字索引数组和关联数组，PDO::FETCH_OBJ 选项是把返回的数据读取为一个对象，不同字段的数据作为其对象属性。

通过调用 fetchAll()方法读取请求所返回的数据对象的所有记录。

下面通过例子来讲解 fetch()方法的使用技巧。

步骤 **01**　在网站下建立 pdofetch.php 文件，输入如下代码：

```php
<?php
try {
    $dbconnect = new
PDO('mysql:host=localhost;dbname=pdodatabase','root','753951');
} catch (PDOException $exception) {
    echo "Connection error message: " . $exception->getMessage();
}
$sqlquery = "SELECT * FROM user";
$result = $dbconnect->query($sqlquery);
$rownum = $result->rowCount();
echo "There are total ".$rownum." users:<br>";
while ($row = $result->fetch(PDO::FETCH_ASSOC)){
    $name = $row['name'];
    $gender = $row['gender'];
    $age = $row['age'];
    echo "user $name , is $gender ,and is $age years old. <br>";
}
?>
```

步骤 **02**　运行 pdofetch.php，结果如图 18-4 所示。

图 18-4　程序的运行结果

【案例分析】

（1）其中，$sqlquery 定义了 SQL 请求语句；"$dbconnect->query($sqlquery);"语句通过实例 $dbconnect 的实例方法 query()执行$sqlquery 的 SQL 请求语句；返回对象为$result。

（2）$row = $result->fetch(PDO::FETCH_ASSOC)语句直接以关联数组的方式取得$result 的一条记录，并且赋值给$row。

（3）使用 while 循环按照输出格式打印输出。

以下实例介绍 fetchAll()方法的使用技巧。

步骤 **01**　在网站下建立 pdofetchall.php 文件，输入如下代码：

```php
<?php
try {
    $dbconnect = new
PDO('mysql:host=localhost;dbname=pdodatabase','root','753951');
} catch (PDOException $exception) {
    echo "Connection error message: " . $exception->getMessage();
```

```
    }
    $sqlquery = "SELECT * FROM user";
    $result = $dbconnect->query($sqlquery);
    $rownum = $result->rowCount();
    echo "There are total ".$rownum." users:<br>";
    $rowall = $result->fetchAll();
    foreach ($rowall as $row){
        $id = $row[0];
        $name = $row[1];
        $gender = $row[3];
        $age = $row[2];
        $info = $row['info'];
        echo "ID: $id . User $name , is $gender ,and is $age years old. and info:
$info<br>";
    }
    ?>
```

步骤 02　运行 pdofetchall.php 网页，结果如图 18-5 所示。

图 18-5　程序的运行结果

【案例分析】

（1）其中，$sqlquery 定义了 SQL 请求语句；"$dbconnect->query($sqlquery);"语句通过实例 $dbconnect 的实例方法 query()执行$sqlquery 的 SQL 请求语句；返回对象为$result；rowCount()方法用于返回数据对象的记录条数。

（2）"$rowall = $result->fetchAll();"语句取得$result 的所有记录，并且赋值给$rowall。然后使用 foreach 循环遍历数组元素。

（3）由于 fetchAll()方法用于读取$result 对象为数字索引数组和关联数组两种类型，因此在遍历时可以使用两种方式指定数组元素。

18.3.5　使用 PDO 执行 SQL 的添加、修改语句

使用 PDO 执行添加和修改的 SQL 命令不同于 select 操作。以下实例介绍此方面的内容。

步骤 01　在网站下建立 pdoinsertupdate.php 文件，输入如下代码：

```
    <?php
    try {
        $dbconnect = new
PDO('mysql:host=localhost;dbname=pdodatabase','root','753951');
```

```
    } catch (PDOException $exception) {
        echo "Connection error message: " . $exception->getMessage();
    }
    $sqlquery = "INSERT INTO user (id,name,age,gender,info )VALUES
(NULL,'zhangdaguang', '39', 'male', 'he is a middle-age male.')";
    if($dbconnect->exec($sqlquery)){
        echo "A new record has been inserted.<br>";
    }
    $sqlquery2 = "UPDATE user SET age='45' WHERE name='zhangdaguang'";
    if($dbconnect->exec($sqlquery2)){
        echo "The record has been updated.";
    }
    ?>
```

步骤 **02**　运行 pdoinsertupdate.php，结果如图 18-6 所示。

图 18-6　程序的运行结果

【案例分析】

（1）其中，$sqlquery 定义了 insert 的 SQL 请求语句，"$dbconnect->exec($sqlquery);"语句通过实例$dbconnect 的实例方法 exec()执行$sqlquery 的 SQL 请求语句，若正确执行，则返回语句。

（2）$sqlquery2 定义了 update 的 SQL 请求语句，"$dbconnect->exec($sqlquery2);"语句通过实例$dbconnect 的实例方法 exec()执行$sqlquery 2 的 SQL 请求语句，若正确执行，则返回语句。

18.3.6　使用 PDO 执行 SQL 的删除语句

删除一个记录也可调用 exec()类方法。下面通过实例来讲解这方面的内容。

步骤 **01**　在网站下建立 pdodelete.php 文件，输入如下代码：

```
    <?php
    try {
        $dbconnect = new
PDO('mysql:host=localhost;dbname=pdodatabase','root','753951');
    } catch (PDOException $exception) {
        echo "Connection error message: " . $exception->getMessage();
    }
    $sqlquery = "DELET FROM user WHERE name = 'zhangdaguang'";
    if($dbconnect->exec($sqlquery)){
        echo "A new record has been deleted.";
    }
    ?>
```

步骤 **02** 运行 pdodelete.php，结果如图 18-7 所示。

图 18-7　程序的运行结果

其中，$sqlquery 定义了 delete 的 SQL 请求语句，"$dbconnect->exec($sqlquery);" 语句通过实例 $dbconnect 的实例方法 exec() 执行 $sqlquery 的 SQL 请求语句，若正确执行，则返回语句。

18.4　实战演练——PDO 的 prepare 表述

当执行一条 SQL 语句时，需要通过 PDO 来执行。正常情况下可以逐句执行。每执行一句，都需要 PDO 首先对语句进行解析，然后传递给 MySQL 执行。如果是执行不同的 SQL 语句，这就是必要的过程。如果是同一种 SQL 语句，如 insert，语句结构都一样，只是每一条语句中具体的数值不同，那么 PDO 的 prepare 表述就只提供改变的变量值，而不是改变 SQL 语句，这样就可以减少解析过程、节省资源和提高效率。

使用 prepare 表述需要调用两个方法：一个是 prepare() 方法，另一个是 execute() 方法。

下面通过实例介绍此方面的内容。

步骤 **01** 在网站下建立 pdoprepare.php 文件，输入如下代码：

```php
<?php
try {
    $dbconnect = new
PDO('mysql:host=localhost;dbname=pdodatabase','root','753951');
} catch (PDOException $exception) {
    echo "Connection error message: " . $exception->getMessage();
}
$sqlquery = "INSERT INTO user SET id = :id, name = :name, age = :age,gender
= :gender ,info = :info ";
$prepareddb = $dbconnect->prepare($sqlquery);
if($prepareddb->execute(array(
  ':id'=> 'NULL',
  ':name'=> 'lixiaoyun',
  ':age'=> '16',
  ':gender'=> 'female',
  ':info'=> 'She is a school girl.'
  ))){
  echo "A new user, lixiaoyun, has been inserted.<br>";
}
if($prepareddb->execute(array(
  ':id'=> 'NULL',
  ':name'=> 'liuxiaoyu',
```

```
    ':age'=> '18',
    ':gender'=> 'male',
    ':info'=> 'he is a school boy.'
))){
    echo "A new user, liuxiaoyu, has been inserted.<br>";
}
?>
```

步骤 02　运行 pdoprepare.php，结果如图 18-8 所示。

图 18-8　程序的运行结果

【案例分析】

（1）其中，$sqlquery 定义了 insert 的 SQL 请求语句。这条请求语句定义了字段的变量，如 id = :id、name = :name 等。

（2）$dbconnect->prepare($sqlquery)语句调用 prepare()类方法表述 prepare，并且赋值给对象 $prepareddb。$prepareddb->execute(array(…))语句调用 execute()类方法执行 SQL 语句，在 execute() 类方法中通过一个数组为 SQL 请求语句中定义的变量赋值。其中，变量值为键值，具体值为数组元素。

（3）$prepareddb->execute(array(…))语句可以很方便地重复使用，只要修改数组中的元素值即可。

18.5　高手甜点

甜点 1：PDO 中的事务如何处理？

在 PDO 中，同样可以实现事务处理的功能，具体使用方法如下：

- 开启事务：调用 beginTransaction()方法将关闭自动提交模式，直到事务提交或者回滚以后才恢复。
- 提交事务：调用 commit()方法完成事务的提交操作，成功时返回 true，否则返回 false。
- 事务回滚：调用 rollBack()方法执行事务的回滚操作。

甜点 2：如何通过 PDO 连接 MS SQL Server 数据库？

通过 PDO 可以实现和 MS SQL Server 数据库的连接操作。下面通过实例来讲解具体的连接方法，代码如下：

```
<?php
```

```php
header("Content-Type:text/html;charset=utf-8");        // 设置页面的编码风格
$host='PC-201405212233';                               // 设置主机名称
$user='sa';                                            // 设置用户名
$pwd='123456';                                         // 设置密码
$dbName='mydatabase';                                  // 设置需要连接的数据库
$dbms='mssql';
$dsn="mssql:host=$host;dbname-$dbName";
try{
  $pdo=new PDO($dsn,$user,$pwd);                        // 利用 try...catch 捕获异常情况
  echo " 成功连接 MS SQL Server 数据库 "
}catch (Exception $e) {
  Die("错误提示！ ".$e->getMessage())
}
?>
```

第 19 章　网站安全加密技术

学习目标 | Objective

网站数据的安全性问题始终是一个困扰网站开发者的问题。在 PHP 程序开发过程中，通过使用一些加密函数可以保护数据不被窃取。当然，通过 PHP 的加密扩展库能进一步满足网站管理员的需求。

内容导航 | Navigation

- 掌握 md5()函数的使用方法
- 掌握 crypt()函数的使用方法
- 掌握 sha1()函数的使用方法
- 掌握安装和使用 Mcrypt 扩展库的方法
- 掌握 Mhash 扩展库的使用方法

19.1　使用加密函数

在 PHP 中，常用的加密函数包括 md5()函数、sha1()函数和 crypt()函数。本节将主要介绍这些加密函数的使用方法和技巧。

19.1.1　md5()函数

MD5 是 Message-Digest Algorithm 5（信息-摘要算法 5）的缩写，它的作用是把任意长度的信息作为输入值，将其换算成一个 128 位长度的"指纹信息"或"报文摘要"值，并以换算后的值作为结果。

md5()函数使用的是 MD5 算法，其语法格式如下：

```
string md5(string str[,bool raw_output]);
```

语法格式中的参数 str 为需要加密的字符串；参数 raw_output 是可选的，默认值为 false，若设置为 true，则该函数将返回一个二进制形式的密文。

【例 19.1】（实例文件：源文件\ch19\19.1.php）

```php
<?php
echo '使用md5()函数加密字符串mypassword：';
echo md5('mypssword');
?>
```

本程序的运行结果如图 19-1 所示。

图 19-1　程序的运行结果

提　示
目前很多网站用户注册的密码都是首先使用 MD5 进行加密，然后将密码保存到数据库中。当用户登录时，程序把用户输入的密码计算成 MD5 值，然后和数据库中保存的 MD5 值进行对比。这种方法可以保护用户的个人隐私，提高安全性。

19.1.2　crypt()函数

crypt()函数主要完成单向加密功能，返回使用 DES、Blowfish 或 MD5 算法加密的字符串。该函数的语法格式如下：

```
string crypt()(string str[,string salt]);
```

其中的参数 str 为需要加密的字符串；参数 salt 是可选的（salt 即所谓的加盐值），表示加密时使用的干扰串，若不设置该参数，则会随机生成一个干扰串。

提　示
因为 crypt()函数是单向加密函数，所以没有对应的解密函数。

在不同的操作系统上，该函数的行为也有所不同，某些操作系统支持一种以上的算法类型。在安装时，PHP 会检查什么算法可用以及使用什么算法。具体的算法依赖于 salt 参数的格式和长度。通过增加由使用特定加密方法的特定字符串所生成的字符串数量，salt 可以使加密更安全。

crypt()函数支持 4 种算法和长度，如表 19-1 所示。

表 19-1　crypt()函数支持的 4 种算法和 salt 参数的长度

算　法	salt 参数的长度
CRYPT_STD_DES	2-character（默认）
CRYPT_EXT_DES	9-character
CRYPT_MD5	12-character（以1开头）
CRYPT_BLOWFISH	16-character（以2开头）

【例 19.2】（实例文件：源文件\ch19\19.2.php）

```php
<?php
$str = '时间是一切财富中最宝贵的财富。';      // 声明字符串变量$str
echo '$str 加密前的值为：'.$str;
$cry = crypt($str,'st');                    // 对变量$str 加密
echo '<p>$str 加密后的值为：'.$cry;          // 输出加密后的变量
```

```
?>
```

本程序的运行结果如图 19-2 所示。

按 F5 键刷新页面，再次运行本程序之后的结果如图 19-3 所示。

图 19-2　程序的运行结果

图 19-3　再次运行程序之后的结果

从结果可以看出，每次生成的加密结果都不相同。如果想让加密结果相同，就需要设置参数 salt 的值。

19.1.3　sha1()函数

SHA 是 Secure Hash Algorithm（安全哈希算法）的缩写，该算法和 MD5 算法类似。sha1()函数使用的是 SHA 算法，它的语法格式如下：

```
string sha1()(string str[,bool raw_output]);
```

其中的参数 str 为需要加密的字符串；参数 raw_output 是可选的，默认为 false，此时该函数返回一个 40 位的十六进制数，如果 raw_output 为 true，则返回一个 20 位的二进制数。

【例 19.3】（实例文件：源文件\ch19\19.3.php）

```
<?php
echo '使用 md5()函数加密字符串 mypassword: ';
echo md5('mypassword');
echo '使用 sha1 ()函数加密字符串 mypassword: ';
echo sha1 ('mypassword');
?>
```

本程序的运行结果如图 19-4 所示。

图 19-4　程序的运行结果

19.2　使用加密扩展库

除了可以使用上面 3 个常见的加密函数以外，还可以使用功能更全面的加密库 Mcrypt 和 Mhash。

19.2.1 安装 Mcrypt 扩展库和 Mhash 扩展库

Mcrypt 扩展库可以实现加密和解密功能，就是既能将明文加密，也可以将密文还原。Mcrypt 库支持多种加密算法和 8 种加密模式。Mcrypt 支持的算法有 cast-128、gost、rijndael-128、twofish、arcfour、cast-256、loki97、rijndael-192、saferplus、wake、blowfish-compat、des、rijndael-256、serpent、xtea、blowfish、enigma、rc2 和 tripledes。Mcrypt 支持的加密模式有 cbc、cfb、ctr、ecb、ncfb、nofb、ofb 和 stream。这些算法和模式在应用中要以常量来表示，编写的时候加上前缀 MCRYPT_ 和 MCRYPT_MODE_ 来表示，如下面 Mcrypt 应用的例子。

DES 算法表示为 MCRYPT_DES。

ECB 模式表示为 MCRYPT_MODE_ECB。

安装 Mcrypt 扩展库的方法比较简单，在 PHP 的主目录下找到 libmcrypt.dll 和 libmhash.dll 文件（libmhash.dll 是 Mhash 扩展库，这里也一起安装），然后将这两个文件复制到系统目录 windows\system32 下，在 php.ini 文件中找到 ";extension=php_mcrypt.dll" ";extension=php_ mhash.dll" 语句，去除前面的分号，最后重启服务器，即可使用 Mcrypt 和 Mhash 扩展库。

提 示
若在最新版本中无法找到上述文件，则可以省略安装步骤。

19.2.2 使用 Mcrypt 扩展库

Mcrypt 库支持多种加密算法和 8 种加密模式，具体可以通过函数 mcrypt_list_algorithms()和 mcrypt_list_modes()来显示。

【例 19.4】（实例文件：源文件\ch19\19.4.php）

```php
<?php
    $en_dir = mcrypt_list_algorithms();
    echo "Mcrypt 支持的算法有: ";
    foreach($en_dir as $en_value){
        echo $en_value." ";
}
    $mo_dir = mcrypt_list_modes();
    echo "<p>Mcrypt 支持的加密模式有: ";
    foreach($mo_dir as $mo_value){
        echo $mo_value." ";
}
?>
```

本程序的运行结果如图 19-5 所示。

图 19-5　程序的运行结果

下面通过一个实例来讲解使用 Mcrypt 加密库的方法。

【例 19.5】（实例文件：源文件\ch19\19.5.php）

```php
<?php
$str = "住进布达拉宫，我是雪域最大的王。";        // 加密内容
$key = "key:1111";                          // 密钥
$cipher = MCRYPT_DES;                        // 密码类型
$modes = MCRYPT_MODE_ECB;                    // 密码模式
$iv = mcrypt_create_iv(mcrypt_get_iv_size($cipher,$modes),MCRYPT_RAND);
                                             // 初始化向量
echo "加密前内容：".$str."<p>";
$str_encrypt = mcrypt_encrypt($cipher,$key,$str,$modes,$iv);  // 加密函数
echo "加密后内容：".$str_encrypt." <p>";
$str_decrypt = mcrypt_decrypt($cipher,$key,$str_encrypt,$modes,$iv);
                                             // 解密函数
echo "还原原始内容：".$str_decrypt;
?>
```

本程序的运行结果如图 19-6 所示。

图 19-6　程序的运行结果

【案例分析】

（1）函数 string mcrypt_create_iv(int size[,int source])的作用是初始化向量，其中 size 指定 iv 的大小，参数 source 为 iv 的源。

（2）函数 nt mcrypt_get_iv_size(string cipher,string mode)返回初始化向量 iv 的大小。其中，参数 cipher 是加密算法，参数 mode 是算法模式。

（3）函数 string mcrypt_encrypt(string cipher,string key,string data,string mode,string mode[,string iv])的作用是对数据进行加密。其中，参数 cipher 是加密算法，参数 key 是密钥，参数 data 是需要加密的数据，参数 mode 是算法模式，参数 iv 是初始化向量。

（4）函数 string mcrypt_decrypt(string cipher,string key,string data,string mode,string mode[,string iv])的作用是对数据进行解密。

19.2.3　使用 Mhash 扩展库

前面的章节中讲述了如何安装 Mhash 扩展库，本小节主要讲述 Mhash 扩展库的使用方法。Mcrypt 库支持 MD5、SHA 和 CRC32 等多种散列算法，可以调用函数 mhash_count() 和 mhash_hash_name() 来显示。

【例 19.6】（实例文件：源文件\ch19\19.6.php）

```php
<?php
$num = mhash_count();                          // 函数返回最大的 hash id
echo "Mhash 库支持的算法有：";
for($i = 0; $i <= $num; $i++){
    echo $i."=>".mhash_get_hash_name($i)." ";  // 输出每一个 hash id 的名称
}
?>
```

本程序的运行结果如图 19-7 所示。

图 19-7　程序的运行结果

Mhash 加密库中包含 5 个函数，除了上面实例中的 2 个函数以外，另外 3 个函数分别如下。

（1）mhash_get_block_size()函数，主要用来获取参数 hash 的区块大小，语法规则如下：

```
int mhash_get_block_size(int hash)
```

（2）mhash()函数，返回一个哈希值，语法规则如下：

```
string mhash(int hash,string data[,string key])
```

其中，参数 hash 为要使用的算法，参数 data 为要加密的数据，参数 key 是加密时使用的密钥。

（3）mhash_keygen_s2k()函数，根据参数 password 和 salt 返回一个长度为 1 字节的 key 值，参数 hash 为要使用的算法。其中，salt 为一个固定 8 字节的值，如果用户给出的数值小于 8 字节，将用 0 补齐。

【例 19.7】（实例文件：源文件\ch19\19.7.php）

```php
<?php
$str = '流浪在拉萨街头，我是世间最美的情郎';
$hash = 3;
```

```
$password = '121';
$salt = '1234';
$key = mhash_keygen_s2k(1,$password,$salt,10);
$str_mhash = bin2hex(mhash($hash,$str,$key));
echo "流浪在拉萨街头，我是世间最美的情郎 校验码是: ".$str_mhash;
?>
```

本程序的运行结果如图 19-8 所示。该实例调用 mhash_keygen_s2k()函数生成一个验证码，然后调用 bin2hex()函数将二进制结果转换为十六进制。

图 19-8　程序的运行结果

19.3　高手甜点

甜点 1：对称加密和非对称加密的区别是什么？

对称加密技术的特点如下：

（1）加密方和解密方使用同一个密钥。
（2）加密和解密的速度比较快，适用于需要加密的数据量比较大时。
（3）密钥传输的过程不安全，且容易被破解，密钥管理也比较麻烦。

非对称加密技术的特点如下：

（1）每个用户拥有一对密钥加密：公钥和私钥。
（2）公钥加密，私钥解密；私钥加密，公钥解密。
（3）由于公钥使用的密钥长度非常长，因此公钥加密速度非常慢，一般不使用它对大数据量进行加密。
（4）某一个用户用自己的私钥加密，其他用户用这个用户的公钥解密，实现数字签名。

非对称加密算法的运行速度比对称加密算法的速度慢很多，当需要加密大量的数据时，建议采用对称加密算法，提高加解密速度。对称加密算法不能实现签名，因此签名只能使用非对称算法。

由于对称加密算法的密钥管理是一个复杂的过程，密钥的管理直接决定着它的安全性，因此当数据量很小时，还是要考虑采用非对称加密算法。

甜点 2：crypt()函数中的干扰串长度如何规定？

默认情况下，crypt()函数中使用两个字符的 DES 干扰串，若系统使用的是 MD5，则会使用一个 12 个字符的干扰串。可以通过 CRYPT_SALT_LENGTH 变量来查看当前的干扰串长度。

第 20 章 ThinkPHP 框架

学习目标 | Objective

ThinkPHP 是一个轻量级的中型框架，是从 Java 的 Struts 结构移植过来的中文 PHP 开发框架。它使用面向对象的开发结构和 MVC 模式，各方面都比较人性化，适合 PHP 框架初学者。ThinkPHP 的宗旨是简化开发、提高效率、易于扩展，支持 MySQL、MS SQL、SQLite、PgSQL、Oracle 数据库，同时支持 PDO 操作数据库。在中小型项目开发中，经常使用 ThinkPHP 框架。本章将介绍此框架的使用方法。

内容导航 | Navigation

- 熟悉 ThinkPHP 框架的概念
- 掌握下载和安装 ThinkPHP 5.0 框架
- 熟悉 ThinkPHP 5.0 框架的目录结构
- 掌握配置虚拟主机和部署框架的方法
- 掌握使用 ThinkPHP 5.0 框架的方法
- 掌握 ThinkPHP 5.0 框架的配置方法
- 掌握 ThinkPHP 控制器的使用方法
- 掌握数据库的基本操作方法
- 掌握 ThinkPHP 模型的使用方法
- 掌握 ThinkPHP 视图的使用方法

20.1 什么是 ThinkPHP 框架

ThinkPHP 是为了简化企业级应用开发和敏捷 Web 应用开发而诞生的。它的前身最早诞生于 2006 年初，2007 年元旦正式更名为 ThinkPHP，并且遵循 Apache2 开源协议发布。ThinkPHP 从诞生以来一直秉承简洁实用的设计原则，在保持出色的性能和至简的代码的同时，也注重易用性，并且拥有众多原创功能和特性，在社区团队的积极参与下，在易用性、扩展性和性能方面不断优化和改进。

ThinkPHP 是一个快速、兼容而且简单的轻量级国产 PHP 开发框架，从 Struts 结构移植过来并做了改进和完善，同时也借鉴了国外很多优秀的框架和模式，使用面向对象的开发结构和 MVC 模式，融合了 Struts 的思想和 TagLib（标签库）、RoR 的 ORM 映射和 ActiveRecord 模式。

ThinkPHP 可以支持 Windows/UNIX/Linux 等服务器环境，支持 MySQL、PgSQL、SQLite 多种数据库以及 PDO 扩展。

作为一个整体开发解决方案，ThinkPHP 能够满足应用开发中的大多数需求，因为其自身包含了底层架构、兼容处理、基类库、数据库访问层、模板引擎、缓存机制、插件机制、角色认证、表单处理等常用的组件，并且对于跨版本、跨平台和跨数据库移植都比较方便。每个组件都是精心设计和完善的，应用开发过程仅仅需要关注项目的业务逻辑即可。

在学习 ThinkPHP 框架之前，首先需要了解以下两个概念。

（1）CRUD

CRUD 是一个数据库技术中的缩写词。它代表创建（Create）、读取（Read）、更新（Update）和删除（Delete）操作。之所以将 CRUD 提升到技术难题的高度，是因为完成一个涉及在多个数据库系统中进行 CRUD 操作的综合应用中，其性能可能会随数据关系的变化而有非常大的差异。

（2）单一入口

单一入口的应用程序就是指用一个文件处理所有的 HTTP 请求。例如，无论是列表页还是文章页，都是从浏览器访问 index.php 文件，这个文件就是应用程序的单一入口。

通过单一入口，可以对 url 参数和 post 进行必要的检查和特殊字符的过滤、记录日志、访问统计等各种可以集中处理的任务。这样就可以看出，由于这些工作都被集中到了 index.php 来完成，因此可以减轻维护其他功能代码的难度。

20.2　下载和安装 ThinkPHP 5.0 框架

ThinkPHP 框架的官方网站是 http://www.thinkphp.cn/，选择【下载】链接，即可进入 ThinkPHP 框架的下载列表页面，本书编写时的最新版本为 ThinkPHP 5.0.20，其中包含核心版和完整版，根据实际需求下载对应的版本即可。这里选择下载 ThinkPHP 5.0.20 完整版，如图 20-1 所示。

图 20-1　ThinkPHP 的下载页面

下载完成后，解压下载的文件，然后将解压后的文件夹重命名为 ThinkPHP。严格来说，ThinkPHP 无须安装，这里所说的安装其实就是把 ThinkPHP 框架放入 Web 运行环境。具体操作步骤如下：

步骤01　在网站根目录下创建文件夹，命名为 TT。
步骤02　将 ThinkPHP 框架的文件夹存储在 TT 目录下，如图 20-2 所示。

图 20-2　存储 ThinkPHP 框架

步骤 03　运行 public 文件夹下的入口文件 index.php，输入地址"http://localhost/TT/public/"，结果如图 20-3 所示，表示 ThinkPHP 5.0 框架已经被成功安装。

图 20-3　运行入口文件 index.php

20.3　ThinkPHP 5.0 框架的目录结构

ThinkPHP 5.0 框架的初始目录结构如图 20-4 所示。

图 20-4　ThinkPHP 5.0 框架的初始目录结构

目录结构的含义如下：

```
1. project 应用部署目录
2. ├─application              应用目录（可设置）
3. │  ├─common               公共模块目录（可更改）
4. │  ├─index                模块目录(可更改)
5. │  │  ├─config.php         模块配置文件
6. │  │  ├─common.php         模块函数文件
7. │  │  ├─controller         控制器目录
8. │  │  ├─model              模型目录
9. │  │  ├─view               视图目录
10.│  │  └─ ...               更多类库目录
11.│  ├─command.php           命令行工具配置文件
12.│  ├─common.php            应用公共（函数）文件
13.│  ├─config.php            应用（公共）配置文件
14.│  ├─database.php          数据库配置文件
15.│  ├─tags.php              应用行为扩展定义文件
16.│  └─route.php             路由配置文件
17.├─extend                  扩展类库目录（可定义）
18.├─public                  WEB 部署目录（对外访问目录）
19.│  ├─static               静态资源存放目录(css、js、image)
20.│  ├─index.php             应用入口文件
21.│  ├─router.php            快速测试文件
22.│  └─.htaccess             用于 Apache 的重写
23.├─runtime                 应用的运行时目录（可写，可设置）
24.├─vendor                  第三方类库目录（Composer）
25.├─thinkphp                框架系统目录
26.│  ├─lang                 语言包目录
27.│  ├─library              框架核心类库目录
28.│  │  ├─think              Think 类库包目录
29.│  │  └─traits             系统 Traits 目录
30.│  ├─tpl                  系统模板目录
31.│  ├─.htaccess            用于 Apache 的重写
32.│  ├─.travis.yml          CI 定义文件
33.│  ├─base.php             基础定义文件
34.│  ├─composer.json        composer 定义文件
35.│  ├─console.php          控制台入口文件
36.│  ├─convention.php       惯例配置文件
37.│  ├─helper.php           助手函数文件（可选）
38.│  ├─LICENSE.txt          授权说明文件
39.│  ├─phpunit.xml          单元测试配置文件
40.│  ├─README.md            README 文件
41.│  └─start.php            框架引导文件
42.├─build.php               自动生成定义文件（参考）
43.├─composer.json           composer 定义文件
44.├─LICENSE.txt             授权说明文件
45.├─README.md               README 文件
46.├─think                   命令行入口文件
```

ThinkPHP 5.0 框架文件中的 router.php 用于 PHP 自带 webserver 的支持，可用于快速测试。启动命令如下：

```
php -S localhost:8888 router.php
```

ThinkPHP 5.0 版本自带了一个完整的应用目录结构和默认的应用入口文件，开发人员可以在这个基础之上灵活调整。也就是说，上面的目录结构和名称是可以改变的，尤其是应用的目录结构，这取决项目的入口文件和配置参数。

由于 ThinkPHP 5.0 的架构设计对模块的目录结构保留了很多的灵活性，尤其是对于用于存储的目录具有高度的定制化，因此对上述目录结构的建议仅供参考。

20.4　配置虚拟主机和部署框架

从上一节可以看出，如果要访问 public 文件夹下的 index.php 文件，需要输入较长的地址，如果采用虚拟主机的方式，就可以通过简单的地址来访问。

例如，这里以自定义的虚拟地址 www.think.com 来访问 public 文件夹下的 index.php 文件，具体设置的步骤如下：

步骤 01　找到 Apache 服务器的配置文件 httpd.conf，在 Wampserver 集成开发环境中，该文件的位置是 C:\wamp\bin\apache\apache2.4.23\conf，如图 20-5 所示。

图 20-5　查找配置文件 httpd.conf

步骤 02　用记事本打开配置文件 httpd.conf，然后打开以下 3 个配置选项，也就是将它们前面的#去掉。

```
LoadModule rewrite_module modules/mod_rewrite.so
LoadModule vhost_alias_module modules/mod_vhost_alias.so
Include conf/extra/httpd-vhosts.conf
```

步骤 03　找到 Apache 服务器的虚拟主机配置文件 httpd-vhosts.conf。在 Wampserver 集成开发环境中，该文件的位置是 C:\wamp\bin\apache\apache2.4.23\conf\extra，如图 20-6 所示。

图 20-6　查找虚拟主机配置文件 httpd-vhosts.conf

步骤 **04**　用记事本打开配置文件 httpd-vhosts.conf，查看服务器的地址配置信息，如图 20-7 所示。

图 20-7　查看服务器的地址配置信息

步骤 **05**　将图 20-7 方框中的内容修改如下：

```
ServerName www.think.com
ServerAlias www.think.com
DocumentRoot C:\wamp\www\TT\ThinkPHP\public
<Directory  "C:\wamp\www\TT\ThinkPHP\public">
```

步骤 **06**　下面开始修改系统的配置文件 hosts，该文件的地址是 C:\Windows\System32\drivers\etc，如图 20-8 所示。

图 20-8　查找系统的配置文件

337

步骤 **07**　用记事本打开该文件，在最后加入代码（见图 20-9）：

```
127.0.0.1  www.think.com
```

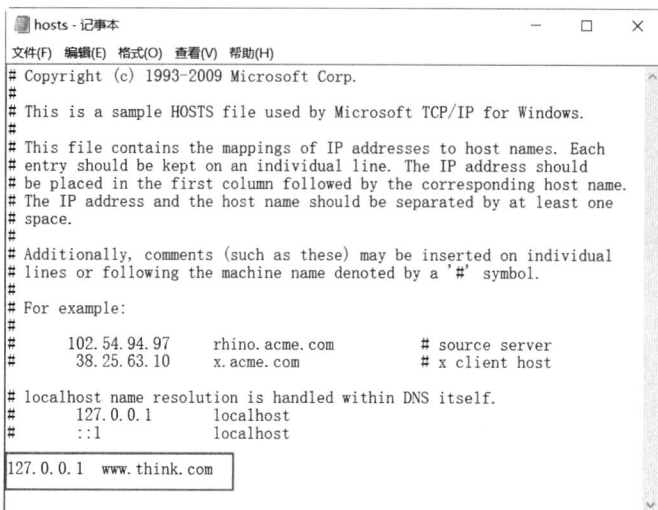

图 20-9　修改系统的配置文件

步骤 **08**　输入虚拟地址 www.think.com，即可运行入口文件 index.php，结果如图 20-10 所示，表示虚拟主机和框架已经成功配置完成。

图 20-10　使用虚拟地址运行入口文件 index.php

20.5　如何使用 ThinkPHP 5.0 框架

熟悉了 ThinkPHP 5.0 框架的目录后，下面开始学习该架构的使用方法和技巧。

20.5.1　URL 访问

在 20.4 节中讲述了运行入口文件后的页面，为什么该页面会显示上述内容呢？下面就从 ThinkPHP 5.0 框架的 URL 访问说起。

ThinkPHP 5.0 的 URL 是由路由决定的。在关闭路由或者没有路由匹配的情况下，基于以下规则运行：

```
http://serverName/index.php（或者其他应用入口文件）/模块/控制器/操作/[参数名/参数
值...]
```

其中，serverName 是主机名，也就是上一个案例中的 www.think.com；index.php 是项目的入口文件，也可以省略。如果省略/模块/控制器/操作/[参数名/参数值...]，则默认访问的是 index 模块下 index 控制器下的 index 操作。

例如，输入 http:// www.think.com/index.php/index/index/ index，结果如图 20-11 所示。

图 20-11　通过完整的 URL 访问网站

从结果可以看出，这里和直接访问 www.think.com 的结果是一样的。那么该文件在哪里呢？该文件的位置是 C:\wamp\www\TT\ThinkPHP\application\index\controller，结果如图 20-12 所示。这里的 index 文件夹就是 index 模块，controller 文件夹就是 controller 控制器。

图 20-12　查看人口文件 index.php 的位置

打开该文件后，内容如下：

```php
<?php
namespace app\index\controller;


class Index
```

```
    {
        public function index()
        {
            return '<style type="text/css">*{ padding: 0; margin:
0; } .think_default_text{ padding: 4px 48px;} a{color:#2E5CD5;cursor:
pointer;text-decoration: none} a:hover{text-decoration:underline; }
body{ background: #fff; font-family: "Century      Gothic","Microsoft yahei";
color: #333;font-size:18px} h1{ font-size: 100px; font-weight: normal;
margin-bottom: 12px; } p{ line-height: 1.6em; font-size: 42px }</style><div
style="padding: 24px 48px;"> <h1>:)</h1><p> ThinkPHP V5<br/><span
style="font-size:30px">十年磨一剑 - 为 API 开发设计的高性能框架</span></p><span
style="font-size:22px;">[ V5.0 版本由 <a href="http://www.qiniu.com"
          target="qiniu">七牛云</a> 独家赞助发布 ]</span></div><script
type="text/javascript" src="https://tajs.qq.
    com/stats?sId=9347272"charset="UTF-8"></script><script
type="text/javascript"
src="https://e.topthink.com/Public/static/client.js"></script><think
id="ad_bd568ce7058a1091"></think>';}}
```

20.5.2　入口文件

ThinkPHP 5.0 采用单一入口模式进行项目部署和访问，无论完成什么功能，一个应用都有一个统一的入口。应该说，所有应用都是从入口文件开始的，并且不同应用的入口文件是类似的。

入口文件主要完成以下功能：

（1）定义框架路径、项目路径（可选）。

（2）定义系统相关常量（可选）。

（3）载入框架入口文件（必需）。

ThinkPHP 5.0 默认的应用入口文件位于 public/index.php，内容如下：

```php
<?php
// +----------------------------------------------------------------------
// | ThinkPHP [ WE CAN DO IT JUST THINK ]
// +----------------------------------------------------------------------
// | Copyright (c) 2006-2016 http://thinkphp.cn All rights reserved.
// +----------------------------------------------------------------------
// | Licensed ( http://www.apache.org/licenses/LICENSE-2.0 )
// +----------------------------------------------------------------------
// | Author: liu21st <liu21st@gmail.com>
// +----------------------------------------------------------------------
// [ 应用入口文件 ]
// 定义应用目录
define('APP_PATH', __DIR__ . '/../application/');
// 加载框架引导文件
require __DIR__ . '/../thinkphp/start.php';
```

入口文件位置的设计是为了让应用部署更安全，public 目录为 Web 可访问目录，其他的文件都可以放到非 Web 访问目录下。

给 APP_PATH 定义绝对路径会提高系统的加载效率。在有些情况下，可能需要加载框架的基础引导文件 base.php，该引导文件和 start.php 的区别是不会主动执行应用，而是需要自己执行应用，例如：

```
// 定义应用目录
define('APP_PATH', __DIR__ . '/../application/');
// 加载框架基础引导文件
require __DIR__ . '/../thinkphp/base.php';
// 添加额外的代码
// ...
// 执行应用
\think\App::run()->send();
```

20.5.3　ThinkPHP 5.0 框架的执行流程

下面通过学习 ThinkPHP 5.0 的应用请求的生命周期来了解整个 ThinkPHP 5.0 框架的执行流程。

1. 入口文件

用户发起的请求都会经过应用的入口文件，通常是 public/index.php 文件。当然，也可以更改或者增加新的入口文件。通常，不建议在应用入口文件中加入过多的代码，尤其是和业务逻辑相关的代码。

2. 引导文件

接下来执行框架的引导文件，start.php 文件就是系统默认的一个引导文件。在引导文件中，会依次执行下面的操作：

（1）加载系统常量定义文件。
（2）加载环境变量定义文件。
（3）注册自动加载机制。
（4）注册错误和异常处理机制。
（5）加载惯例配置文件。
（6）执行应用。

start.php 引导文件会调用 base.php 基础引导文件，在某些特殊需求下可能会直接在入口文件中引入基础引导文件。

提　示
若用户在应用入口文件中更改了默认的引导文件，则上述执行流程可能会跟随发生变化。

3. 注册自动加载

系统会调用 Loader::register()方法注册自动加载，在这一步完成后，所有符合规范的类库（包括 Composer 依赖加载的第三方类库）都将自动加载。
系统的自动加载由下面的主要部分组成。

（1）注册系统的自动加载方法：\think\Loader::autoload。

（2）注册系统命名空间的定义。

（3）加载类库映射文件。

（4）若存在 Composer 安装，则注册 Composer 自动加载。

（5）注册 extend 扩展目录。

一个类库的自动加载检测顺序为：

（1）是否定义类库映射。

（2）PSR-4 自动加载检测。

（3）PSR-0 自动加载检测。

4. 注册错误和异常机制

执行 Error::register()注册错误和异常处理机制，由以下 3 部分组成。

（1）应用关闭方法：think\Error::appShutdown。

（2）错误处理方法：think\Error::appError。

（3）异常处理方法：think\Error::appException。

注册应用关闭方法是为了便于拦截一些系统错误。在整个应用请求的生命周期中，如果抛出了异常或者严重错误，均会导致应用提前结束，并响应输出异常和错误信息。

5. 应用初始化

执行应用的第一步操作就是对应用进行初始化，包括：

（1）加载应用（公共）配置。

（2）加载扩展配置文件。

（3）加载应用状态配置。

（4）加载别名定义。

（5）加载行为定义。

（6）加载公共（函数）文件。

（7）注册应用命名空间。

（8）加载扩展函数文件。

（9）设置默认时区。

（10）加载系统语言包。

6. URL 访问检测

应用初始化完成后，就会进行 URL 的访问检测，包括 PATH_INFO 检测和 URL 后缀检测。ThinkPHP 5.0 范围的 URL 地址必须是 PATH_INFO 方式的 URL 地址，例如：

```
http://serverName/index.php/index/index/hello/val/value
```

所以，如果你的环境只能支持普通方式的 URL 参数访问，那么必须使用：

```
http://serverName/index.php?s=/index/index/hello&val=value
```

若是在命令行下访问入口文件，则通过$php index.php index/index/hello/val/value...获取正常的
$_SERVER['PATH_INFO']参数后才能继续。

7. 路由检测

如果开启了 url_route_on 参数，则会首先进行 URL 的路由检测。一旦检测到匹配的路由，根据定义的路由地址会注册到相应的 URL 调度。

ThinkPHP 5.0 的路由地址支持如下方式：

（1）路由到模块/控制器/操作。
（2）路由到外部重定向地址。
（3）路由到控制器方法。
（4）路由到闭包函数。
（5）路由到类的方法。

路由地址可能会受域名绑定的影响。若关闭路由或者路由检测无效，则进行默认的模块/控制器/操作的分析识别。

如果在应用初始化的时候指定了应用调度方式，那么路由检测是可选的。

可以使用 \think\App::dispatch() 进行应用调度，例如：

```
App::dispatch(['type' => 'module', 'module' => 'index/index']);
```

8. 分发请求

在完成 URL 检测和路由检测之后，路由器会分发请求到对应的路由地址，这也是应用请求的生命周期中最重要的一个环节。

在这一步中，完成应用的业务逻辑及数据返回。建议统一使用 return 返回数据，而不是 echo 输出，如非必要，请不要使用 exit 或者 die 中断执行。

下面是系统支持的分发请求机制，可以根据情况选择使用。

（1）模块/控制器/操作

这是默认的分发请求机制，系统会根据 URL 或者路由地址来判断当前请求的模块、控制器和操作名，并自动调用相应的访问控制器类，执行操作对应的方法。

该机制下面首先会判断当前模块，并进行模块的初始化操作（和应用的初始化操作类似），模块的配置参数会覆盖应用尚未生效的配置参数。

支持模块映射、URL 参数绑定到方法以及操作绑定到类等功能。

（2）控制器方法

和前一种方式类似，只是无须判断模块、控制器和操作，直接分发请求到一个指定的控制器类的方法，因此没有进行模块的初始化操作。

（3）外部重定向

可以直接分发请求到一个外部的重定向地址，支持指定重定向代码，默认为 301 重定向。

（4）闭包函数

路由地址定义的时候可以直接采用闭包函数，完成一些相对简单的逻辑操作和输出。

（5） 类的方法

除了以上方式外，还支持分发请求到类的方法，包括以下两种。

● 静态方法：'blog/:id'=>'\org\util\Blog::read'。
● 类的方法：'blog/:id'=>'\app\index\controller\Blog@read'。

9. 响应输出

控制器的所有操作方法都是由 return 返回，而不是直接输出，系统会调用 Response::send 方法将最终应用返回的数据输出到页面或者客户端，并自动转换成 default_return_type 参数配置的格式。所以，应用执行的数据输出只需要返回一个正常的 PHP 数据即可。

10. 应用结束

事实上，在应用的数据响应输出之后，应用并没有真正的结束，系统会在应用输出或者中断后执行日志保存写入操作。

系统的日志包括用户调试输出的日志和系统自动生成的日志，这些日志统一在应用结束时写入。日志的写入操作受日志初始化的影响。

20.5.4 项目开发规范

ThinkPHP 5.0 遵循 PSR-2 命名规范和 PSR-4 自动加载规范，并且注意如下规范。

1. 目录和文件

目录和文件的规范如下：

（1）目录使用小写字母+下画线。
（2）类库、函数文件统一以.php 为后缀。
（3）类的文件名均以命名空间定义，并且命名空间的路径和类库文件所在路径一致。
（4）类文件采用驼峰法命名（首字母大写），其他文件采用小写字母+下画线命名。
（5）类名和类文件名保持一致，统一采用驼峰法命名（首字母大写）。

2. 函数和类、属性命名

类的命名采用驼峰法（首字母大写），例如 User、UserType，默认不需要添加后缀，例如 UserController 应该直接命名为 User。

（1）函数的命名使用小写字母和下画线（小写字母开头）的方式，例如 get_client_ip。
（2）方法的命名使用驼峰法（首字母小写），例如 getUserName。
（3）属性的命名使用驼峰法（首字母小写），例如 tableName 和 instance。
（4）以双下画线 "＿＿" 打头的函数或方法作为魔法方法，例如＿＿call 和＿＿autoload。

3. 常量和配置

（1）常量以大写字母和下画线命名，例如 APP_PATH 和 THINK_PATH。
（2）配置参数以小写字母和下画线命名，例如 url_route_on 和 url_convert。

4. 数据表和字段

数据表和字段采用小写字母加下画线的方式命名，注意字段名不要以下画线开头，例如 think_user 表和 user_name 字段，不建议使用驼峰和中文作为数据表字段命名。

5. 应用类库命名空间规范

应用类库的根命名空间统一为 app（可以设置 app_namespace 配置参数来更改），例如 app\index\controller\Index 和 app\index\model\User。

注意：请避免使用 PHP 保留字作为常量、类名和方法名，以及命名空间的命名，否则会造成系统错误。

20.6　ThinkPHP 5.0 的配置

配置文件是 ThinkPHP 5.0 框架程序得到运行的基础条件，框架的很多功能都需要在配置文件中设置之后才可以生效。

20.6.1　配置目录

系统默认的配置文件目录就是应用目录（APP_PATH），也就是默认的 application 下面，并分为应用配置（整个应用有效）和模块配置（仅针对该模块有效）。

```
├─application           应用目录
│  ├─config.php         应用配置文件
│  ├─database.php       数据库配置文件
│  ├─route.php          路由配置文件
│  ├─index              index 模块配置文件目录
│  │  ├─config.php      index 模块配置文件
│  │  └─database.php    index 模块数据库配置文件
```

如果不希望配置文件放到应用目录下，可以在入口文件中定义独立的配置目录，添加 CONF_PATH 常量定义即可，例如：

```
// 定义配置文件目录和应用目录同级
define('CONF_PATH', __DIR__ .'/../config/');
```

配置目录的结构类似于如下形式：

```
├─application           应用目录
├─config                配置目录
│  ├─config.php         应用配置文件
│  ├─database.php       数据库配置文件
│  ├─route.php          路由配置文件
│  ├─index              index 模块配置文件目录
│  │  ├─config.php      index 模块配置文件
│  │  └─database.php    index 模块数据库配置文件
```

ThinkPHP 5.0.1 开始增加了扩展配置目录的概念，在应用配置目录或者模块配置目录下增加了 extra 子目录，其下的配置文件都会自动加载，无须任何配置。

如果定义了 CONF_PATH 常量为 config 目录，那么扩展配置目录如下：

```
├─application              应用目录
├─config                   配置目录
│  ├─config.php            应用配置文件
│  ├─database.php          数据库配置文件
│  ├─route.php             路由配置文件
│  ├─extra                 应用扩展配置目录
│  ├─index                 index 模块配置文件目录
│  │  ├─extra              index 模块扩展配置目录
│  │  ├─config.php         index 模块配置文件
│  │  └─database.php   index 模块数据库配置文件
```

扩展配置文件的文件名（不含后缀）就是配置参数名，并且会和应用配置文件中的参数进行合并。

20.6.2　配置格式

ThinkPHP 框架中所有的配置文件的定义格式均采用返回 PHP 数组的方式。

1. 定义 PHP 数组

返回 PHP 数组的方式是默认的配置定义格式，例如：

```php
//项目配置文件
return [
    // 默认模块名
    'default_module'      => 'index',
    // 默认控制器名
    'default_controller'  => 'Index',
    // 默认操作名
    'default_action'      => 'index',
    // 更多配置参数
    //...
];
```

配置参数名不区分字母大小写（因为所有字母定义都会统一转换成小写），新版建议的规范是使用小写字母定义配置参数。

还可以在配置文件中使用二维数组来配置更多的信息，例如：

```php
// 项目配置文件
return [
    'cache'          => [
        'type'   => 'File',
        'path'   => CACHE_PATH,
        'prefix' => '',
        'expire' => 0,
    ],
];
```

2. 支持其他配置格式

PHP 默认以数组方式定义配置文件，用户可以在入口文件中定义 CONF_EXT 常量来更改为其他的配置类型：

```
// 更改配置格式为 ini 格式
define('CONF_EXT', '.ini');
```

配置后，会自动解析支持的配置类型，包括.ini、.xml、.json 和.php 在内的格式。
ini 格式配置的例子：

```
default_module=Index          ;默认模块
default_controller=index      ;默认控制器
default_action=index          ;默认操作
```

xml 格式配置的例子：

```
<config>
<default_module>Index</default_module>
<default_controller>index</default_controller>
<default_action>index</default_action>
</config>
```

json 格式配置的例子：

```
{
  "default_module":"Index",
  "default_controller":"index",
  "default_action":"index"
}
```

20.7　ThinkPHP 的控制器

ThinkPHP V5.0 的控制器定义比较灵活，可以不继承任何基础类，也可以继承官方封装的
\think\Controller 类或者其他的控制器类。

20.7.1　定义控制器

一个典型的控制器类定义如下：

```
namespace app\index\controller;

class Index
{
    public function index()
    {
        return 'index';
    }
}
```

控制器类文件的实际位置是 application\index\controller\Index.php。

控制器类可以不继承任何类，命名空间默认以 app 为根命名空间。

控制器的根命名空间可以设置，例如在应用配置文件中修改：

```
// 修改应用类库命名空间
'app_namespace' => 'application',
```

实际的控制器类应该更改定义如下：

```
namespace application\index\controller;

class Index
{
    public function index()
    {
        return 'index';
    }
}
```

只是命名空间改变了，实际的文件位置和文件名并没有改变。使用该方式定义的控制器类，如果要在控制器里面渲染模板，可以使用如下代码：

```
namespace app\index\controller;

use think\View;

class Index
{
    public function index()
    {
        $view = new View();
        return $view->fetch('index');
    }
}
```

或者直接使用 view 助手函数来渲染模板输出，例如：

```
namespace app\index\controller;

class Index
{
    public function index()
    {
        return view('index');
    }
}
```

如果继承了 think\Controller 类，可以直接调用 think\View 及 think\Request 类的方法，例如：

```
namespace app\index\controller;

use think\Controller;
```

```
class Index extends Controller
{
    public function index()
    {
        // 获取包含域名的完整 URL 地址
        $this->assign('domain',$this->request->url(true));
        return $this->fetch('index');
    }
}
```

在默认情况下，控制器的输出全部采用 return 的方式，无须进行任何手动输出，系统会自动完成渲染内容的输出。

下面都是有效的输出方式：

```
namespace app\index\controller;

class Index
{
    public function hello()
    {
        return 'hello,world!';
    }

    public function json()
    {
        return json_encode($data);
    }

    public function read()
    {
        return view();
    }

}
```

控制器一般不需要任何输出，直接用 return 返回即可。

在默认情况下，控制器的返回输出不会做任何数据处理，但是可以设置输出格式，并自动进行数据转换处理，前提是控制器的输出数据必须采用 return 的方式返回。

如果控制器定义为：

```
namespace app\index\controller;

class Index
{
    public function hello()
    {
        return 'hello,world!';
    }

    public function data()
```

```
    {
        return ['name'=>'thinkphp','status'=>1];
    }

}
```

设置输出数据格式为 JSON：

```
// 默认输出类型
'default_return_type'  => 'json',
```

访问以下地址：

```
http://localhost/index.php/index/Index/hello
http://localhost/index.php/index/Index/data
```

输出的结果变成：

```
"hello,world!"
{"name":"thinkphp","status":1}
```

在默认情况下，控制器在 Ajax 请求时会对返回类型自动转换，默认为 JSON。

如果控制器定义如下：

```
namespace app\index\controller;

class Index
{
    public function data()
    {
        return ['name'=>'thinkphp','status'=>1];
    }

}
```

访问地址"http://localhost/index.php/index/Index/data"，输出的结果变成：

```
{"name":"thinkphp","status":1}
```

设置输出数据格式为 html：

```
// 默认输出类型
'default_ajax_return'  => 'html',
```

这种情况下，Ajax 请求不会对返回内容进行转换。

20.7.2 控制器的初始化

如果控制器类继承了\think\Controller 类，就可以定义控制器初始化方法 _initialize，在该控制器的方法调用之前执行。

例如：

```
namespace app\index\controller;
```

```
use think\Controller;

class Index extends Controller
{

    public function _initialize()
    {
        echo 'init<br/>';
    }

    public function hello()
    {
        return 'hello';
    }

    public function data()
    {
        return 'data';
    }
}
```

此时访问地址"http://localhost/index.php/index/Index/hello",结果输出如下:

```
init
hello
```

如果访问地址"http://localhost/index.php/index/Index/data",那么结果输出如下:

```
init
data
```

20.7.3　跳转和重定向

在应用开发中,经常会遇到一些带有提示信息的跳转页面,例如操作成功或者操作错误页面,并且自动跳转到另一个目标页面。系统的\think\Controller 类内置了 success 和 error 两个跳转方法,用于页面跳转提示。

使用方法很简单,例如:

```
namespace app\index\controller;

use think\Controller;
use app\index\model\User;

class Index extends Controller
{
    public function index()
    {
        $User = new User; // 实例化 User 对象
        $result = $User->save($data);
        if($result){
            // 设置成功后跳转页面的地址,默认的返回页面是$_SERVER['HTTP_REFERER']
```

```
            $this->success('新增成功', 'User/list');
        } else {
            // 错误页面的默认跳转页面是返回前一页，通常不需要设置
            $this->error('新增失败');
        }
    }
}
```

跳转地址是可选的，success 方法的默认跳转地址是$_SERVER["HTTP_REFERER"]，error 方法的默认跳转地址是 javascript:history.back(-1);。

提　示
默认的等待时间是 3 秒。

success 和 error 方法都可以有对应的模板，设置默认对应模板的方式如下：

```
THINK_PATH . 'tpl/dispatch_jump.tpl'
```

可以重设默认的模板文件：

```
// 默认错误跳转对应的模板文件
'dispatch_error_tmpl' => APP_PATH . 'tpl/dispatch_jump.tpl',
// 默认成功跳转对应的模板文件
'dispatch_success_tmpl' => APP_PATH . 'tpl/dispatch_jump.tpl',
```

也可以使用项目内部的模板文件：

```
// 默认错误跳转对应的模板文件
'dispatch_error_tmpl' => 'public/error',
// 默认成功跳转对应的模板文件
'dispatch_success_tmpl' => 'public/success',
```

模板文件可以使用模板标签，并且可以使用下面的模板变量：

- $data：要返回的数据。
- $msg：页面提示信息。
- $code：返回的代码。
- $wait：跳转等待时间，单位为秒。
- $url：跳转页面地址。

error 方法会自动判断当前请求是否属于 Ajax 请求，若属于 Ajax 请求，则自动转换为 default_ajax_return 配置格式的返回信息。success 方法在 Ajax 请求下不返回信息，需要开发者自行处理。

\think\Controller 类的 redirect 方法可以实现页面的重定向功能。redirect 方法的参数用法如下：

```
// 重定向到 News 模块的 Category 操作
$this->redirect('News/category', ['cate_id' => 2]);
```

上面的用法是跳转到 News 模块的 category 操作，重定向后会改变当前的 URL 地址。

或者直接重定向到一个指定的外部 URL 地址，例如：

```
// 重定向到指定的 URL 地址，并且使用 302
$this->redirect('http://thinkphp.cn/blog/2',302);
```

20.8　数据库的基本操作

ThinkPHP 内置了抽象数据库访问层，把不同的数据库操作封装起来，只需要使用公有的 Db 类进行操作，而无须针对不同的数据库编写不同的代码和底层实现。Db 类会自动调用相应的数据库驱动来处理。采用 PDO 方式，目前支持 MySQL、SQL Server、PgSQL、SQLite 等数据库。

20.8.1　连接数据库

如果应用需要使用数据库，就必须配置数据库连接信息。数据库的配置文件有多种定义方式。

1. 配置文件定义

常用的配置方式是在应用目录或者模块目录下面的 database.php 中添加下面的配置参数：

```
return [
    // 数据库类型
    'type'        => 'mysql',
    // 数据库连接 DSN 配置
    'dsn'         => '',
    // 服务器地址
    'hostname'    => '127.0.0.1',
    // 数据库名
    'database'    => 'thinkphp',
    // 数据库用户名
    'username'    => 'root',
    // 数据库密码
    'password'    => '',
    // 数据库连接端口
    'hostport'    => '',
    // 数据库连接参数
    'params'      => [],
    // 数据库编码默认采用 utf8
    'charset'     => 'utf8',
    // 数据库表前缀
    'prefix'      => 'think_',
    // 数据库调试模式
    'debug'       => false,
    // 数据库部署方式:0 集中式(单一服务器),1 分布式(主从服务器)
    'deploy'      => 0,
    // 数据库读写是否分离,主从式有效
    'rw_separate' => false,
    // 读写分离后,主服务器数量
    'master_num'  => 1,
    // 指定从服务器序号
```

```
    'slave_no'    => '',
    // 是否严格检查字段是否存在
    'fields_strict'  => true,
];
```

type 参数支持命名空间完整定义，不带命名空间定义的话，默认采用\think\db\connector 作为命名空间，如果使用应用自己扩展的数据库驱动，可以配置为：

```
// 数据库类型
'type'       => '\org\db\Mysql',
```

表示数据库的连接器采用 \org\db\Mysql 类作为数据库连接驱动，而不是默认的 \think\db\connector\Mysql。

每个模块可以设置独立的数据库连接参数，并且相同的配置参数可以无须重复设置，例如可以在 admin 模块的 database.php 配置文件中定义：

```
return [
    // 服务器地址
    'hostname'    => '192.168.1.100',
    // 数据库名
    'database'    => 'admin',
];
```

上述配置表示 admin 模块的数据库地址改成 192.168.1.100，数据库名改成 admin，其他的连接参数和应用 database.php 中的配置一样。

可以针对不同的连接需要添加数据库的连接参数，采用的内置参数如下：

```
PDO::ATTR_CASE               => PDO::CASE_NATURAL,
PDO::ATTR_ERRMODE            => PDO::ERRMODE_EXCEPTION,
PDO::ATTR_ORACLE_NULLS       => PDO::NULL_NATURAL,
PDO::ATTR_STRINGIFY_FETCHES  => false,
PDO::ATTR_EMULATE_PREPARES   => false,
```

在 database 中设置的 params 参数中的连接配置将会和内置参数合并，如果需要使用长连接，并且返回数据库的小写列名，就可以采用下面的方式定义：

```
'params' => [
   \PDO::ATTR_PERSISTENT  => true,
   \PDO::ATTR_CASE        => \PDO::CASE_LOWER,
],
```

可以在 params 参数中配置任何 PDO 支持的连接参数。

2. 方法配置

可以在调用 Db 类的时候动态定义连接信息，例如：

```
Db::connect([
    // 数据库类型
    'type'        => 'mysql',
    // 数据库连接 DSN 配置
    'dsn'         => '',
```

```
    // 服务器地址
    'hostname'    => '127.0.0.1',
    // 数据库名
    'database'    => 'thinkphp',
    // 数据库用户名
    'username'    => 'root',
    // 数据库密码
    'password'    => '',
    // 数据库连接端口
    'hostport'    => '',
    // 数据库连接参数
    'params'      => [],
    // 数据库编码默认采用 utf8
    'charset'     => 'utf8',
    // 数据库表前缀
    'prefix'      => 'think_',
]);
```

或者使用字符串方式：

```
Db::connect('mysql://root:1234@127.0.0.1:3306/thinkphp#utf8');
```

字符串连接的定义格式为：

```
数据库类型://用户名:密码@数据库地址:数据库端口/数据库名#字符集
```

注意：字符串方式可能无法定义某些参数，例如前缀和连接参数。

可以在应用配置文件中配置额外的数据库连接信息，例如：

```
//数据库配置 1
'db_config1' => [
    // 数据库类型
    'type'        => 'mysql',
    // 服务器地址
    'hostname'    => '127.0.0.1',
    // 数据库名
    'database'    => 'thinkphp',
    // 数据库用户名
    'username'    => 'root',
    // 数据库密码
    'password'    => '',
    // 数据库编码默认采用 utf8
    'charset'     => 'utf8',
    // 数据库表前缀
    'prefix'      => 'think_',
],
// 数据库配置 2
'db_config2' => 'mysql://root:1234@localhost:3306/thinkphp#utf8';
```

3. 定义模型类

如果在某个模型类中定义了 connection 属性，则该模型操作时会自动连接指定的数据库连接，而不是配置文件中设置的默认连接信息，这种情况通常用于某些数据表位于当前数据库连接之外的其他数据库，例如：

```
// 在模型里单独设置数据库连接信息
namespace app\index\model;

use think\Model;

class User extends Model
{
    protected $connection = [
        // 数据库类型
        'type'        => 'mysql',
        // 数据库连接 DSN 配置
        'dsn'         => '',
        // 服务器地址
        'hostname'    => '127.0.0.1',
        // 数据库名
        'database'    => 'thinkphp',
        // 数据库用户名
        'username'    => 'root',
        // 数据库密码
        'password'    => '',
        // 数据库连接端口
        'hostport'    => '',
        // 数据库连接参数
        'params'      => [],
        // 数据库编码默认采用 utf8
        'charset'     => 'utf8',
        // 数据库表前缀
        'prefix'      => 'think_',
    ];
}
```

也可以采用 DSN 字符串方式来定义，例如：

```
// 在模型里单独设置数据库连接信息
namespace app\index\model;

use think\Model;

class User extends Model
{
    // 或者使用字符串来定义
    protected $connection = 'mysql://root:1234@127.0.0.1:3306/thinkphp#utf8';
```

20.8.2　运行 SQL 操作

配置数据库连接信息后，就可以直接使用数据库执行原生 SQL 操作，支持 query（查询操作）和 execute（写入操作）方法，并且支持参数绑定，例如：

```
Db::query('select * from think_user where id=?',[8]);
Db::execute('insert into think_user (id, name) values (?, ?)',[8,'thinkphp']);
```

也支持命名占位符绑定，例如：

```
Db::query('select * from think_user where id=:id',['id'=>8]);
Db::execute('insert into think_user (id, name) values
(:id, :name)',['id'=>8,'name'=>'thinkphp']);
```

可以使用多个数据库连接，例如：

```
Db::connect($config)->query('select * from think_user where id=:id',['id'=>8]);
```

config 是一个单独的数据库配置，支持数组和字符串，也可以是一个数据库连接的配置参数名。

20.9　ThinkPHP 的模型

定义一个 User 模型类：

```
namespace app\index\model;
use think\Model;
class User extends Model
{
}
```

默认主键为自动识别，如果需要指定，可以设置属性：

```
namespace app\index\model;

use think\Model;

class User extends Model
{
    protected $pk = 'uid';
}
```

模型会自动对应数据表，模型类的命名规则是除去表前缀的数据表名称，采用驼峰法命名，并且首字母大写，例如：

```
User    think_user
UserType  think_user_type
```

如果想指定数据表甚至数据库连接，可以使用：

```
namespace app\index\model;

class User extends \think\Model
{
```

```
        // 设置当前模型对应的完整数据表名称
        protected $table = 'think_user';

        // 设置当前模型的数据库连接
        protected $connection = [
            // 数据库类型
            'type'          => 'mysql',
            // 服务器地址
            'hostname'      => '127.0.0.1',
            // 数据库名
            'database'      => 'thinkphp',
            // 数据库用户名
            'username'      => 'root',
            // 数据库密码
            'password'      => '',
            // 数据库编码默认采用 utf8
            'charset'       => 'utf8',
            // 数据库表前缀
            'prefix'        => 'think_',
            // 数据库调试模式
            'debug'         => false,
        ];
    }
```

和连接数据库的参数一样，connection 属性的值也可以设置为数据库的配置参数。

模型类可以使用静态调用或者实例化调用两种方式，例如：

```
// 静态调用
$user = User::get(1);
$user->name = 'thinkphp';
$user->save();

// 实例化模型
$user = new User;
$user->name= 'thinkphp';
$user->save();

// 使用 Loader 类实例化（单例）
$user = Loader::model('User');

// 或者使用助手函数 model
$user = model('User');
$user->name= 'thinkphp';
$user->save();
```

实例化模型类主要用于调用模型的自定义方法。

20.10　ThinkPHP 的视图

视图功能由\think\View 类配合视图驱动（模板引擎）类一起完成，目前的内置模板引擎包含 PHP 原生模板和 Think 模板引擎。

因为新版的控制器可以不继承任何基础类，所以在控制器中如何使用视图取决于怎么定义控制器。

1. 继承\think\Controller 类

若控制器继承了\think\Controller 类，则无须自己实例化视图类，可以直接调用控制器基础类封装的相关视图类的方法。

```
// 渲染模板输出
return $this->fetch('hello',['name'=>'thinkphp']);
```

下面的方法可以直接被调用：

- Fetch: 渲染模板输出。
- Display: 渲染内容输出。
- Assign: 模板变量赋值。
- Engine: 初始化模板引擎。

如果需要调用 View 类的其他方法，可以直接使用 $this->view 对象。

2. 助手函数

如果只是需要渲染模板输出，可以使用系统提供的助手函数 view，以完成相同的功能：

```
return view('hello',['name'=>'thinkphp']);
```

助手函数调用格式为：

```
view('[模板文件]'[,'模板变量（数组）'][,模板替换（数组）])
```

无论是否继承 think\Controller 类，助手函数都可以使用，也是最方便的一种。
任何情况下都可以直接实例化视图类渲染模板：

```
// 实例化视图类
$view = new View();
// 渲染模板输出并赋值模板变量
return $view->fetch('hello',['name'=>'thinkphp']);
```

实例化视图类的时候，可以传入模板引擎相关的配置参数，例如：

```
// 实例化视图类
$view = new View([
    'type'         => 'think',
    'view_path'    => '',
    'view_suffix'  => 'html',
    'view_depr'    => '/',
]);
 // 渲染模板输出并赋值模板变量
return $view->fetch('hello',['name'=>'thinkphp']);
```

如果需要使用应用自己扩展的模板引擎驱动，可以使用：

```
// 实例化视图类
```

```
$view = new View([
    'type'          => '\org\template\Think',
    'view_path'     => '',
    'view_suffix'   => 'html',
    'view_depr'     => '/',
]);
```

如果实例化不当，很容易导致配置参数无效的情况。因此，如果不是必要的情况，不建议直接实例化 View 类进行操作。

20.11　高手甜点

甜点 1：如何获取当前的请求信息？

如果要获取当前的请求信息，可以使用\think\Request 类：

```
$request = Request::instance();
```

也可以使用助手函数：

```
$request =request();
```

当然，最方便的还是使用注入请求对象的方式来获取变量，例如：

```
$request = Request::instance();
// 获取当前域名
echo 'domain: ' . $request->domain() . '<br/>';
// 获取当前入口文件
echo 'file: ' . $request->baseFile() . '<br/>';
// 获取当前 URL 地址，不含域名
echo 'url: ' . $request->url() . '<br/>';
// 获取包含域名的完整 URL 地址
echo 'url with domain: ' . $request->url(true) . '<br/>';
// 获取当前 URL 地址，不含 QUERY_STRING
echo 'url without query: ' . $request->baseUrl() . '<br/>';
// 获取 URL 访问的 ROOT 地址
echo 'root:' . $request->root() . '<br/>';
// 获取 URL 访问的 ROOT 地址
echo 'root with domain: ' . $request->root(true) . '<br/>';
// 获取 URL 地址中的 PATH_INFO 信息
echo 'pathinfo: ' . $request->pathinfo() . '<br/>';
// 获取 URL 地址中的 PATH_INFO 信息，不含后缀
echo 'pathinfo: ' . $request->path() . '<br/>';
// 获取 URL 地址中的后缀信息
echo 'ext: ' . $request->ext() . '<br/>';
```

甜点 2：如何设置配置参数？

使用 set 方法动态设置参数，例如：

```
Config::set('配置参数','配置值');
// 或者使用助手函数
config('配置参数','配置值');
```

第 21 章　项目集训 1——开发网上商城

![学习目标 Objective]

互联网的发展让各个产业突破传统的发展领域，产业功能不断进化，实现同一内容的多领域共生，前所未有地扩大了传统产业链，目前整个文化创意产业掀起了跨界融合浪潮，不断释放出全新生产力，激发产业活力。PHP 也被广泛地应用在互联网行业。本章将以一个网上商城系统为例来介绍 PHP 在互联网行业开发中的应用技能。

![内容导航 Navigation]

- 了解网上商城系统的功能
- 熟悉网上商城系统功能的分析方法
- 熟悉网上商城系统的数据流程
- 掌握创建网上商城系统数据库的方法
- 掌握网上商城系统的代码实现过程

21.1　系统功能描述

该案例介绍一个基于 PHP+MySQL 的网上商城系统。该系统的功能主要包括用户登录及验证、商品管理、删除商品、订单管理、修改订单状态等功能。

整个项目以登录界面为起始，在用户输入用户名和密码后，系统通过查询数据库验证该用户是否存在，如图 21-1 所示。

图 21-1　登录界面

若验证成功，则进入系统主菜单。用户可以在网上商城进行相应的功能操作，如图 21-2 所示。

图 21-2　网上商城主界面

21.2　系统功能及实现方法

一个简单的网上商城系统包括用户登录及验证、商品管理、删除商品、增加商品、订单管理、修改订单状态等功能。本节就来学习网上商城系统的功能以及实现方法。

21.2.1　系统功能分析

整个系统的功能结构如图 21-3 所示。

图 21-3　系统的功能结构

整个项目包含以下 6 个功能。

（1）用户登录及验证：在登录界面，用户输入用户名和密码后，系统通过查询数据库验证是否存在该用户，若验证成功，则显示商品管理界面，否则提示"无效的用户名和密码"，并返回登录界面。

（2）商品管理：用户登录系统后，进入商品管理界面。用户可以查看所有商品，系统查询数据库后显示商品记录。

（3）删除商品：在商品管理界面，用户选择"删除商品"后，系统会从数据库删除此条商品记录，并提示删除成功，返回到商品管理界面。

（4）增加商品：用户登录系统后，可以选择"增加商品"，进入增加商品界面。用户可以输入商品的基本信息，上传商品图片，之后系统会向数据库新增一条商品记录。

（5）订单管理：用户登录系统后，可以选择"订单管理"，进入订单管理界面。用户可以查看所有订单，让系统查询数据库显示订单记录。

（6）修改订单状态：在订单管理界面，用户选择"修改状态"后进入订单状态修改界面。用户选择订单状态，进行提交，系统更新数据库中该条记录的订单状态。

21.2.2　数据流程和数据库

整个系统的数据流程如图 21-4 所示。

图 21-4　系统的数据流程

根据系统功能和数据库设计原则，设计数据库 goods。SQL 语法如下：

```
CREATE DATABASE IF NOT EXISTS 'goods';
```

根据系统功能和数据库设计原则，共设计 3 张表，分别是：管理员表 admin、商品表 product、订单表 form。各个表的结构如表 21-1~表 21-3 所示。

表 21-1　管理员表 admin

字段名	数据类型	字段说明
Id	int(3)	管理员编码，主键
User	varchar(30)	用户名
Pwd	varchar(64)	密码

表 21-2　商品表 product

字段名	数据类型	字段说明
cid	int(255)	商品编码，自增
cname	varchar(100)	商品名称
cprice	int(3)	价格
cspic	varchar(255)	图片
cpicpath	varchar(255)	图片路径

表 21-3　订单表 form

字段名	数据类型	字段说明
oid	int(255)	订单编码，自增
user	varchar(30)	用户昵称
leibie	int(1)	种类
name	varchar(20)	商品名称
price	int(3)	价钱
num	int(3)	数量
call	varchar(15)	电话
address	text	地址
ip	varchar(15)	IP 地址
btime	datetime	下单时间
addons	text	备注
state	tinyint(1)	订单状态

创建管理员表 admin，SQL 语句如下：

```
CREATE TABLE IF NOT EXISTS 'admin' (
  'id' int(3) unsigned NOT NULL,
  'user' varchar(30) NOT NULL,
  'pwd' varchar(64) NOT NULL,
  PRIMARY KEY ('id')
);
```

插入演示数据，SQL 语句如下：

```
INSERT INTO 'admin' ('id', 'user', 'pwd') VALUES
    (1, 'admin', '123456');
```

创建商品表 product，SQL 语句如下：

```
CREATE TABLE IF NOT EXISTS 'product' (
  'cid' int(255) unsigned NOT NULL AUTO_INCREMENT,
  'cname' varchar(100) NOT NULL,
  'cprice' int(3) unsigned NOT NULL,
```

```
'cspic' varchar(255) NOT NULL,
'cpicpath' varchar(255) NOT NULL,
PRIMARY KEY ('cid')
);
```

插入演示数据，SQL 语句如下：

```
INSERT INTO 'product' ('cid', 'cname', 'cprice', 'cspic', 'cpicpath')
VALUES
(1, '智能手表', 1299, '', '101.png'),
(2, '台式风扇', 240, '', '102.png'),
(3, '三星液晶显示器',1200, '', '103.png'),
(4, '惠普激光打印机',850, '', '104.png'),
(5, '佳能单反套机',8599, '', '105.png');
```

创建订单表 form，SQL 语句如下：

```
CREATE TABLE IF NOT EXISTS 'form' (
  'oid' int(255) unsigned NOT NULL AUTO_INCREMENT,
  'user' varchar(30) NOT NULL,
  'leibie' int(1) unsigned NOT NULL,
  'name' varchar(20) NOT NULL,
  'price' int(3) unsigned NOT NULL,
  'num' int(3) unsigned NOT NULL,
  'call' varchar(15) NOT NULL,
  'address' text NOT NULL,
  'ip' varchar(15) NOT NULL,
  'btime' datetime NOT NULL,
  'addons' text NOT NULL,
  'state' tinyint(1) NOT NULL,
  PRIMARY KEY (`oid`)
) ;
```

插入演示数据，SQL 语句如下：

```
INSERT INTO 'form' ('oid', 'user', 'leibie', 'name', 'price', 'num',
'call', 'address', 'ip', 'btime', 'addons', 'state') VALUES
(1, '张峰', 1, '智能手表',1299,1,'1234567', '金水区创智大厦1221', '128.10.1.1',
'2018-10-18 12:07:39', '尽快发货', 0),
(2, '天山',5, '佳能单反套机',8599,1,'1231238', '东区创智大厦1261', '128.10.2.4',
'2018-10-18 12:23:45', '无', 0),
(3, '风云',3, '三星液晶显示器',1200,2,'2562569', '西区创智大厦1821', '128.10.0.1',
'2018-10-18 12:55:47', '无', 0);
```

21.3　代码的具体实现

该案例的代码清单包含 9 个 PHP 文件和两个文件夹，实现了网上商城网站的用户登录及验证、商品管理、添加商品、删除商品、订单管理、修改订单状态等主要功能。

网上商城网站中文件的含义和代码如下。

1. index.php

该文件是案例的 Web 访问入口，是用户的登录界面，具体代码如下：

```html
<html>
<head>
<title>登录
</title>
</head>

<body>
<h1 align="center">网上商城</h1>
<table width="100%" style="text-align:center">
<tr>
<form action="login.php" method="post">
<td width="60%" class="sub1">
<p class="sub">账号: <input type="text" name="userid" align="center"
class="txttop"></p>
    <p class="sub">密码: <input type="password" name="pssw" align="center"
class="txtbot"></p>
<button name="button" class="button" type="submit">登录</button>
</form>
</td>
</tr>
</table>
</body>
</html>
```

2. conn.php

该文件为数据库连接页面，代码如下：

```php
<?php
// 创建数据库连接
$con = mysqli_connect("localhost", "root", "")or die("无法连接到数据库");
mysqli_select_db($con,"goods") or die(mysqli_error($con));
mysqli_query($con,'set NAMES utf8');
?>
```

3. log.php

该文件对用户登录进行验证，代码如下：

```html
<html>
<head>
<title></title>
<link rel="stylesheet" type="text/css" href="css/main.css">
<head>
<title>
</title>
<link rel="stylesheet" type="text/css" href="css/main.css">
</head>
<body><h1 align="center">网上商城</h1></body>
```

```php
<p align="center">
<?php
// 连接数据库
require_once("conn.php");
// 账号
$userid=$_POST['userid'];
// 密码
$pssw=$_POST['pssw'];
// 查询数据库
$qry=mysqli_query($con,"SELECT * FROM admin WHERE user='$userid'");
$row=mysqli_fetch_array($qry,MYSQLI_ASSOC);
// 验证用户
if($userid==$row['user'] && $pssw==$row['pwd']&&$userid!=null&&$pssw!=null)
    {
        session_start();
        $_SESSION["login"] =$userid;
       header("Location: menu.php");
    }
else{
        echo "无效的账号或密码!";
        header('refresh:1; url= index.php');
    }
//}
?>
</p>
</body>
</html>
```

4. menu.php

该文件为系统的主界面，具体代码如下：

```php
<?php
//打开 session
session_start();
include("conn.php");
?>
<html>
<head>
<meta http-equiv="Content-Type" content="text/html; charset=utf-8" />
<link type="text/css" rel="stylesheet" href="css/main.css" media="screen" />
<title>网上商城</title>
</head>
<h1 align="center">网上商城</h1>
<div style="margin-left:30%;margin-top:20px;">
<ul style="float:left;margin-left:30px;font-size:20px;">
<li ><a href="#">主页</a></li>
</ul>
<ul style="float:left;margin-left:30px;font-size:20px;">
<li ><a href="add.php">添加商品</a></li>
</ul>
```

```php
<ul style="float:left;margin-left:30px;font-size:20px;">
<li ><a href="search.php">订单管理</a></li>
</ul>
</div>
</div>
<div id="contain">
<div id="contain-left">
<?php
$result=mysqli_query($con,"SELECT * FROM `product` " );
while($row=mysqli_fetch_row($result))
  {
?>

<table class="intable" width="543" border="0">
  <tr>
    <td class="td1" >
     <?php
      if(true)
       {
         echo '【<a href="del.php?id='.$row[0].'" onclick=return(confirm("你确
定要删除此条商品吗? "))><font color=#FF00FF>删除商品</font></a>】';
       }
      ?>
     商品名称: <?=$row[1]?></td>
     <td class="showimg" width="173" rowspan="2"><img
src='upload/<?=$row[4]?>' width="120" height="90" border="0" /><span><img
src="upload/<?=$row[4]?>" alt="big" /></span></td>
    </tr>
    <tr>
     <td class="td2">价格：￥<font color="#FF0000" ><?=$row[2]?></font></td>
    </tr>
  </table>
<TD bgColor=#ffffff><br>
</TD>
<?php
   }
mysqli_free_result($result);
?>

</div>
</div>
<body>
</body>
</html>
```

5. add.php

该文件为添加商品的页面，具体代码如下：

```php
<?php
```

```php
session_start();
// 设置中国时区
date_default_timezone_set("PRC");
$cname = $_POST["cname"];
$cprice = $_POST["cprice"];
if (is_uploaded_file($_FILES['upfile']['tmp_name']))
{
  $upfile=$_FILES["upfile"];
}
$type = $upfile["type"];
$size = $upfile["size"];
$tmp_name = $upfile["tmp_name"];
switch ($type) {
    case 'image/jpg' :$tp='.jpg';
        break;
    case 'image/jpeg' :$tp='.jpeg';
        break;
    case 'image/gif' :$tp='.gif';
        break;
    case 'image/png' :$tp='.png';
        break;
}

$path=md5(date("Ymdhms").$name).$tp;
$res = move_uploaded_file($tmp_name,'upload/'.$path);
include("conn.php");
if($res){
  $sql = "INSERT INTO 'product' ('cid', 'cname', 'cprice', 'cspic', 'cpicpath')
VALUES (NULL , '$cname', '$cprice', '', '$path')";
  $result = mysqli_query($con,$sql);
  $id = mysqli_insert_id($con);
  echo "<script >location.href='menu.php'</script>";
}

?>
<!DOCTYPE html>
<html>
<head>
<meta http-equiv="Content-Type" content="text/html; charset=utf-8" />
<link type="text/css" rel="stylesheet" href="css/main.css" media="screen" />
<title>网上商城</title>
</head>
<h1 align="center">网上商城</h1>
<div style="margin-left:35%;margin-top:20px;">
<ul style="float:left;margin-left:30px;font-size:20px;">
<li ><a href="menu.php">主页</a></li>
</ul>
<ul style="float:left;margin-left:30px;font-size:20px;">
<li ><a href="add.php">添加商品</a></li>
</ul>
```

```
<ul style="float:left;margin-left:30px;font-size:20px;">
<li ><a href="search.php">订单管理</a></li>
</ul>
</div>
<div style="margin-top:100px;margin-left:35%;">
<div>
<form action="add.php" method="post" enctype="multipart/form-data"
name="add">
  商品名称: <input name="cname" type="text" size="40"/><br /><br />
  价格: <input name="cprice" type="text" size="10"/>元<br/><br />
  缩略图上传: <input name="upfile" type="file" /><br /><br />
  <input type="submit" value="添加商品"
style="margin-left:10%;font-size:16px"/>
</form>
</div>
</div>
<body>
</body>
</html>
```

6. del.php

该文件为删除订单的页面，代码如下：

```php
<?php

session_start();
include("conn.php");
$cid=$_GET['id'];
$sql = "DELETE FROM `product` WHERE cid = '$cid'";
$result = mysqli_query($con,$sql);
$rows = mysqli_affected_rows($con);
if($rows >=1){
  alert("删除成功");
}else{
  alert("删除失败");
}
// 跳转到主页
href("menu.php");
function alert($title){
  echo "<script type='text/javascript'>alert('$title');</script>";
}
function href($url){
  echo "<script type='text/javascript'>window.location.href=
'$url'</script>";
}
?>
<!DOCTYPE html>
<html>
<head>
<meta http-equiv="Content-Type" content="text/html; charset=utf-8" />
```

```
<link type="text/css" rel="stylesheet" href="include/main.css" media="screen"
/>
   <title>网上商城</title>
   </head>
   <h1 align="center">网上商城</h1>
   <div id="contain">
     <div align="center">

     </div>
   <body>
   </body>
   </html>
```

7. editDo.php

该文件为修改订单的页面，具体代码如下：

```php
<?php
//打开 session
session_start();
include("conn.php");
$state=$_POST['state'];
?>
<html>
<head>
<meta http-equiv="Content-Type" content="text/html; charset=utf-8" />
<style type="text/css">
table.gridtable {
    font-family: verdana,arial,sans-serif;
    font-size:11px;
    color:#333333;
    border-width: 1px;
    border-color: #666666;
    border-collapse: collapse;
}
table.gridtable th {
    border-width: 1px;
    padding: 8px;
    border-style: solid;
    border-color: #666666;
    background-color: #dedede;
}
table.gridtable td {
    border-width: 1px;
    padding: 8px;
    border-style: solid;
    border-color: #666666;
    background-color: #ffffff;
}
</style>
<link type="text/css" rel="stylesheet" href="css/main.css" media="screen" />
```

```
<title>网上商城</title>
</head>
<h1 align="center">网上商城</h1>
<div style="margin-left:30%;margin-top:20px;">
<ul style="float:left;margin-left:30px;font-size:20px;">
<li ><a href="menu.php">主页</a></li>
</ul>
<ul style="float:left;margin-left:30px;font-size:20px;">
<li ><a href="add.php">添加商品</a></li>
</ul>
<ul style="float:left;margin-left:30px;font-size:20px;">
<li ><a href="search.php">订单查询</a></li>
</ul>
</div>
<div id="contain">
  <div id="contain-left">
  <?php
  if(''==$state or null==$state)
  {
    echo "请选择订单状态!";
    header('refresh:1; url= edit.php');
  }else
  {
    $oid=$_GET['id'];
    $sql = "UPDATE 'form' SET state='$state' WHERE oid = '$oid'";
    $result = mysqli_query($con,$sql);
    echo "订单状态修改成功。";
    header('refresh:1; url= search.php');
  }
  ?>

  </div>

</div>
<body>
</body>
</html>
```

8. edit.php

该文件为订单修改状态页面，具体代码如下：

```
<?
//打开 session
session_start();
include("conn.php");
$id=$_GET['id'];
?>
<html>
<head>
<meta http-equiv="Content-Type" content="text/html; charset=utf-8" />
```

```html
<style type="text/css">
table.gridtable {
    font-family: verdana,arial,sans-serif;
    font-size:11px;
    color:#333333;
    border-width: 1px;
    border-color: #666666;
    border-collapse: collapse;
}
table.gridtable th {
    border-width: 1px;
    padding: 8px;
    border-style: solid;
    border-color: #666666;
    background-color: #dedede;
}
table.gridtable td {
    border-width: 1px;
    padding: 8px;
    border-style: solid;
    border-color: #666666;
    background-color: #ffffff;
}
</style>
<link type="text/css" rel="stylesheet" href="css/main.css" media="screen" />
<title>网上商城</title>
</head>
<h1 align="center">网上商城</h1>
<div style="margin-left:30%;margin-top:20px;">
<ul style="float:left;margin-left:30px;font-size:20px;">
<li ><a href="menu.php">主页</a></li>
</ul>
<ul style="float:left;margin-left:30px;font-size:20px;">
<li ><a href="add.php">添加商品</a></li>
</ul>
<ul style="float:left;margin-left:30px;font-size:20px;">
<li ><a href="search.php">订单管理</a></li>
</ul>
</div>
<div id="contain">
  <div id="contain-left">
<form name="input" method="post" action="editDo.php?id=<?=$id?>">
  <p>修改状态: <br/>
    <input name="state" type="radio" value="0" />
    已经提交! <br/>
    <input name="state" type="radio" value="1" />
    已经接纳! <br/>
    <input name="state" type="radio" value="2" />
    正在派送! <br/>
    <input name="state" type="radio" value="3" />
```

```
已经签收！<br/>
    <input name="state" type="radio" value="4" />
  意外，不能供应！</p>
    </p>
    <button name="button" class="button" type="submit">提交</button>
</form>
  </div>
</div>
<body>
</body>
</html>
```

9. search.php

该文件为订单搜索页面，代码如下：

```php
<?php
//打开 session
session_start();
include("conn.php");
?>
<html>
<head>
<meta http-equiv="Content-Type" content="text/html; charset=utf-8" />
<style type="text/css">
table.gridtable {
    font-family: verdana,arial,sans-serif;
    font-size:11px;
    color:#333333;
    border-width: 1px;
    border-color: #666666;
    border-collapse: collapse;
}
table.gridtable th {
    border-width: 1px;
    padding: 8px;
    border-style: solid;
    border-color: #666666;
    background-color: #dedede;
}
table.gridtable td {
    border-width: 1px;
    padding: 8px;
    border-style: solid;
    border-color: #666666;
    background-color: #ffffff;
}
</style>
<link type="text/css" rel="stylesheet" href="css/main.css" media="screen" />
<title>网上商城</title>
</head>
```

```
<h1 align="center">网上商城</h1>
<div style="margin-left:30%;margin-top:20px;">
<ul style="float:left;margin-left:30px;font-size:20px;">
<li ><a href="menu.php">主页</a></li>
</ul>
<ul style="float:left;margin-left:30px;font-size:20px;">
<li ><a href="add.php">添加商品</a></li>
</ul>
<ul style="float:left;margin-left:30px;font-size:20px;">
<li ><a href="search.php">订单管理</a></li>
</ul>
</div>
<div id="contain">
  <div id="contain-left">
    <?php
    $result=mysqli_query($con," SELECT * FROM `form` ORDER BY `oid` DESC " );

    while($row=mysqli_fetch_row($result))
    {
      $x = $row[0];
    ?>

    <table width="640" border="1" cellspacing="0" cellpadding="3"
class="gridtable">
    <tr>
    <td width="116">
    编号:<?=$row[0]?></td>
    <td width="82">昵称:<?=$row[1]?></td>

    <td width="135">商品种类:    <?
        switch ($row[2]) {
     case '0' :$tp='智能';echo $tp;
        break;
     case '1' :$tp='传统';echo $tp;
        break;
}
    ?></td>
    <td width="160">下单时间:<?=$row[9]?></td>
  </tr>
  <tr>
    <td colspan="2">商品名称:<?=$row[3]?></td>
    <td>价格:<?=$row[4]?>元</td>
    <td>数量:<?=$row[5]?></td>
  </tr>
  <tr>
     <td >总价:<?=$row[4]*$row[5]?></td>
    <td >联系电话:<?=$row[6]?></td>
     <td colspan="3" bgcolor="#EEEEEE">下单ip:<?=$row[8]?></td>
   </tr>
  <tr>
```

```
      <td colspan="4" bgcolor="#EEEEEE">附加说明:<?=$row[10]?></td>
    </tr>
    <tr>
      <td colspan="4" bgcolor="#EEEEEE">地址:<?=$row[7]?></td>
    </tr>
    <tr>

      <td bgcolor="#EEEEEE">下单状态: 已经下单<?
         switch ($row[11]) {
      case '0' :echo '已经下单';
         break;
      case '1' :echo '已经接纳';
         break;
      case '2' :echo '正在派送';
         break;
      case '3' :echo '已经签收';
         break;
      case '4' :echo '意外, 不能供应! ';
         break;
      }?>
</td>
<td><?PHP echo "<a href=edit.php?id=".$x.">修改状态</a>";?></td>
</tr>
</table>
<hr  />
  <?PHP
  }
  mysqli_free_result($result);
  ?>
  </div>

</div>
<body>
</body>
</html>
```

另外，upload 文件夹用来存放上传的商品图片，css 文件夹存放整个系统通用的样式设置文件。

21.4 程序运行

（1）用户登录及验证：在数据库中，默认初始化了一个账号为 admin、密码为 123456 的账户，如图 21-5 所示。

图 21-5 输入账号和密码

（2）商品管理界面：用户登录成功后，进入商品管理页面，显示商品列表。将鼠标指针放在商品的缩略图上，它的右侧就会显示出商品的大图，如图 21-6 所示。

图 21-6　商品管理页面

（3）添加商品功能：用户登录系统后，可以选择"添加商品"，进入添加商品页面，如图 21-7 所示。

图 21-7　添加商品页面

（4）删除商品功能：在商品管理页面，用户选择"删除商品"后，系统会从数据库删除此条商品记录，并提示删除成功，如图 21-8 所示。

图 21-8　删除商品

（5）订单管理功能：用户登录系统后，可以选择"订单管理"，进入订单管理页面，如图 21-9 所示。

网上商城

• 主页　• 添加商品　• 订单管理

编号:3		昵称:风云		商品种类:	下单时间:2018-10-18 12:55:47
商品名称:三星液晶显示器			价格:1200元		数量:2
总价:2400	联系电话:2562569		下单ip:128.10.0.1		
附加说明:无					
地址:西区创智大厦1821					
下单状态:已经下单	修改状态				

编号:2		昵称:天山		商品种类:	下单时间:2018-10-18 12:23:45
商品名称:佳能单反套机			价格:8599元		数量:1
总价:8599	联系电话:1231238		下单ip:128.10.2.4		
附加说明:无					
地址:东区创智大厦1261					
下单状态:已经下单	修改状态				

编号:1		昵称:张峰		商品种类:	下单时间:2018-10-18 12:07:39
商品名称:智能手表			价格:1299元		数量:1
总价:1299	联系电话:1234567		下单ip:128.10.1.1		
附加说明:尽快发货					
地址:金水区创智大厦1221					
下单状态:已经下单	修改状态				

图 21-9　订单管理页面

378

（6）修改订单状态：在订单管理页面，用户选择"修改状态"后，进入订单状态修改页面，如图 21-10 所示。

图 21-10　订单状态修改页面

（7）登录错误提示：输入非法字符时的错误提示，如图 21-11 所示。

图 21-11　登录错误提示

第 22 章
项目集训 2——开发酒店管理系统网站

📖 **学习目标** Objective

使用 Yii 框架搭建企业网站是很方便的。下面将以具有一定 B2C 功能的酒店网站为例介绍从需求分析到数据库搭建，再到代码实现的全部过程。通过本章的学习，读者将可以学会如何快速开发企业网站。

📖 **内容导航** Navigation

- 熟悉酒店管理系统网站的需求
- 掌握酒店管理系统数据库的设计方法
- 掌握酒店管理系统网站的开发步骤

22.1 网站的需求分析

这个具有一定 B2C 功能的酒店网站包括企业信息、产品与服务信息、客户信息、在线业务几个方面，如图 22-1 所示。

满足企业网站需求的功能结构如图 22-2 所示。

图 22-1 网站需求结构图

图 22-2 网站功能结构图

22.2 数据库分析

一个成功的网站系统由 50%的业务+50%的软件组成，而 50%的成功软件又由 25%的数据库+25%

的程序组成，所以数据库设计的好坏很关键。

MySQL Workbench 是 MySQL 一个著名的建模工具。使用 Workbench 建立 MySQL 模型很方便。

message 系统需要的数据库表包含字段 id、title（标题）、content（内容）、createdtime（创建时间）、updatedtime（更新时间）。

product 系统需要的数据库表包含字段 id、name（名称）、shortdescription（简短介绍）、description（介绍）、type（类型）、price（价格）、unit（单位）、imagelink（图片链接）。

order 系统需要的数据库表包含字段 id、product_id（产品 id）、customer_id（客户 id）、number（数量）、days（天数）、createdtime（创建时间）、special（特殊要求）。

customer 系统需要的数据库表包含字段 id、name（名称）、gender（性别）、phone（电话）、email、type（类型）。

在 Workbench 中的数据库视图如图 22-3 所示。

图 22-3　数据库视图

通过导出工具得到以下代码：

```
SET @OLD_UNIQUE_CHECKS=@@UNIQUE_CHECKS, UNIQUE_CHECKS=0;
SET @OLD_FOREIGN_KEY_CHECKS=@@FOREIGN_KEY_CHECKS, FOREIGN_KEY_CHECKS=0;
SET @OLD_SQL_MODE=@@SQL_MODE, SQL_MODE='TRADITIONAL';
-- -----------------------------------------------------
-- Table 'goodone'.'message'
-- -----------------------------------------------------
CREATE  TABLE IF NOT EXISTS 'goodone'.'message' (
  'id' INT(10) NOT NULL AUTO_INCREMENT ,
  'title' VARCHAR(45) NOT NULL ,
  'content' VARCHAR(650) NOT NULL ,
  'createdtime' VARCHAR(45) NULL ,
  'updatedtime' VARCHAR(45) NULL ,
  PRIMARY KEY ('id') )
ENGINE = MyISAM
DEFAULT CHARACTER SET = utf8
COLLATE = utf8_unicode_ci;
```

```
-- ------------------------------------------------------
-- Table 'goodone'.'product'
-- ------------------------------------------------------
CREATE  TABLE IF NOT EXISTS 'goodone'.'product' (
  'id' INT(10) NOT NULL AUTO_INCREMENT ,
  'name' VARCHAR(45) NULL ,
  'shortdescription' VARCHAR(45) NULL ,
  'description' TEXT NULL ,
  'type' VARCHAR(45) NULL ,
  'price' INT(10) NULL ,
  'unit' VARCHAR(45) NULL ,
  'imageslink' VARCHAR(45) NULL ,
  PRIMARY KEY ('id') )
ENGINE = MyISAM
DEFAULT CHARACTER SET = utf8
COLLATE = utf8_unicode_ci;
-- ------------------------------------------------------
-- Table 'goodone'.'order'
-- ------------------------------------------------------
CREATE  TABLE IF NOT EXISTS 'goodone'.'order' (
  'id' INT(10) NOT NULL AUTO_INCREMENT ,
  'product_id' INT(10) NULL ,
  'customer_id' INT(10) NULL ,
  'number' INT(10) NULL ,
  'days' INT(10) NULL ,
  'createdtime' VARCHAR(45) NULL ,
  'special' VARCHAR(45) NULL ,
  PRIMARY KEY ('id') )
ENGINE = MyISAM
DEFAULT CHARACTER SET = utf8
COLLATE = utf8_unicode_ci;


-- ------------------------------------------------------
-- Table 'goodone'.'customer'
-- ------------------------------------------------------
CREATE  TABLE IF NOT EXISTS 'goodone'.'customer' (
  'id' INT(10) NOT NULL ,
  'name' VARCHAR(45) NULL ,
  'gender' ENUM('male','female') NULL ,
  'phone' VARCHAR(45) NULL ,
  'email' VARCHAR(45) NULL ,
  'type' VARCHAR(45) NULL ,
  PRIMARY KEY ('id') )
ENGINE = MyISAM
DEFAULT CHARACTER SET = utf8
COLLATE = utf8_unicode_ci;
SET SQL_MODE=@OLD_SQL_MODE;
SET FOREIGN_KEY_CHECKS=@OLD_FOREIGN_KEY_CHECKS;
SET UNIQUE_CHECKS=@OLD_UNIQUE_CHECKS;
```

在 phpMyAdmin 中执行上面的代码，便可以得到项目需要的数据库和表格，如图 22-4 所示。

图 22-4　在 phpMyAdmin 中创建的数据库和表格

22.3　酒店管理系统的实现

Yii 框架使用命令行创建项目是非常快捷的。下面讲述如何通过 Yii 框架快速实现企业网站。

22.3.1　使用 Yii 框架的沙箱模式创建项目

使用 Yii 框架的沙箱模式创建项目的方式非常简单。

步骤 01　下载框架文件并将其放在 Web 根目录的项目文件夹下，然后使用命令行执行 yiic 命令来创建项目。本例中使用的命令如下：

```
C:\wamp\www\goodone> ..\..\bin\php\php7.0.7\php framework\yiic.php webapp
goodone
```

步骤 02　在 goodone 项目文件夹下使用 Wampserver 中的 bin\php\php7.0.7\php 来执行 Yii 框架下 framework 中的 yiic.php，创建一个 webapp，命名为 goodone。

这时 goodone 所在目录的内容如图 22-5 所示。

图 22-5　goodone 所在目录的内容

goodone 文件夹下的内容如图 22-6 所示。

图 22-6　goodone 文件夹下的内容

至此，项目框架创建完毕。

步骤03 配置 Apache 中的 virtualhost 来创建本地域名。在 Wampserver 下的 httpd-vhosts.conf
中写入以下代码：

```
<VirtualHost 127.0.0.1>
  ServerName goodone
  DocumentRoot 'C:/wamp/www/goodone/goodone'
</VirtualHost>
```

然后在 Windows 的 host 文件中添加以下语句：

```
127.0.0.1  goodone
```

提　示
修改 host 文件时要关闭本地杀毒软件的实时防护。

步骤04 重启 Apache。此时，在浏览器中输入 goodone，出现的页面如图 22-7 所示。

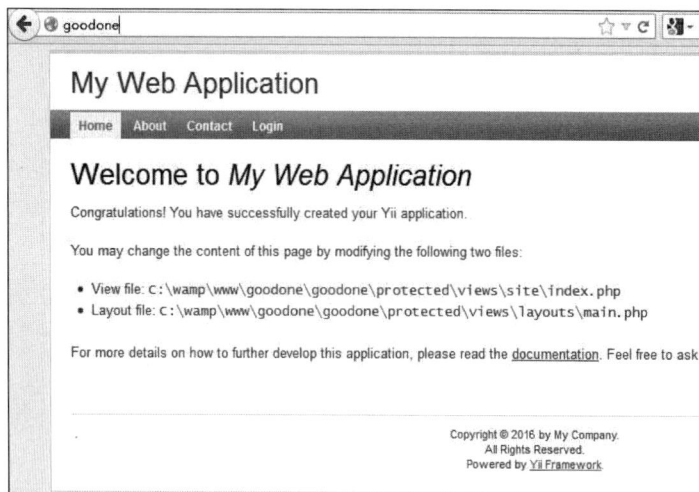

图 22-7　查看页面

至此，goodone 项目创建好。

22.3.2　开始 goodone 项目编程

Yii 是一个优秀的框架，可以通过 ORM 方式很快地搭建网络应用，也可以通过 PDO 方式使用数据库查询语句来提高效率，并且同样使用其 MVC 的方式来构建应用。为了使项目更贴近于 PHP 原始的编程样式，将采用 PDO 方式获得数据，使用 MVC 方式构建应用。

步骤 01　修改 C:\wamp\www\goodone\goodone\protected\config 中的 main.php 文件来定义项目名称和连接 MySQL 数据库。

```php
<?php
……
// CWebApplication properties can be configured here.
return array(
    'basePath'=>dirname(__FILE__).DIRECTORY_SEPARATOR.'..',
    'name'=>'Good one website',
……
```

步骤 02　修改 name 为 Good one website。

步骤 03　去除 MySQL 连接数组前面的 "//"，从而激活此语句。

```php
'db'=>array(
        'connectionString' => 'mysql:host=localhost;dbname=goodone',
        'emulatePrepare' => true,
        'username' => 'root',
        'password' => 'xxxxxx',
        'charset' => 'utf8',
    ),
```

步骤 04　将原先设计好的包含 HTML、CSS 和 JavaScript 的模板替换到 Yii 框架下的 view 中。

```php
<?php /* @var $this Controller */ ?>
<!DOCTYPE html PUBLIC "-//W3C//DTD XHTML 1.0 Transitional//EN"
"http://www.w3.org/TR/xhtml1/ DTD/xhtml1-transitional.dtd">
<html xmlns="http://www.w3.org/2399/xhtml" xml:lang="en" lang="en">
<head>
    <meta http-equiv="Content-Type" content="text/html; charset=utf-8" />
    <meta name="language" content="en" />

    <!-- blueprint CSS framework -->
    <link rel="stylesheet" type="text/css" href="<?php echo
Yii::app()->request->baseUrl; ?>/css/screen.css" media="screen, projection" />
    <link rel="stylesheet" type="text/css" href="<?php echo
Yii::app()->request->baseUrl; ?>/css/print.css" media="print" />
    <!--[if lt IE 8]>
    <link rel="stylesheet" type="text/css" href="<?php echo
Yii::app()->request->baseUrl; ?>/css/ie.css" media="screen, projection" />
    <![endif]-->

    <link rel="stylesheet" type="text/css" href="<?php echo
Yii::app()->request->baseUrl; ?>/css/reset.css" />
        <link rel="stylesheet" type="text/css" href="<?php echo
Yii::app()->request->baseUrl; ?>/css/ layout.css" />
    <link rel="stylesheet" type="text/css" href="<?php echo
Yii::app()->request->baseUrl; ?>/css/form.css" />
```

```
            <!--[if lte IE 9]>
            <script type="text/javascript" src="js/html5.js"></script>
            <![endif]-->

        <title><?php echo CHtml::encode($this->pageTitle); ?></title>
    </head>

    <body>
        <!--header begin-->
        <header class="header">
            <section class="header-main">
                <div class="logo fn-left">
                    <a href="#" title="logo"><img src="images/logo.png" width="370"
height="116"></a>
                </div>
                <article class="welcome w01 fn-right">
                    <p>你好<br/><span>欢迎您来到 </span>“好个酒店”</p>
                </article>
            </section>
        </header>
        <!--header end-->

        <!--nav begin-->
        <section class="nav">
            <nav class="fn-left">

                <a href="index.php?r=site/index" title="HOME" class="n01 curr">首
页</a>
                <a href="index.php?r=site/page&view=about" title="ABOUT"
class="n02">概况</a>
                <a href="index.php?r=site/page&view=equipement" title="EQUIPMENT"
class="n03">设施</a>
                <a href="index.php?r=site/page&view=service" title="SERVICE"
class="n04">服务</a>
                <a href="index.php?r=site/contact" title="CONTACT" class="n05">联
系方式</a>
            </nav>
            <div class="search fn-right">
                <label>
                    <input type="text" class="input"/>
                </label>
                <input name="" type="button" class="btn">
            </div>
        </section>
        <!--nav end-->

        <!--content begin-->
        <section class="content">
          <?php echo $content; ?>
         <!--content left-->
            </section>

        <!--footer begin-->
        <footer class="footer fn-clear">
            <div class="link fn-clear">
    &copy;  2312  Good + One, LLC  &nb
```

```
sp; <a href="http://www.goodones.co"
title="www.goodones.co">www.goodones.co</a>    <a
href="mailto:info@goodones.co" title="info@goodones.co">info@goodones.co</a>
        </div>
      </footer>
      <!--footer end-->
   </body>
   </html>
```

步骤 **05**　修改后，页面的预览效果如图 22-8 所示。

图 22-8　页面预览效果

步骤 **06**　对下面的代码进行分析。

```
    <link rel="stylesheet" type="text/css" href="<?php echo
Yii::app()->request->baseUrl; ?>/css/screen.css" media="screen, projection" />
      <link rel="stylesheet" type="text/css" href="<?php echo
Yii::app()->request->baseUrl; ?>/css/print.css" media="print" />
      <!--[if lt IE 8]>
      <link rel="stylesheet" type="text/css" href="<?php echo
Yii::app()->request->baseUrl; ?>/css/ie.css" media="screen, projection" />
      <![endif]-->

      <link rel="stylesheet" type="text/css" href="<?php echo
Yii::app()->request->baseUrl; ?>/css/reset.css" />
        <link rel="stylesheet" type="text/css" href="<?php echo
Yii::app()->request->baseUrl; ?>/css/ layout.css" />
      <link rel="stylesheet" type="text/css" href="<?php echo
Yii::app()->request->baseUrl; ?>/css/form.css" />

      <!--[if lte IE 9]>
      <script type="text/javascript" src="js/html5.js"></script>
      <![endif]-->

      <title><?php echo CHtml::encode($this->pageTitle); ?></title>
```

其中的 Yii::app()->request->baseUrl 使用了 Yii 的基本参数。css/reset.css 和 css/layout.css 为相对应的 CSS。

步骤 **07**　Reset.css 中相应的文件存放在 goodone\font 文件夹下。

```
@font-face {
  font-family: 'Hanyihei';
  src: url("../font/hanyihei.ttf") format("truetype");
  font-style: normal; }
@font-face {
  font-family: 'Minijanxixingkai';
  src: url("../font/minijanxixingkai.ttf") format("truetype");
  font-style: normal; }
```

步骤 **08**　分析下面的代码：

```
<a href="index.php?r=site/index" title="HOME" class="n01 curr">首页</a>
<a href="index.php?r=site/page&view=about" title="ABOUT" class="n02">关于我们</a>
<a href="index.php?r=site/page&view=equipement" title="EQUIPMENT" class="n03">设施</a>
<a href="index.php?r=site/page&view=service" title="SERVICE" class="n04">服务</a>
<a href="index.php?r=site/contact" title="CONTACT" class="n05">联系方式</a>
```

其中，index.php?r=site/index 和 index.php?r=site/page&view=about 等定义了菜单的链接内容。

22.3.3　构建 message 系统

通过 Gii 来实现 message 系统的 CRUD 操作。

步骤 **01**　在 config 文件夹的 main.php 中设置如下代码：

```
'modules'=>array(
        // uncomment the following to enable the Gii tool

        'gii'=>array(
            'class'=>'system.gii.GiiModule',
            'password'=>'123456',
            // If removed, Gii defaults to localhost only. Edit carefully to
taste.
            'ipFilters'=>array('127.0.0.1','::1'),
        ),

    ),
```

这样 Gii 便可以使用了。

步骤 **02**　在浏览器地址栏中输入"http://goodone/index.php?r=gii"，再输入相应密码，便可以进入 Gii 操作界面，生成 message 系统的 Model、Controller 和 Crud 操作。生成 Model 页面的效果如图 22-9 所示。

图 22-9　生成的 Model 页面

步骤 **03**　生成的 Crud 页面效果如图 22-10 所示。

图 22-10　生成的 Crud 页面

步骤 **04**　生成 Controller 页面的效果如图 22-11 所示。

图 22-11　生成的 Controller 页面

步骤 05　在浏览器中输入"http://goodone/index.php?r=message"，得到的页面如图 22-12 所示。

图 22-12　页面预览效果

步骤 06　在这里，可以通过 admin 用户对 message 系统进行 Crud 操作。通过 Manage Message 链接可以操作 message，如图 22-13 所示。

图 22-13　页面 message 效果

步骤 07　将所添加的 message 记录显示在相应的位置。在首页所对应的 views\site\index.php 页面中修改代码：

```php
   <?php
/* @var $this SiteController */
$message=Message::model()->findByPk(1);
$this->pageTitle=Yii::app()->name;

?>
<article class="content-left">
        <h1 class="w01"><?php echo $message->getAttribute('title');?></h1>
        <section class="about">
        <?php echo $message->getAttribute('content');?>
        </section>
......
```

其中，"$message=Message::model()->findByPk(1);"得到数据库中的第一条记录；"<?php echo $message->getAttribute('title');?>"得到记录中 title 的内容；"<?php echo $message->getAttribute ('content');?>"得到记录中 content 的内容。

步骤 08　修改代码后的显示效果如图 22-14 所示。

图 22-14　修改后的页面显示效果

步骤 09　相对应的"概况"页面也是通过这种方式把待定的 message 记录显示在对应的位置。在 views\site\pages\about.php 页面中添加如下代码：

```php
   <?php
/* @var $this SiteController */
$message=Message::model()->findByPk(2);
$this->pageTitle=Yii::app()->name . ' - About';
$this->breadcrumbs=array(
    'About',
);
?>
<article class="content-left">
        <h1 class="w01"><?php echo $message->getAttribute('title');?></h1>
        <section class="about">
        <?php echo $message->getAttribute('content');?>
        </section>
```

```
        <aside class="general" id="wrap-QAList">
            <h2 class="general-title">热门问题</h2>
            <ul>
                <li><p>QUESTION?</p><span>Answer.</span>
                <li><p>QUESTION?</p><span>Answer.</span>
                <li><p>QUESTION?</p><span>Answer.</span>
                <li><p>QUESTION?</p><span>Answer.</span>
                <li><p>QUESTION?</p><span>Answer.</span>
                <li><p>QUESTION?</p><span>Answer.</span>
                <li><p>QUESTION?</p><span>Answer.</span>
            </ul>
        </aside>
    </article>

    <!--content right-->
    <article class="content-right">
        <h2>保持 <span>联系</span></h2>
        <aside class="content-right-con connected">
            <p>xxxxxxxxxxxxxx</p>
            <p>xxxxxxxxxxxxxx<br>
                xxxxxxxxxxxxxx</p>
            <p>xxxxxxxxxxxxxx</p>
        </aside>
        <h2>最新 <span>动态</span></h2>
        <aside class="content-right-con posts">
            <p><a href="#" title="title">xxxxxxxxxxxxxx</a></p>
            <p><a href="#" title="title">xxxxxxxxxxxxxxx</a></p>
            <p><a href="#" title="title">xxxxxxxxxxxxxxxx</a></p>
        </aside>
    </article>

    <p class="clb"></p>
```

其中，"$message=Message::model()->findByPk(2);"得到数据库中的第二条记录；"<?php echo $message->getAttribute('title');?>"得到记录中 title 的内容；"<?php echo $message->getAttribute ('content');?>"得到记录中 content 的内容。

步骤⑩ 修改代码后的显示效果如图 22-15 所示。

图 22-15 修改后的页面显示效果

步骤⑪ 同理，在 views\site\pages 文件夹下再创建 equipment.php 和 service.php 文件。

在 equipment.php 中添加代码：

```php
<?php
/* @var $this SiteController */
$message=Message::model()->findByPk(3);
$this->pageTitle=Yii::app()->name . ' - About';
$this->breadcrumbs=array(
    'About',
);
?>
<article class="content-left">
        <h1 class="w03"><?php echo $message->getAttribute('title');?></h1>
        <section class="general">
        <?php echo $message->getAttribute('content');?>
        </section>
        <aside class="general" id="wrap-QAList">
          <h2 class="general-title">热门问题</h2>
          <ul>
              <li><p>QUESTION?</p><span>Answer.</span>
              ……
              <li><p>QUESTION?</p><span>Answer.</span>
          </ul>
        </aside>
    </article>

    <!--content right-->
    ……

    <p class="clb"></p>
```

步骤 12　修改代码后的显示效果如图 22-16 所示。

图 22-16　修改后的页面显示效果

步骤 13　在 service.php 中添加如下代码：

```php
<?php
/* @var $this SiteController */
$message=Message::model()->findByPk(4);
$this->pageTitle=Yii::app()->name . ' - About';
$this->breadcrumbs=array(
    'About',
);
?>
<article class="content-left">
        <h1 class="w04"><?php echo $message->getAttribute('title');?></h1>
        <section class="general">
        <?php echo $message->getAttribute('content');?>
```

```
        </section>
        <aside class="general" id="wrap-QAList">
            <h2 class="general-title">热门问题</h2>
            <ul>
                <li><p>QUESTION?</p><span>Answer.</span>
                ......
                <li><p>QUESTION?</p><span>Answer.</span>
            </ul>
        </aside>
    </article>

    <!--content right-->
    ......

    <p class="clb"></p>
```

步骤 14 修改代码后的显示效果如图 22-17 所示。

图 22-17　修改后的页面显示效果

步骤 15 这些记录都是通过 http://goodone/index.php?r=message 链接到 message 系统的管理页面进行添加和管理的，如图 22-18 所示。

图 22-18　message 系统的管理页面

22.3.4　构建 product 系统

使用与 message 系统相同的方法构建 product 系统，通过 Gii 来实现 product 系统的 Crud 操作，生成以下文件：

- models\Product.php
- controllers\ProductController.php
- views\product_form.php
- views\product_search.php
- views\product_view.php
- views\product\admin.php
- views\product\create.php
- views\product\index.php
- views\product\update.php
- views\product\view.php

在浏览器中输入"http://goodone/index.php?r=product"并按 Enter 键确认，进入 product 系统的管理页面，如图 22-19 所示。

图 22-19　product 系统的管理页面

在这里添加 product 记录，如图 22-20 所示。

图 22-20　添加 product 记录

在首页展示 product 项目，修改 site\index.php 文件的代码：

```php
<?php
/* @var $this SiteController */
$dataProvider=new CActiveDataProvider('Product');
$message=Message::model()->findByPk(1);
$this->pageTitle=Yii::app()->name;

?>
<article class="content-left">
        <h1 class="w01"><?php echo $message->getAttribute('title');?></h1>
        <section class="about">
        <?php echo $message->getAttribute('content');?>
        </section>
        <section >
            <?php
            $this->widget('zii.widgets.CListView', array(
                'dataProvider'=>$dataProvider,
                'itemView'=>'_productview',
            ));
            ?>
        </section>
......
```

其中，"$dataProvider=new CActiveDataProvider('Product');" 获得 product 的记录。

```php
<?php
    $this->widget('zii.widgets.CListView', array(
        'dataProvider'=>$dataProvider,
        'itemView'=>'_productview',
    ));
    ?>
```

使用 Yii 的 list 控件来显示前台数据。'itemView'=>'_productview' 定义了显示单条数据的模板，所以要在文件夹 views\site 下建立一个模板文件_productview.php，并输入以下代码：

```php
<?php
/* @var $this ProductController */
/* @var $data Product */
?>

<div class="view">

    <?php echo CHtml::link(CHtml::encode($data->name),
'index.php?r=product/view&id='.$data->id); ?>
    <br>

    <?php echo CHtml::encode($data->shortdescription); ?>
    <br>

    <?php echo CHtml::encode($data->type); ?>
    <br>
```

```
       <b><?php echo CHtml::encode($data->getAttributeLabel('price')); ?>:</b>
       <?php echo CHtml::encode($data->price); ?> / <?php echo
CHtml::encode($data->unit); ?>
       <br>

       <?php /*
       <?php echo CHtml::encode($data->imageslink); ?>
       <br>

       */ ?>

    </div>
```

其中，<?php echo CHtml::link(CHtml::encode($data->name), 'index.php? r=product/view&id =
'.$data->id); ?> 给出了以标题为内容的链接；<?php echo CHtml::encode($data-> shortdescription); ?>
给出了简介内容；$data->type、$data->price 和$data->unit 分别给出了类型、价格和单位，但是它们
都需要 Yii 的 CHtml::encode()函数来转义为 HTML 对象。

修改代码后的最终效果如图 22-21 所示。

图 22-21　修改后的页面显示效果

22.3.5　构建 order 系统

使用与 message 系统相同的方法构建 order 系统，通过 Gii 来实现 order 系统的 Crud 操作，生
成如下页面：

- models\Order.php
- controllers\OrderController.php
- views\order_form.php
- views\order_search.php
- views\order_view.php
- views\order\admin.php
- views\order\create.php
- views\order\index.php

- views\order\update.php
- views\order\view.php

在浏览器中输入"http://goodone/index.php?r=order "，按 Enter 键确认，进入 order 系统的管理页面，如图 22-22 所示。

在实际的使用中，用户是不能这样下订单来预订房间的，需要引入 form 来处理预订房间的功能。在下订单之前，客户一定要填写个人信息来确认身份，所以需要先构建 customer 系统。

图 22-22　order 系统的管理页面

22.3.6　构建 customer 系统

使用与 message 系统相同的方法构建 customer 系统，通过 Gii 来实现 customer 系统的 Crud 操作，生成如下页面：

- models\Customer.php
- controllers\CustomerController.php
- views\customer_form.php
- views\customer_search.php
- views\customer_view.php
- views\customer\admin.php
- views\customer\create.php
- views\customer\index.php
- views\customer\update.php
- views\customer\view.php

　　按照用户的体验过程在首页建立预订房间的链接。编辑 views\site_productview. php 文件，在其尾部添加代码：

```
<p id="link"><?php echo CHtml::link('预订房间', array('/customer/
createbyuser','productID'=> $data-> id)); ?></p>
```

　　并在 css\layout.css 文件中添加如下代码：

```
p#link{
      float:right;
    }
```

　　修改完代码后刷新首页，效果如图 22-23 所示。

图 22-23　修改后的页面显示效果

　　单击"预订房间"超链接后，要让客户填写基本信息，所以应该让客户打开用户创建页面。

　　首页中"预订房间"的代码<?php echo CHtml::link('预订房间',array('/customer/createbyuser', 'productID'=>$data->id)); ?> 中定义了链接的目标和需要传递的参数：目标为 customer Controller 下的 create Action；传递的参数为 productID，其值来源于 $data 对象中的 id 属性。

　　修改 controllers 文件夹下的 CustomerController.php 文件，添加 actionCreatebyuser()函数：

```
    ……
public function actionCreatebyuser()
   {
       $model=new Customer;

       // Uncomment the following line if AJAX validation is needed
       // $this->performAjaxValidation($model);

       if(isset($_POST['Customer']))
       {
           $model->attributes=$_POST['Customer'];
           if($model->save())
             $this->redirect(array('order/create','customerID'=>
$model->id,'productID'=>Yii::app()-> request->getParam('productID')));
       }

       $this->render('createbyuser',array(
           'model'=>$model,
       ));
   } ……
```

修改 CustomerController.php 文件中的 accessRules()函数：

```php
……
public function accessRules()
    {
        return array(
            array('allow',  // allow all users to perform 'index' , 'view' and
'createbyuser' actions
                'actions'=>array('index','view','createbyuser'),
                'users'=>array('*'),
            ),
            ……
            array('deny',  // deny all users
                'users'=>array('*'),
            ),
        );
    }
……
```

"$this->redirect(array('order/create','customerID'=>$model->id,'productID'=>Yii::app()->request->getParam('productID')));"执行完毕以后，表单（form）重定向到新的目标并传递新的参数。"$this->render('createbyuser',array('model'=> $model,));"定义了此行为所使用的模板文件为'createbyuser'，并传递 model 对象。

另外，accessRules()函数中定义了新的 action 函数 createbyuser()的访问权限。这里为所有用户均可访问。

在 views\customer 文件夹下添加 createbyuser.php 文件，代码如下：

```php
<?php
/* @var $this CustomerController */
/* @var $model Customer */

$this->breadcrumbs=array(
    'Customers'=>array('index'),
    'Createbyuser',
);
?>

<h1>Create Customer</h1>

<?php echo $this->renderPartial('_form_create', array('model'=>$model)); ?>
```

在 views\customer 文件夹下添加 _form_create.php 文件，并且添加以下代码：

```php
<?php
/* @var $this CustomerController */
/* @var $model Customer */
/* @var $form CActiveForm */
?>

<div class="form">

<?php $form=$this->beginWidget('CActiveForm', array(
    'id'=>'customer-form',
```

```
    'enableAjaxValidation'=>false,
)); ?>

    <p class="note">Fields with <span class="required">*</span> are
required.</p>

    <?php echo $form->errorSummary($model); ?>

    <div class="row">
        <?php echo $form->labelEx($model,'name'); ?>
        <?php echo $form->textField($model,'name',
array('size'=>45,'maxlength'=>45)); ?>
        <?php echo $form->error($model,'name'); ?>
    </div>

    <div class="row">
        <?php echo $form->labelEx($model,'gender'); ?>
        <?php echo $form->textField($model,'gender',
array('size'=>6,'maxlength'=>6)); ?>
        <?php echo $form->error($model,'gender'); ?>
    </div>

    <div class="row">
        <?php echo $form->labelEx($model,'phone'); ?>
        <?php echo $form->textField($model,'phone',
array('size'=>45,'maxlength'=>45)); ?>
        <?php echo $form->error($model,'phone'); ?>
    </div>

    <div class="row">
        <?php echo $form->labelEx($model,'email'); ?>
        <?php echo $form->textField($model,'email',
array('size'=>45,'maxlength'=>45)); ?>
        <?php echo $form->error($model,'email'); ?>
    </div>

        <?php echo $form->hiddenField($model,'type',
array('size'=>45,'maxlength'=>45,'value'=>'normal')); ?>


    <div class="row buttons">
        <?php echo CHtml::submitButton($model->isNewRecord ? 'Create' :
'Save'); ?>
    </div>

<?php $this->endWidget(); ?>

</div><!-- form -->
```

其中，createbyuser.php 文件定义了索引以及下一步要使用的局部模板_form_create.php 文件。另外，_form_create.php 文件使用 Yii 的 CActiveForm 构建了一个表单。

单击首页的"预订房间"链接，效果如图 22-24 所示。

图 22-24　页面显示效果

当用户完成基本信息录入之后，页面需要进入订单信息录入的表单，并且需要把用户的一些信息传递到订单信息录入的表单。

CustomerController.php 文件中的 actionCreatebyuser() 函数中的 "$this->redirect(array('order/create','customerID'=>$model->id,'productID'=>Yii::app()->request->getParam('productID')));" 定义了重定向的目标为 "order" 控制器中的 "create" 行为。

所以用户要修改 controllers 文件夹下的 OrderController.php 文件中的 actionCreate() 函数，代码修改如下：

```
public function actionCreate()
{
$model=new Order;

// Uncomment the following line if AJAX validation is needed
// $this->performAjaxValidation($model);

if(isset($_POST['Order']))
{
    $model->attributes=$_POST['Order'];
    if($model->save())
        $this->redirect(array('view','id'=>$model->id));
}

$this->render('create',array(
    'model'=>$model,
            'cid'=>Yii::app()->request->getParam('customerID'),
            'pid'=>Yii::app()->request->getParam('productID'),
        ));
}
```

'cid'=>Yii::app()->request->getParam('customerID'),'pid'=>Yii::app()->request-> getParam ('productID')定义了要传递的参数。

由于一个房间订单的生成离不开所对应的房间和所对应的客户，因此订单上需要的数据要有产品 ID 和客户 ID 的信息，而这些信息都需要传递给订单生成的表单，如图 22-25 所示。

图 22-25 生成订单的信息

现在参数已经传递，而订单生成的表单如何获得相应的数据呢？这就需要修改 views\order 下的 create.php 文件和_form.php 文件。

修改 create.php 文件如下：

```php
<?php
/* @var $this OrderController */
/* @var $model Order */

$this->breadcrumbs=array(
    'Orders'=>array('index'),
    'Create',
);

?>

<h1>Create Order</h1>

<?php echo $this->renderPartial('_form',
array('model'=>$model,'customerID'=>$cid,'productID'=>$pid)); ?>
```

修改_form.php 文件如下：

```php
<?php
/* @var $this OrderController */
/* @var $model Order */
/* @var $form CActiveForm */
?>

<div class="form">

<?php $form=$this->beginWidget('CActiveForm', array(
    'id'=>'order-form',
    'enableAjaxValidation'=>false,
)); ?>

    <p class="note">Fields with <span class="required">*</span> are
required.</p>

    <?php echo $form->errorSummary($model); ?>
```

```
        <div class="row">
            <?php echo $form->labelEx($model,'product_id'); ?>
            <?php echo $form->textField($model,'product_id',
array('value'=>$productID)); ?>
            <?php echo $form->error($model,'product_id'); ?>
        </div>

        <div class="row">
            <?php echo $form->labelEx($model,'customer_id'); ?>
            <?php echo $form->textField($model,'customer_id',
array('value'=>$customerID)); ?>
            <?php echo $form->error($model,'customer_id'); ?>
        </div>
    ......
        <div class="row">
            <?php echo $form->labelEx($model,'createdtime'); ?>
    <?php echo $form->textField($model,'createdtime',
array('size'=>45,'maxlength'=>45,'value'=>time())); ?>
            <?php echo $form->error($model,'createdtime'); ?>
        </div>
......
    <?php $this->endWidget(); ?>

</div><!-- form -->
```

<?php echo $form->textField($model,'product_id',array ('value'=>$productID)); ?>和<?php echo $form->textField($model,'customer_id',array('value'=>$customerID)); ?>将值赋予了相对应的表单元素。

<?php echo $form->textField($model,'createdtime',array('size'=>45,'maxlength'=>45, 'value'=> time())); ?> 使用当前时间戳为 createdtime 赋值。

通过"预订房间"操作，进入如图 22-26 所示的页面。可以看到，已经被赋予了 product 和 customer 元素的值。然后填入其余元素的值，订单就可以生成了。生成后的订单如图 22-27 所示。

图 22-26　生成订单的元素页面

图 22-27　生成订单的效果

这样订单系统就构建完成了。剩下的工作就是优化信息和提高操作界面的友好性。比如，将产品 id 转换为相对应的产品名称，把用户 id 转换为相对应的用户名，或者引入下拉列表框等页面控件增加操作的友好性。读者可以根据实际的需求修改相关的代码。